煤基制油技术分类及其应用

毛学锋　编著

中国石化出版社

图书在版编目(CIP)数据

煤基制油技术分类及其应用/毛学锋编著 .
—北京：中国石化出版社，2021.12
ISBN 978-7-5114-6106-3

Ⅰ.①煤… Ⅱ.①毛… Ⅲ.①煤液化-研究
Ⅳ.①TQ529

中国版本图书馆 CIP 数据核字(2021)第 239096 号

中国石化出版社出版发行
地址:北京市东城区安定门外大街 58 号
邮编:100011 电话:(010)57512500
发行部电话:(010)57512575
http://www.sinopec-press.com
E-mail:press@ sinopec.com
北京力信诚印刷有限公司印刷
全国各地新华书店经销
＊
787×1092 毫米 16 开本 11.25 印张 277 千字
2021 年 12 月第 1 版 2021 年 12 月第 1 次印刷
定价:75.00 元

编　委　会

主　　编　毛学锋

副 主 编　黄　澎　　胡发亭　　赵　鹏

编写人员　任世华　　牛　犇　　郭庆华

颜丙峰　　钟金龙　　黄传峰

樊金璐

前　言

能源是人类社会的命脉，是一种极其珍贵的战略资源。我国的能源结构以化石能源为主，并具有"富煤、缺油、少气"的鲜明特征。我国煤炭储量比较丰富，累计探明储存量超过 1 万亿 t，占世界总储量的 11.6%，同时我国又是世界最大的能源生产和消费国，2018 年我国煤炭产量 36.8 亿 t，煤炭消费量为 38.9 亿 t，煤炭消费量在我国能源消费总量中占比为 59%，煤炭消费量占全世界总量的一半。在未来相当长时期内，煤炭仍将是我国最丰富、可靠、经济的基础能源和重要原料。目前煤炭消费量中的 80% 的煤炭通过直接燃烧方式利用，不仅煤炭资源得不到合理利用，而且较低的能效也造成了严峻的生产安全、环境保护、大气污染物与温室气体排放等问题。

近年来，由于我国工业发展迅速，石油进口量和消费量逐年大幅增加。我国石油储量 35 亿吨，占全球 1.5%，位居全球第 13 位。2018 年，全球石油产量 44.50 亿 t，我国石油产量 1.89 亿 t，占全球 4%，位列全球第七。但从剩余使用年限来看，我国石油剩余使用年限 18 年，远低于全球 50 年的平均水平。2018 年中国石油表观消费首破 6 亿 t，达到 6.25 亿 t，同比增加 0.41 亿 t，增速为 7%。2018 年中国原油进口量为 4.62 亿 t，成品油的进口量为 3350 万 t，我国的原油对外依存度达到 70.9%。

煤基制油技术是以煤为原料，通过化学加工手段将煤炭转化为清洁高效的液体燃料和化工产品的一项重要技术。煤基制油技术可提供现有石油化工技术难以制备的高品质柴油、汽油，尤其是军用和航空航天特种燃料，因此煤制燃料油能大大提升我国油品质量以及生产特种燃料油。发展煤基制油技术并进行产业化，可有效缓解因富煤缺油给我国能源安全带来的挑战，实现石油供应多元化，有利于促进煤炭产业转型升级，促进我国经济持续快速稳定发展，是实现煤炭清洁高效利用的重要途径。21世纪以来，我国煤制油产业发展迅猛，已经完成了煤直接液化、煤间接液化、煤油共炼等多项现代煤化工工艺的技术攻关、工程示范和商业化生产。煤制油产业以生产液体焦炭运输燃料为主要目标，截至2018年年底，我国已建成10余个商业化煤制油生产项目，产能近1000万t/a，占成品油消费量的2.9%。煤基制油技术已得到政府、企业、科研院所以及大专院校的高度重视，并受到人们的广泛关注，基于此，特撰写本书。

本书从煤炭和石油的基础知识出发，根据煤制油的不同加工过程，将煤基制油技术分为煤直接液化、煤间接液化、油煤共炼、煤焦油加氢、甲醇制汽油、煤温和加氢液化新技术、煤直接液化与间接液化一体化耦合制油新技术和深部煤炭原位化学转化制油新技术八类，从原理、研究开发和产业化历程、工艺技术路线、关键设备等方面，阐述了如何从煤炭制备液体燃料，以及煤基油品的性质和应用情况，并介绍了国内外研发现状与展望。

本书是一本专业性的综述读物，目的是让读者了解当前煤基制油技术的进展、工业化现状及未来发展趋势。可供从事煤基制油工艺及工程技术的科学研究、工程设计、装置运行等科研和工程技术人员参考，也可供高等院校相关专业师生参考。

本书由煤炭科学技术研究院有限公司毛学锋研究员牵头编著，煤炭科学技术研究院有限公司的胡发亭、赵鹏、黄澎、钟金龙、李军芳、颜丙峰、任世华等人和中国矿业大学的林雄超参加编著。在本书编著过程中得到许多国内同行的帮助和支持，也得到了煤炭科学技术研究院有限公司煤化工分院相关领导的大力支持，同时也得到了"国家重点研发计划课题(2017YFB0602403)"和"国家重点研发计划课题(2016YFB0600303)"的支持。成稿过程中王琦、史士东、胡发亭、赵鹏、李军芳等参与了数据及文字的校正，在此一并表示衷心感谢！

煤基制油技术涉及的专业面广，鉴于编者的能力和水平，加上时间仓促，书中肯定存在不当之处，缺点错误在所难免，恳请同行和读者批评指正，以便进一步修改和完善。

目 录

第1章 当前煤基制油升级技术体系

1.1 煤与石油的结构、组成、性质及煤炭分类

煤与石油都是远古时代的有机物在地下经过漫长的生物化学、物理化学和地球化学等作用而形成的，一般认为煤是陆地植物死亡、堆积、埋藏后通过成煤作用转变为沉积有机矿产，石油是海洋或湖泊中的生物被埋在厚厚的沉积岩下，经过高温和高压作用下逐渐转化为烃类和非烃类的复杂混合物。煤和石油的形成过程有相似之处，但形态、组成和性质却差别巨大，随着人类科技的进步，近几十年已将煤和石油的结构、组成及性质等做了大量的分析与研究。

1.1.1 石油的基本性质

石油是各种烃类和非烃类的复杂混合物，它的性质取决于所含各种化合物的物理性质和化学性质，石油的性质是评定石油加工性能、油品质量和控制生产过程的重要指标，也是设计和计算石油加工工艺装置的重要依据。

1.1.1.1 石油的化学组成

1. 元素

石油主要由碳、氢、氧、氮、硫等元素组成，其中碳和氢占绝对多数。石油碳含量一般在 83%~88%，氢含量为 11%~14%，两者总和占 95%~99%，氧、氮和硫总量一般不到 2%~3%，个别情况下硫含量可高达 7% 左右。

2. 烃类

石油中的主要元素碳和氢，是以各种碳氢化合物即烃的形式存在，按化学结构一般分为烷烃、环烷烃和芳香烃。

（1）烷烃。烷烃也叫脂肪烃，化学式 C_nH_{2n+2}，属于饱和烃，在常温常压下 1~4 个碳原子的烷烃为气态，5~16 个碳原子的烷烃为液态，17 个碳原子以上的高分子烷烃呈固态。烷烃的密度、熔点、沸点、折光率等物理常数均随相对分子质量增加而上升，密度均大于 1g/cm³，通常情况下均难溶于水。烷烃分子的结构特点是碳与碳原子之间以单键相连且排成直链，按其是否有支链进一步划分为正构烷烃和异构烷烃，无支链的为正构烷烃，简称正烷烃；有支链的为异构烷烃，简称异烷烃。

多数石油中的正烷烃多于异烷烃，低分子正烷烃多于高分子正烷烃。在石油烷烃馏分中，最重要的异烷烃是聚异戊间二烯类烷烃，其特点是在直链上每 4 个碳原子有一个甲基支链。现已发现的有 C_9—C_{25} 的聚异戊间二烯类烷烃，其在石油中的含量可达 0.5%。同源的石油所含聚异戊间二烯类烷烃类型和含量都十分相近。

（2）环烷烃。环烷烃属饱和烃，性质与烷烃相似，分子结构为碳原子以单链相连呈闭合

环状，按分子中所含碳环数目可分为单环烷烃、双环烷烃、三环烷烃和多环烷烃。环上的碳原子数可以是大于3的任何数，相应组成三元环、四元环、五元环、六元环等，但实际上由于三、四和七以上的环烷烃都不稳定，所有石油总常见的只有环戊烷和环己烷。石油中环戊烷、环己烷与其同系物之间存在一定的关系，比如用环己烷与环戊烷的比值来估计石油生成时地下的温度，如克拉玛依原油中环己烷与环戊烷的比值为3.6，玉门原油该值为2.5，判断克拉玛依石油生成温度低于玉门石油生成温度。

（3）芳香烃。芳香烃化学式为 C_nH_{2n-6}，属于不饱和烃，其分子结构特征为6个碳原子和6氢原子组成单双健交替的闭合环，即苯环。芳香烃根据结构可划分为单环、多环和稠环三类芳香烃，单环芳香烃包括苯、甲苯、二甲苯等；多环芳烃包括联苯、三苯甲烷等；稠环芳烃包括萘、蒽、菲等。在低沸点馏分中，芳香烃含量较少且多为单环芳香烃，随着沸点升高芳香烃含量增多，除单环芳香烃外，芳香烃环数和侧链数增多。石油中烃类含量范围见表1-1。

表1-1 石油中各类烃的含量范围

烃 类	通常含量/%	极限含量/%	平均含量/%
烷烃	5~55	0~70	30
环烷烃	25~75	20~80	46
芳香烃	10~40	5~60	24

3. 非烃类

石油中的非烃类物质是指石油中含有硫、氮、氧和金属原子的化合物，石油中这几种元素含量很少，但是这些元素的化合物却很多，有时可达石油的30%，它们对石油的鉴定和炼制加工有着重要影响，在一定程度上也反映了石油的成因。

（1）含硫化合物。目前石油中已鉴定出的含硫化合物近100种，多以硫化氢、硫醇和杂环化合物的形式存在，少数以纯净的晶体硫形式存在。含硫化合物的含量变化很大，从万分之几到百分之几的范围，平均含量约0.65%，按含硫量的大小可将石油分为高硫石油（含硫量>2%）、低硫石油（含硫量<0.5%）和含硫石油（含硫量介于两者之间）。

硫是石油中的有害杂质，能与水结合生成硫酸、亚硫酸，容易与其他物质化合生成硫化氢、硫化铁、硫醇铁等化合物，对金属管道有很强的腐蚀性，因此硫常作为评价油质的一项重要指标。硫来自有机物的蛋白质和围岩的含硫矿物石膏等，60%~80%的硫存在于石油的油质及胶质中，不到20%存在于沥青质中。

（2）含氮化合物。石油中已知的含氮化合物有30多种，以含氮杂环化合物为主，可分为两类，一类是碱性化合物，如吡啶、喹啉、异喹啉、吖啶及其同系物；另一类是非碱性化合物，主要有吡咯、卟啉、吲哚、咔唑及其同系物。含氮化合物多存在于沥青质中，少数分布在渣油的油质和胶质中，含量变化范围大。

（3）含氧化合物。石油中已知的含氧化合物有50多种，除构成重杂原子化合物外，最重要的是构成脂肪酸、环烷酸和酚，统称石油酸，其中以环烷酸最多，占石油酸的95%，主要为五元酸和六元酸，易与碱金属作用生成环烷酸盐，环烷酸盐特别易溶于水，因此有环烷酸盐存在的油田水是找油的良好标志。

4. 馏分与组分

加热蒸馏可使石油按沸点分离，蒸馏过程中得到的各种馏出物叫馏分。馏分中的烷烃、环烷烃、芳香烃和非烃部分都有了详细的分析鉴定，但还有一部分物质属于由 C、H、O、N、S 等多种元素组成的、结构极为复杂的高分子化合物，其结构特征尚不清楚，暂称之为沥青质。如果说馏分的分离是靠不同温度的蒸馏得到的，那么其他对应的组分分离则是通过有机溶剂和硅胶成分的选择性溶解和吸附而得到的，可分为油质、苯胶质、酒精苯胶质和沥青质。

原油的馏分是利用组成石油的化合物具有不同的沸点的特性加热蒸馏，将原油切割成不同沸点范围(即馏程)的若干部分，每一部分就是一个馏程。在石油炼制上，各馏分的名称和温度范围大致见表1-2。

表1-2　石油馏分组成

项　目	轻馏分		中馏分			重馏分	
	石油气	汽油	煤油	柴油	重瓦斯油	润滑油	渣油
温度/℃	<35	35~190	190~260	260~320	320~360	360~500	>500

1.1.1.2　石油的基本性质

1. 石油的特点

石油是一种可燃有机矿产，具有以下特点：

(1) 燃烧高热值。石油的单位发热量在所有燃料中最高，且容易引燃，然后基本无灰。几种主要燃料的热值见表1-3。

表1-3　几种主要燃料的热值

燃料名称	木柴	烟煤	无烟煤	焦炭	天然气	石油	汽油
热值/(kJ/kg)	8673~10467	20934	27214	29307	29307~50241	41868	46054

(2) 密度小，具有流动性。石油密度相当于煤密度的50%~60%，并且具有流动性，便于运输，也大大简化加工过程中机器内部的传递程序(以管线运输)，提高机械效能。

(3) 开采容易，成本低廉。石油在地下是承压的地下矿产，通常钻井后即能喷出地表，比其他固体矿产开采简便得多，成本也低得多，在一些产油大国，采1t油的成本约为采煤的1/3。

(4) 用途广泛。石油的用途非常广泛，汽车、轮船、火车、拖拉机、收割机以及推动各种机械工作的发动机都需要它，被喻为"工业的血液"。石油也是军事工业的重要支柱，为飞机、坦克、导弹、战舰提供动力能量。优质的石油产品还是航天技术发展的重要保证。石油作为工业原料，是一切原料中最重要的一种。比如石油裂解的产品乙烯、丙烯、丁二烯，是合成橡胶、合成纤维、合成塑料这三大合成材料的基本原料；苯、甲苯、二甲苯既是三大合成材料的重要原料，也是医药、炸药的重要原料。石油化工产品有油漆、肥皂、香水、洗涤剂、防锈剂、杀虫剂、肥料等不计其数，可以说石油化学工业是当今世界上最大、最重要的工业之一。

2. 物理性质

石油是一种复杂化合物的混合物，不同地区、不同层位、甚至同一层位不同部位的石油，物理性质都会有明显差异，严格地说，石油没有固定的物理性质，但经过广泛的比较，可以归纳出反映石油总特征的一些物理性质，这些性质对认识石油、研究石油、评价石油都是必不可少的。

（1）密度。石油的密度一般介于 $0.75 \sim 0.98 g/cm^3$ 之间。把密度 $>0.9g/cm^3$ 的石油称为重石油，$<0.9g/cm^3$ 的石油称为轻石油。密度 $>1g/cm^3$ 和 $<0.75g/cm^3$ 的石油也存在，但极少，是由特殊的地质条件造成的。石油中胶质的含量越高，石油密度越大，颜色越深；低相对分子质量的烃含量越高，石油密度越小；溶解气含量越高，石油密度越小；所处的温度越高，石油密度越小。

（2）颜色。石油的颜色变化范围很大，颜色的深浅主要取决于胶质、沥青质的含量，胶质、沥青质的含量越高，颜色越深。在透射光照射下石油的颜色由浅到深分为淡黄、褐黄、深褐、淡红、棕色、黑绿色和黑色。

（3）黏度。黏度实质是流体流动时产生一种阻碍其质点相对移动的力，即流体的内摩擦力，是衡量流体黏稠程度的物理量。石油的黏度可以用动力黏度来表示（单位为 $Pa \cdot s$），也可以用运动黏度表示（单位为 mm^2/s），运动黏度是动力黏度与相同温度、压力下流体密度的比值。影响石油黏度的因素主要有温度、压力、环烷烃含量和热解气含量，温度越高，黏度越低；压力越大，黏度越大；环烷烃含量越高，黏度越小；溶解气越多，黏度越小。

（4）荧光性。石油及其产品除汽油和石蜡外，其本身或者溶于有机溶剂后在紫外线照射下均可发光，石油的这种性质称为荧光性。石油的发光现象取决于其本身的化学结构，石油中的多环芳烃和非烃能发光，饱和烃则不能。油质显浅蓝色，胶质显绿黄色，沥青质显褐色。石油的荧光现象非常灵敏，溶剂中含有十万分之一的石油和沥青物质，即可发光。

（5）旋光性。当偏光通过石油时偏光面会旋转一定的角度，这个角度叫旋光角，这种性质叫石油旋光性。旋光性是生物成因的有机化合物的一种特征，无机物除石英和冰洲石外都不具有旋光性，因此旋光性常作为石油有机成因的证据，这种性质随年代增长而减弱。

（6）溶解性。石油难溶于水，易溶于有机溶剂如醇、苯、丙酮、石油醚、氯仿、四氯化碳等。根据石油在有机溶剂中的溶解性，可以鉴定和分离岩石中的石油烃并确定其性质和含量。石油中的油质和胶质组分均可溶于石油醚，胶质还可以被硅胶吸附，被氯仿脱附，沥青质不溶于石油醚，可以用氯仿溶解分出。

（7）导电性。石油及其产品具有极高的电阻率，$10^9 \sim 10^{16} \Omega \cdot m$，与高矿化度的油田水（电阻率为 $0.02 \sim 0.1 \Omega \cdot m$）和沉积岩（电阻率为 $1 \sim 10^4 \Omega \cdot m$）相比，可视为无限大，视为非导体。

（8）凝固和液化。石油的凝固和液化温度没有固定值，在凝固和液化中间还可以出现中间状态。富含沥青的石油在温度降低时无明显凝固现象，富含石蜡的石油在温度下降到结蜡点时，石蜡结晶而出现凝固现象。石油凝固点的高低与含蜡量及烷烃碳原子数有正相关性，凝固点高的石油容易结蜡，给采油带来困难，低凝固点的石油为优质石油。

（9）蒸发与沸腾。蒸发是在常温、常压下液体表面的气化过程。石油蒸发时轻组分优先逸出，随着升高达到组成石油的某一低碳数烃类分子的沸点时，石油开始沸腾，继续升温时逐渐波及碳数较多的烃类分子或者非烃分子。由于石油的组成复杂，因此石油的沸点范围很宽，石油的分馏就是利用此特性将原油分为各个馏分。

1.1.2 煤炭的分类

我国是煤炭生产大国,煤炭储量在全球范围内仅次于美国和俄罗斯,居于世界第三位。煤炭在我国能源结构中所占比例一度达到了75%左右,近些年,我国能源结构正由煤炭为主向多元化转变,煤炭在我国能源结构中所占比例逐渐减小,2017年所占比例降到了60%左右,预计到2020年降至54%左右,煤炭在今后相当长的时期内仍将是主要能源,因此需要对煤炭进行科学的、合理的分类和利用。

1.1.2.1 煤炭分类的意义

煤炭是重要的能源和化工原料,它的种类繁多,组成和性质又不相同,而各种工业用煤对煤的质量又有特定的技术要求,比如炼焦用煤,需要黏结性和结焦性较好的煤;制造半水煤气作合成氨原料需要无黏结性的无烟煤;锅炉燃料需要挥发分较高的烟煤和褐煤等。总之,各种用煤设备只有使用与之对应质量的煤炭,才能充分发挥设备的效率,保证产品的质量,并使煤炭资源得到充分、合理的利用,所以必须将煤炭进行分类。只有不断完善煤炭分类方案,才能搞清楚各种煤的工艺性质和经济价值,才能有计划地开采和利用,所以煤炭的分类是煤炭勘探、开采规划、分配使用的共同依据。

世界上的主要产煤国家,为了合理开发和利用本国的煤炭资源,都各自制定了较为科学的适合本国煤炭资源特点的煤炭分类方法或标准,以适应不同工业部门的用煤要求。为使我国丰富的煤炭资源得到充分、合理的利用,制订出合理、科学的煤炭分类将具有十分重要的意义。

1.1.2.2 煤炭分类的方法和原则

人们对各种自然界的物质进行分类时,需要遵循两个共同的原则,一是根据物质各种特性的异同,划分出自然类别(分类学);二是对划分出的类别加以命名表述,这是分类系统学的通常程序。对煤炭进行分类时,根据分类目的的不同,分为实用分类(技术分类和商业编码)和科学/成因分类(即是纯科学分类,通常也有实际用途)两大类,这两大类构成了煤炭分类的完整体系。

在制订我国煤炭分类完整体系的过程中,遵循以下几个原则:

(1) 应当适应我国当前的技术发展水平。

(2) 符合我国的煤炭资源特点,同时要有利于开采、有效洁净和合理利用煤炭。

(3) 有利于煤炭用户提高生产产品的质量和产量。

(4) 应该是一系列有科学依据且有实用价值的分类,包括从褐煤到无烟煤的分类。

(5) 类别的划分要简明可行,切合实际应用,分类指标要反映煤化程度和主要工艺性质,测定方法简易可行,便于推广。

(6) 分类方案简洁、明了,便于储量和生产调运统计,亦有利于与国际分类对比和交流。

1.1.2.3 煤炭分类的指标

目前,世界各国分类指标不统一,主要工业国家和国际上煤的分类方案选择指标如表1-4。我国煤炭分类以煤化程度和煤的黏结性作为指标。

表1-4 主要工业国和国际煤分类指标

国 家	变质程度指标	黏结性指数	备 注
英国	挥发分	葛金焦型	国家煤炭局(NCB)
美国	挥发分、固定碳、发热量	坩埚焦特征	ASTM D388-66
法国	挥发分	坩埚膨胀序数	
德国	挥发分	坩埚焦特征	以国际分类作为国家标本
意大利	挥发分	坩埚膨胀序数	
荷兰	挥发分	坩埚焦特征	
波兰	挥发分	罗加指数	PN68/G-97002
苏联	挥发分	胶质层最大厚度	rOCT8162/8180 等
日本	发热量、燃料比反射率	坩埚焦特征最大流动度	JISM1002 新日铁公司
国际分类	挥发分(发热量)	坩埚膨胀序数或罗加指数、奥亚膨胀度或葛金焦型	

1. 煤化程度

由表1-4可见,各国用来反映煤化程度的主要指标是挥发分,因为它能较好地反映煤化程度,并与煤的工艺性质有关,而且区分能力强,测定方法简单,易于标准化。但是煤的挥发分不仅与煤化程度有关,还与煤的岩相组成有关。比如,煤化程度相同的煤,由于岩相组成不同而有不同的挥发分值;不同煤化程度的煤,在岩相组成不同的情况下,也可能得到相同的挥发分值。因此,煤的挥发分有时也不能准确地反映煤的煤化程度。为此,有的国家采用煤的发热量或镜质组反射率,作为烟煤和无烟煤煤化程度的主要指标。煤的发热量适合于低煤化程度的煤和动力煤,一般以恒湿无水基的高位发热量代表煤的煤化程度。镜质组反射率在高变质程度的烟煤和无烟煤阶段,既能较好地反映煤化程度的规律,也能综合反映变质过程中镜质组分子的结构变化,其组成又在煤中占优势,因此镜质组反射率比挥发分产率更准确地反映了煤的变质规律。此外,煤中的氢碳原子比也在一定程度上反映了煤化程度,氢对高煤化程度的煤,尤其是无烟煤能很好地反映其煤化程度的规律。我国现行无烟煤分类是以煤中的氢作为分类指标之一。

2. 煤的黏结性

煤的黏结性是煤在热加工过程中重要的工艺性质,是煤炭分类中的又一个重要指标。表示煤的黏结性指标很多,比如坩埚膨胀序数、葛金焦型、罗加指数、奥亚膨胀度、基氏流动度和胶质层最大厚度等。

坩埚膨胀序数在一定程度上反映了煤的黏结性且测定方法简单,对于煤质变化不大时,较为可靠,但测定结果是根据焦饼的外形,常有主观性且过于粗略。葛金焦型与挥发分较为接近,可对黏结性不同的煤能加以区分,但测定方法复杂,人为影响因素较大。罗加指数对弱黏结性煤和中等黏结性煤区分能力强,且测定方法简单,易于推广。奥亚膨胀度对强黏结性煤区分能力较好,测试结果重现性好,但对弱黏结性煤区分能力差,设备加工困难。基氏流动度是反映煤产生胶质体最稀薄状态的黏度,对弱黏结性和中等黏结性煤有一定的区分能力,测试方法灵敏度高,易受人为因素和仪器影响。

我国采用胶质层最大厚度(Y)和黏结性指数(G)来表示煤的黏结性,用胶质层最大厚度表征中等或强黏结性煤的黏结性，用黏结性指数来表征弱黏结性煤的黏结性，充分利用了两者各自的优点。

1.1.2.4 煤炭分类的国家标准

我国煤炭分类起步较晚，于1954年在学习苏联经验的基础上，才开始制订我国东北区和华北区两个地区性的煤炭分类方案。由于这两个分类方案之间存在许多矛盾和缺陷，于1956年又提出了全国统一的分类方案，1958年开始试行，此后近30年对于指导我国合理开发利用煤炭资源、正确划分煤炭类别、合理计算煤炭储量等方面都起到了积极的作用。期间煤炭分类方案的修订工作一直没有间断，1986年形成的"中国煤炭分类国家标准草案"经国务院批准，由国家标准局发布，试行3年后于1989年正式实施，即GB 5751—1986《中国煤炭分类》。这项强制性国家标准实行了近20年后，于2009年被煤炭科学研究总院牵头制订的GB/T 5751—2009《中国煤炭分类》替代。

中国煤炭分类国家标准，根据煤化程度的不同，将煤分为无烟煤、烟煤和褐煤三大类，再按煤化程度的深浅和工业利用的要求，将褐煤分为两小类，无烟煤分成三个小类。烟煤中类别的构成是按等煤化程度和等黏结性原则，分为24个单元，再以同类煤加工工艺性质尽可能一致及不同煤类间差异最大的原则组并各单元，将烟煤分为十二类，见表1-5~表1-9。

表1-5 煤炭分类总表

类 别	代 码	编 码	分类指标	
			$V_{daf}/\%$	$P_M/\%$
无烟煤	WY	01，02，03	≤10.0	—
烟煤	YM	11，12，13，14，15，16	>10.0~20.0	—
		21，22，23，24，25，26	>20.0~28.0	
		31，32，33，34，35，36	>28.0~37.0	
		41，42，43，44，45，46	>37.0	
褐煤	HM	51，52	>37.0[①]	≤50[②]

注：①凡V_{daf}>37.0%，G≤5，再用透光率P_M来区分烟煤和褐煤（在地质勘查中，V_{daf}>37.0%，在不压饼的条件下测定的焦渣特征为1~2号的煤，再用P_M来区分烟煤和褐煤）。

②凡V_{daf}>37.0%，P_M>50%者为烟煤；30%<P_M≤50%的煤，如恒湿无灰基高位发热量$Q_{gr,maf}$>24MJ/kg，划为长焰煤，否则为褐煤。恒湿无灰基高位发热量$Q_{gr,maf}$的计算方法见下式：

$$Q_{gr,maf}=Q_{gr,ad}\times\frac{100(100-M_{HC})}{100(100-M_{ad})-A_{ad}(100-M_{HG})}$$

式中 $Q_{gr,maf}$——煤样的恒湿无灰基高位发热量，J/g；

$Q_{gr,maf}$——一般分析试验煤样的恒容高位发热量，J/g，其测试方法参见GB/T 213；

M_{ad}——一般分析试验煤样水分的质量分数，%，其测试方法参见GB/T 212；

M_{HC}——煤样最高内在水分的质量分数，%，其测试方法参见GB/T 4632。

表1-6 褐煤亚类的划分

类 别	代 码	编 码	分类指标	
			$P_M/\%$	$Q_{gr,maf}/(MJ/kg)$[①]
褐煤一号	HM1	51	≤30	—
褐煤二号	HM2	52	>30~50	≤24

注：①凡V_{daf}>37.0%，P_M>30%~50%的煤，如恒湿无灰基高位发热量$Q_{gr,maf}$>24MJ/kg，则划为长焰煤。

表 1-7 无烟煤亚类的划分

类别	代码	编码	分类指标	
			V_{daf}/%	H_{daf}/%[①]
无烟煤一号	WY1	01	≤3.5	≤2.0
无烟煤二号	WY2	02	>3.5~6.5	>2.0~3.0
无烟煤三号	WY3	03	>6.5~10.0	>3.0

注：①在已确定无烟煤亚类的生产矿、厂的日常工作中，可以只按 V_{daf} 分类；在地质勘查工作中，为新区确定亚类或生产矿、厂和其他单位需要重新核定亚类时，应同时测定 V_{daf} 和 H_{daf}，按上表分类。如两种结果有矛盾，以按 H_{daf} 划分亚类的结果为准。

表 1-8 烟煤的划分

类别	代码	编码	分类指标			
			V_{daf}/%	G	Y/mm	b/%[②]
贫煤	PM	11	>10.0~20.0	≤5		
贫瘦煤	PS	12	>10.0~20.0	>5~20		
瘦煤	SM	13	>10.0~20.0	>20~50		
		14	>10.0~20.0	>50~65		
焦煤	JM	15	>10.0~20.0	>65[①]	≤25.0	≤150
		24	>20.0~28.0	>50~65	≤25.0	≤150
		25	>20.0~28.0	>65[①]	≤25.0	≤150
肥煤	FM	16	>10.0~20.0	(>85)[①]	>25.0	>150
		26	>20.0~28.0	(>85)[①]	>25.0	>150
		36	>28.0~37.0	(>85)[①]	>25.0	>220
1/3 焦煤	1/3JM	35	>28.0~37.0	>65[①]	≤25.0	≤220
气肥煤	QF	46	>37.0	(>85)[①]	>25.0	>220
气煤	QM	34	>28.0~37.0	>50~65	≤25.0	≤220
		43	>37.0	>35~50		
		44	>37.0	>50~65		
		45	>37.0	>65[①]		
1/2 中黏煤	1/2ZN	23	>20.0~28.0	>30~50		
		33	>28.0~37.0	>30~50		
弱黏煤	RN	22	>20.0~28.0	>5~30		
		32	>28.0~37.0	>5~30		
不黏煤	BN	21	>20.0~28.0	≤5		
		31	>28.0~37.0	≤5		
长焰煤	CY	41	>37.0	≤5		
		42	>37.0	>5~35		

注：①当烟煤黏结指数测值 G≤85 时，用干燥无灰基挥发分 V_{daf} 和黏结指数 G 来划分煤类。当黏结指数测值 G>85 时，则用干燥无灰基挥发分 V_{daf} 和胶质层最大厚度 Y，或用干燥无灰基挥发分 V_{daf} 和奥阿膨胀度 b 来划分煤类。在 G>85 的情况下，当 Y>25.00mm 时，根据 V_{daf} 的大小可划分为肥煤或气肥煤；当 Y≤25.00mm 时，则根据 V_{daf} 的大小可划分为焦煤、1/3 焦煤或者气煤。

②当 G>85 时，用 Y 和 b 并列作为分类指标。当 V_{daf}≤28.0% 时，b>150% 的是肥煤；当 V_{daf}>28.0% 时，b>220% 的为肥煤或气肥煤。如按 b 值和 Y 值划分的类别有矛盾时，以 Y 值划分的类别为准。

表1-9　中国煤炭分类简表

类　别	代　码	编码	分类指标					
			$V_{daf}/\%$	G	Y/mm	$b/\%$	$P_M/\%$ ②	$Q_{gr,maf}/(MJ/kg)$ ③
无烟煤	WY	01，02，03	≤10.0					
贫煤	PM	11	>10.0~20.0	≤5				
贫瘦煤	PS	12	>10.0~20.0	>5~20				
瘦煤	SM	13，14	>10.0~20.0	>20~65				
焦煤	JM	24 15，25	>20.0~28.0 >10.0~28.0	>50~65 >65 ①	≤25.0	≤150		
肥煤	FM	16，26，36	>10.0~37.0	(>85) ①	>25.0			
1/3 焦煤	1/3JM	35	>28.0~37.0	>65 ①	≤25.0	≤220		
气肥煤	QF	46	>37.0	(>85) ①	>25.0	>220		
气煤	QM	34 43，44，45	>28.0~37.0 >37.0	>50~65 >35	≤25.0	≤220		
1/2 中黏煤	1/2ZN	23，33	>20.0~37.0	>30~50				
弱黏煤	RN	22，32	>20.0~37.0	>5~30				
不黏煤	BN	21，31	>20.0~37.0	≤5				
长焰煤	CY	41，42	>37.0	≤35			>50	
褐煤	HM	51 52	>37.0 >37.0				≤30 >30~50	≤24

注：①在 G>85 的情况下，用 Y 值或 b 值来区分肥煤、气肥煤与其他煤类，当 Y>25.00mm 时，根据 V_{daf} 的大小可划分为肥煤或气肥煤；当 Y≤25.00mm 时，则根据 V_{daf} 的大小可划分为焦煤、1/3 焦煤或者气煤。按 b 值划分类别时，当 V_{daf}≤28.0% 时，b>150% 的为肥煤；当 V_{daf}>28.0% 时，b>220% 的为肥煤或气肥煤。如按 b 值和 Y 值划分的类别有矛盾时，以 Y 值划分的类别为准。

②对 V_{daf}>37.0%，G≤5 的煤，再以透光率 P_M 来区分其为长焰煤或褐煤。

③对 V_{daf}>37.0%，P_M>30%~50% 的煤，再测 $Q_{gr,maf}$，如其值>24MJ/kg，应划分为长焰煤，否则为褐煤。

中国煤炭分类国家标准的几点说明：

（1）中国煤炭分类体系是一种应用型的技术分类体系，可以用于说明煤炭的类别，指导煤炭的利用；根据一些重要的煤质指标进行不同煤的煤质比较和指导选取适宜的煤炭分析测试方法。

（2）判定煤炭类别时要求所选煤样为单种煤（单一煤层煤样或者相同煤化程度组成的煤样），对不同煤化程度的混合煤或配煤不应作为判定煤炭类别。用于判定煤炭类别的煤样可以是勘查煤样、煤层煤样、生产煤样或商品煤样，其中勘查煤样的采取应按《煤炭资源勘探煤样采取规程》的规定执行；煤层煤样的采取应按 GB/T 482 的规定执行；生产煤样的采取应按 MT/T 998 的规定执行；商品煤样的采取应按 GB 475 和 GB/T 19494.1 的规定执行。煤样的制备按 GB 474 和 GB/T 19494.2 的规定执行。

（3）所选煤样的干燥基灰分产率应≤10%，对于干燥基灰分产率>10%的煤样，在测试分类参数前应采取重液方法进行减灰后再分类，所用重液的密度宜使煤样得到最高的回收率，并使减灰后煤样的灰分在5%~10%之间，减灰的方法按 GB 474 中的附录 B 进行。对于易泥化的低煤化程度褐煤，可采用灰分尽可能低的原煤。

（4）分类参数有两类，即用于表征煤化程度的参数和用于表征煤工艺性能的参数。用于表征煤化程度的参数有4个：干燥无灰基挥发分，符号 V_{daf}，其测定方法参见 GB/T 212；干燥无灰基氢含量，符号 H_{daf}，其测定方法参见 GB/T 476；恒湿无灰基高位发热量，符号 $Q_{gr,maf}$，其测定方法参见 GB/T 213；低煤阶煤透光率，符号 P_M，其测定方法参见 GB/T 2566。用于表征煤工艺性能的参数有3个：烟煤的黏结指数，符号 $G_{R.I}$（简记 G），其测定方法参见 GB/T 5447；烟煤的胶质层最大厚度，符号 Y，其测定方法参见 GB/T 479；烟煤的奥阿膨胀度，符号 b，其测定方法参见 GB/T 5450。

采用煤化程度参数（主要是干燥无灰基挥发分）将煤炭划分为无烟煤、烟煤和褐煤。无烟煤亚类的划分采用干燥无灰基挥发分和干燥无灰基氢含量作为指标，如果两种结果有矛盾，以干燥无灰基氢含量划分的结果为准。烟煤类别的划分，需同时考虑烟煤的煤化程度和工艺性能（主要是黏结性）。烟煤煤化程度的参数采用干燥无灰基挥发分作为指标；烟煤黏结性的参数，以黏结性指数为主要指标，并以胶质层最大厚度（或奥阿膨胀度）作为辅助指标，当两者划分的类别有矛盾时，以按胶质层最大厚度划分的类别为准。褐煤亚类的划分采用透光率作为指标。

（5）煤类划分代号及编码。本分类体系中，先根据干燥无灰基挥发分等指标，将煤炭分为无烟煤、烟煤和褐煤；再根据干燥无灰基挥发分及黏结性指数等指标，将烟煤划分为贫煤、贫瘦煤、瘦煤、焦煤、肥煤、1/3 焦煤、气肥煤、气煤、1/2 中黏煤、弱黏煤、不黏煤及长焰煤。各类煤的名称可用下列汉语拼音字母为代号表示：

WY—无烟煤；YM—烟煤；HM—褐煤。

PM—贫煤；PS—贫瘦煤；SM—瘦煤；JM—焦煤；FM—肥煤；1/3JM—1/3 焦煤；QF—气肥煤；QM—气煤；1/2ZN—1/2 中黏煤；RN—弱黏煤；BN—不黏煤；CY—长焰煤。

各类煤用两位阿拉伯数码表示。十位数系按煤的挥发分分组，无烟煤为 0（$V_{daf} \leqslant 10.0\%$），烟煤为 1~4（即 $V_{daf} > 10.0\% \sim 20.0\%$、$> 20.0\% \sim 28.0\%$、$> 28.0\% \sim 37.0\%$ 和 $> 37.0\%$），褐煤为 5（$V_{daf} > 37.0\%$）。个位数，无烟煤类为 1~3，表示煤化程度；烟煤为 1~6，表示黏结性；褐煤为 1~2，表示煤化程度。

1.1.3 煤的组成与结构特征

煤的组成和分子结构是研究煤化学的重要内容之一，对于泥炭和褐煤常用溶剂抽提的方法来研究其化学组成；对于烟煤及高变质程度的煤，煤中能溶于有机溶剂的物质极少，因此多采用物理方法、物理化学方法和化学方法来研究其化学组成。物理研究方法有光学显微镜、X 射线衍射分析、扫描电镜分析、核磁共振分析、质谱色谱分析和红外吸收光谱分析等；物理化学研究方法有有机溶剂抽提研究和吸附性能研究等；化学研究方法有氢化法、氧化法、热解法和官能团分析等。

由于煤本身结构复杂，目前还未完全确定煤的分子结构式，只能得到关于煤结构的概念，对于在工艺利用上的反应机理及重要性质也未能充分了解，规律性也未完全掌握，还有待于科研工作者的努力和科技的进步。

1.1.3.1 煤的岩相组成

煤岩学是把煤看成一种特殊沉积岩——可燃有机岩，在自然状态下用肉眼或者光学仪器研究煤中的有机成分和无机成分，按岩石学原理将煤划分出各种宏观与微观组分。煤岩特征反映了煤的生成演化过程，是正确评价煤质、确定煤合理利用途径的重要依据，也是研究煤的成因和变质程度的基础。

1. 煤岩宏观组成

煤岩的宏观组成是用肉眼观察煤的光泽、颜色，从硬度、脆度、断口、形态等主要特征而能区分出来的组分。腐殖煤的煤岩类型分为镜煤、亮煤、暗煤和丝炭；腐泥煤的煤岩类型分为烛煤和藻煤(表1-10)。

表1-10　腐殖煤和腐泥煤的煤岩类型

煤类型	煤岩类型	特　　征
腐殖煤	镜煤	光亮，黑色，一般很脆，常具裂隙
	亮煤	半亮，黑色，极薄层状
	暗煤	暗淡，黑色或灰黑色，坚硬，表面粗糙
	丝炭	丝绢光泽，黑色，纤维状，软，极易脆
腐泥煤	烛煤	暗淡或弱油脂光泽，黑色均一非层状，坚硬，贝壳状断口，黑色条痕
	藻煤	像烛煤，但外观略带褐色，褐色条痕

1) 腐殖煤的煤岩类型

(1) 镜煤：呈黑色或者深黑色，光泽强，明亮如镜，因而得名；是颜色最深、光泽最强的煤岩类型。质地纯净均匀，以贝壳状或眼球状断口和垂直的内生裂隙发育为特征，易破碎成棱角状小块，在煤中呈透镜状或条带状。镜煤的颜色、光泽和内生裂隙发育均随煤化程度变化而有规律地变化，挥发分和氢含量较高且黏结性强，矿物质含量较少。

(2) 亮煤：腐殖煤中主要的煤岩组分，光泽仅次于镜煤，较脆，内生裂隙较发育，密度较小，均一程度不如镜煤，在煤层中常呈较厚的分层或透镜状。亮煤中镜质组含量较多而壳质组和惰质组含量较少，其物理性质、化学性质和工艺性质介于镜煤和暗煤之间。

(3) 暗煤：呈灰黑或者暗黑，光泽暗淡，致密坚硬，韧性较大，密度大，内生裂隙不发育，层理不清晰，断面粗糙，断口呈不规则状或平坦状，在煤中形成较厚的分层，甚至单独成层。暗煤中镜质组较少，壳质组和惰质组较多，矿物质较多，由于组成复杂，其物理性质、化学性质和工艺性质均不同。

(4) 丝炭：外观像木炭，呈灰黑或暗黑，具有明显的纤维状结构和丝绢光泽，疏松多孔，较脆，空腔常被矿物质填充，致密坚硬，密度大。丝炭有惰质组组成，氢含量低，碳含量高，挥发分低，没有黏结性，容易发生氧化和自燃。

2) 腐泥煤的煤岩类型

(1) 烛煤：黑色，有时具有弱油脂光泽，均一致密，贝壳状断口，韧性大，层理规则，几乎不含藻类体，孢子体含量丰富，碎屑多，易燃且发出明亮的火焰，像蜡烛一样，故得名烛煤。烛煤的挥发分、氢含量和焦油产率均较高。

(2) 藻煤：光泽暗淡，均一块状，贝壳状断口，韧性较大，灰分低时密度小，易燃，有沥青味，层理不明显。藻煤的挥发分、氢含量和焦油产率均较高，有时灰分也高。

2. 煤岩显微组分

煤岩显微组分是指煤在显微镜下能够区别和辨识的最基本的组成成分，是显微镜下能观察到的煤中成煤原始植物残体转变而成的有机成分。将煤磨制成薄片在透射光、反射光和荧光显微镜下观察，进一步看出煤是由更加复杂的有机和无机组分构成。国际煤岩学会（ICCP）规定，用显微镜在反射光、油浸和物镜 25~50 倍下观察煤中各种组分的形态，测定某些煤岩组分的物理化学性质，探讨其与古植物组织的关系。

目前国际煤岩学会基于化学工艺性质的不同对显微组分分为三类：镜质组、壳质组（稳定组或类脂组）和惰质组，每一类依据颜色、形态、结构和突起等特征划分显微组分，每一个显微组分又细分亚组分，比如无结构镜质体分为四个亚组分即均质镜质体、胶质镜质体、基质镜质体和团块镜质体；如结构镜质体又可细分为科达树结构镜质体、真菌质结构镜质体、木质结构镜质体、鳞木结构镜质体和封印木结构镜质体五种。运用特殊方法如侵蚀法、电子显微镜法、荧光法等还可以在某些组分中发现显微镜下无法识别的结构和细微特征，称之为隐组分，如镜质组中可分出隐结构镜质体、隐团块镜质体、隐胶质镜质体和隐镜屑体。国际煤岩学会对褐煤和硬煤分别制定了显微组分的分类，见表 1-11 和表 1-12。

表 1-11　国际褐煤显微组分分类

显微组组分	显微组分亚组	显微组分	显微亚组分
腐殖组	结构腐质体	结构木质体	
		腐木质体	结构腐木质体 充分分解腐木质体
	碎屑腐质体	细屑体 密屑体	
	无结构腐质体	凝胶体	多孔凝胶体 均匀凝胶体
		团块腐质体	鞣质体 假鞣质体
稳定组		孢粉体 角质体 树脂体 木栓质体 藻类体 碎屑稳定体 叶绿素体	
惰质组		沥青质体 丝质体 半丝质体 粗粒体 菌类体 碎屑惰质体	

表1-12　国际硬煤显微组分分类

显微组组分	显微组分	显微亚组分	显微组分种
镜质组	结构镜质体	结构镜质体1 结构镜质体2	科达树结构镜质体 真菌质结构镜质体 木质结构镜质体 鳞木结构镜质体 封印木结构镜质体
	无结构镜质体	均质镜质体 胶质镜质体 基质镜质体 团块镜质体	
	镜屑体		
壳质组	孢子体		薄壁孢子体 厚壁孢子体 小孢子体 大孢子体
	角质体		
	树脂体	镜质树脂体	
	木栓质体		
	藻类体	结构藻类体	皮拉藻类体 轮奇藻类体
		层状藻类体	
	荧光体		
	沥青质体		
	渗出沥青质体		
	壳屑体		
惰质组	半丝质体		
	丝质体	火焚丝质体 氧化丝质体	
	粗粒体		
	菌类体	真菌菌类体	密丝组织体 团块菌类体 假团块菌类体
	微粒体		
	惰屑体		

（1）镜质组。镜质组亦称凝胶化成分，是由植物残体的木质纤维组织在气流闭塞、积水较深的沼泽环境下产生的复杂变化，一方面是在生物化学的作用下分解、水解、化合形成新的化合物；另一方面在水的浸泡下吸水膨胀，使植物细胞结构变形、破坏甚至消失，形成无结构的胶态物质或进一步分解为凝胶，成煤后就变为镜质组显微组分。

镜质组是煤中最常见和最重要的显微组组分。反射率介于壳质组和惰质组之间，并随煤级增高而增加，各向异性增强，含氧量较高，碳和氢含量介于二者之间。根据结构和形状的不同，镜质组分为结构镜质体、无结构镜质体和碎屑体等显微组分。

（2）壳质组。壳质组来源于植物的孢子、角质层、树脂、木栓、蜡、脂肪和油，是成煤植物中化学稳定性强的组成部分，在泥炭化和成岩阶段保存在煤中的组分几乎没有发生什么质的变化。壳质组与镜质组和惰质组相比，具有较高的氢含量和挥发分产率，多数壳质组组分具有黏结性。壳质组分为孢子体、角质体、树脂体、木栓质体、树皮体、藻类体和壳屑体等显微组分。

（3）惰质组。惰质组亦称丝炭化成分，是由丝炭化作用形成，是植物残体的木质纤维组织在氧化性环境下，细胞腔中的原生质被需氧微生物破坏，而细胞壁相对稳定，仅发生氧化和脱水，残留物的碳含量大大提高，由于地质条件的变化，氧化性环境转变为还原性环境，故这部分残留物没有被完全破坏，而成为具有一定结构的丝炭。上述两种作用也可能发生交替，除完全丝炭化的物质不能再进行凝胶化外，处于丝炭化过程中的中间产物都可以再凝胶化，处于凝胶化任何阶段的产物也都可以再进行丝炭化，半丝质体。微粒体和无结构丝质体等就这样形成的。

惰质组与镜质组和壳质组相比，碳含量最高，氢含量最低，挥发分产率最少，没有黏结性（微粒体除外）。惰质组分为丝质体、半丝质体、粗粒体、菌类体、微粒体和惰屑体等显微组分。

1.1.3.2 煤的化学组成

1. 有机组成

煤的有机质主要由碳、氢、氧、氮和硫五种元素组成。

（1）碳。碳是构成煤分子骨架最重要的元素之一，也是煤燃烧过程中放出热量最主要的元素之一。随着煤化程度的提高，煤中的碳元素含量逐渐增加，从褐煤的60%左右增加到年老无烟煤的98%。腐殖煤的碳元素含量高于腐泥煤，在不同煤岩组分中，碳元素含量的顺序是：惰质组>镜质组>壳质组。

（2）氢。氢元素是煤中第二重要的元素，主要存在于煤分子的侧链和官能团上，在有机质中的含量约为2.0%~6.5%，且随着煤化程度的提高而下降，从低煤化程度到中等煤化程度阶段，氢元素的含量变化不明显，但在高变质的无烟煤阶段，氢元素的降低较为明显，从年轻无烟煤的4%下降到年老无烟煤的2%左右。虽然氢元素含量远低于碳元素，但氢元素的发热量约为碳元素的4倍，所以氢元素的变化对煤的发热量影响很大。腐泥煤中的氢元素含量高于腐殖煤，腐殖煤不同煤岩组分中氢元素含量的顺序是：壳质组>镜质组>惰质组。

（3）氧。氧元素是组成煤有机质的主要元素，主要存在于煤分子的含氧官能团上，如—OCH_3、—$COOH$、—OH等。随煤化程度的提高，煤中的氧元素含量迅速下降，从褐煤的23%左右下降到中等变质程度，如肥煤的6%左右，此后氧元素含量下降速度变缓，到无烟煤时氧元素含量约2%。氧元素的含量对煤直接液化和制备水煤浆较敏感，O/C原子比高的煤，对液化时的氢耗率、转化率和油收率都会产生负面影响；在制备水煤浆过程中，O/C原子比高的煤，在相同的制浆条件下，要比O/C原子比低的浆体流动性差很多，其表观黏度将成倍增长。腐泥煤中的氧元素含量低于腐殖煤，腐殖煤不同煤岩组分中氧元素含量的顺序是：镜质组>惰质组>壳质组。

（4）氮。煤中的氮元素含量较少，一般在0.5%~2.0%，与煤化程度无规律可循。它主要由成煤植物中的蛋白质转化而来，在煤中的存在形式主要有胺基、亚胺基、五元杂环(吡咯和咔唑等)和六元杂环(吡啶和喹啉等)等。煤中的氮元素在高温热解时，转化为氨和吡啶类有机含氮化合物；在燃烧时转化为 NO_x。

(5)硫。煤中硫的来源有原生硫和次生硫两种，原生硫是指成煤植物本身所含的硫；次生硫是指在成煤环境和成岩变质过程中带入的硫，一般来说煤中的硫主要是次生硫。

煤中的硫分为有机硫和无机硫，有机硫含量一般较低，低于 $0.2\% \sim 0.5\%$，也有高于 $1\% \sim 2\%$ 甚至更高的煤。煤中的有机硫组成复杂，主要由硫醚、硫醇、硫化物、二硫化物、巯基化合物、噻吩类杂环化合物和硫醌化合物等组分或者官能团构成。低有机硫煤中的有机硫主要来自成煤植物中的蛋白质和微生物的蛋白质；高有机硫煤中的有机硫主要来自沉积环境，即为次生硫。有机硫存在于煤的有机质分子上，分布均匀，极难脱除。煤中的无机硫主要以硫铁矿和硫酸盐等形式存在，其中以硫铁矿硫居多，脱除硫铁矿硫的难易程度取决于硫铁矿的颗粒大小和分布形态，颗粒大较容易脱除，极细颗粒的硫铁矿硫则难以采用常规方法脱除。煤中的硫酸盐硫是黄铁矿氧化所致，所以未被氧化的煤中硫酸盐硫含量很少。

煤中硫含量的高低与成煤的原始环境密切相关，与煤化程度没有明显的关系。硫是煤中主要的有害元素，在煤的焦化、气化和燃烧中均产生对工艺和环境有害的 H_2S 和 SO_2 等物质。

2. 无机组成

煤中的无机组分亦称矿物质，包括煤中的矿物和无机质两种形态，矿物有高岭土、蒙脱石、硫化物矿、方铅矿、碳酸盐矿物、硫酸盐矿物、硅酸盐矿物、石英、氧化物及氢氧化物矿物等；无机质是由煤中的无机元素与有机物结合而生成，主要以羧基盐类存在。

煤中的无机组分主要以三种形式存在于煤中：

(1)溶解在煤孔隙水中，如 $NaCl$。

(2)与煤有机质化学结合(离子交换或成矿时有机质中的矿物)。

(3)离散型的矿物颗粒。矿物质的来源有原生矿物质，次生矿物质和外来矿物质之分。原生矿物质是指原始成煤植物含有的矿物质，含量较少，一般不超过 $1\% \sim 2\%$，很难脱除。次生矿物质是指在成煤过程中进入煤层的矿物质，有通过水力和风力搬运到泥炭沼泽中而沉积的碎屑物和从胶体溶液中沉积出来的化学成因矿物，含量约在 10% 以下。外来矿物质是指在采煤过程中混入的底板、顶板和灰石层的矸石，含量随煤层结构和采煤方法变化较大。原生矿物质和次生矿物质都属于内在矿物质，较难用洗选法脱除，外来矿物质较容易用洗选法脱除。

按来源形式煤中矿物的分类见表1-13。

表1-13 按来源形式煤中矿物的分类

矿物组	成煤第一阶段形成，同时沉积—早期成岩(紧密共生)		成煤第二阶段后形成	
	水或风运移来	新形成	沉积在裂隙、节理和孔穴中(疏散共生)	共生矿物的转变(紧密共生)
黏土矿物	高岭土、伊利石、绢云母、混合成结构的黏土矿物、蒙脱石、白土石			伊利石、绿泥石

矿物组	成煤第一阶段形成，同时沉积一早期成岩（紧密共生）		成煤第二阶段后形成	
	水或风运移来	新形成	沉积在裂隙、节理和孔穴中（疏散共生）	共生矿物的转变（紧密共生）
碳酸盐		菱铁矿、铁白云石结核、白云石、方解石、铁白云石	铁白云石、白云石、方解石、丝碳中铁白云石	
硫化物		黄铁矿结核、胶黄铁矿、粗黄铁矿（白铁矿）、FeS_2-Ca-FeS_2-Zn 结核	黄铁矿、白铁矿锌硫化物（闪锌矿）、铅硫化物（方铅矿）、铜硫化物（黄铜矿）、丝碳中黄铜矿	共生 $FeCO_3$ 结核转变为黄铁矿
氧化物		赤铁矿	针铁矿、纤铁矿	
石英	石英粒子	玉髓和石英、来自风化的长石和云母	石英	
磷酸盐	磷灰石	磷钙土、磷灰石		
重矿物和其他矿物	金岩石、金红石、电气石、正长石、黑云母		氯化物、硫酸盐和硝酸盐	

煤中已鉴定出的矿物质见表1-14。

表1-14 煤中鉴定出的矿物质

黏土矿物	蒙脱土、伊利石、高岭土、多水高岭土、绿泥石（蠕绿泥石、叶绿泥石）、混合层黏土矿物
硫化物矿物	黄铁矿、白铁矿、闪锌矿、方铝矿、黄铜矿、磁黄铁矿、砷黄铁矿、针硫镍矿
碳酸盐矿物	方解石、白云石、菱铁矿、铁白云石、毒重石
氧化物和氢氧化物矿物	赤铁矿、磁铁矿、金红石、褐铁矿、针铁矿、纤铁矿、水铝矿
氯化物矿物	岩盐、钾盐、水氯镁石
硅酸盐矿物	石英、黑云母、锆石、电气石、石榴石、蓝晶石、十字石、绿帘石、钠长石、透长石、正长石、辉石、角闪石、黄玉
硫酸盐矿物	重晶石、石膏、硬石膏、烧石膏、黄钾铁矾、水铁矾、四水白铁矾、水绿矾、针绿矾、粒铁矾、硫镁矾、芒硝、纤钠铁矾
磷酸盐矿物	磷灰石、氟灰石

1.1.3.3 煤的结构

1. 煤的大分子结构

煤是由相对分子质量不同、分子结构相似但又不完全相同的单体-基本结构单元聚合而成，这些结构单元呈缩合环状结构，环状结构以芳香环为主体，还有脂环结构，并可能存在于含氧、氮、硫的环状结构。具有芳香结构的环状化合物是煤中有机质的主体，一般占煤中有机质的90%以上。煤的大分子结构十分复杂，一般认为它具有高分子聚合物的结构，但又不同于一般的聚合物，它没有统一的聚合单体，是由多个结构类似的"基本结构单元"通过桥键连接而成。这种基本结构单元类似于聚合物的聚合单体，分为规则部分和不规则部分。规则部分由几个或十几个苯环、脂环、氢化芳香环及杂环(含氧、氮、硫等元素)缩合而成,称之为基本结构单元的核或芳香核;不规则部分是连接在核周围的烷基侧链和各种官能团。

1) 基本结构单元的核

煤的基本结构单元的核是缩合环结构,也称芳香环或芳香核。煤的基本结构单元不是一个均匀的、确切的结构,但可以通过结构参数评价核的平均结构,结构参数有芳碳率、芳氢率和芳环率。其中芳碳率(f_{ar}^C)是指煤的基本结构单元中属于芳香族结构的碳原子数与总碳原子数之比,即 $f_{ar}^C = C_{ar}/C_o$;芳氢率(f_{ar}^H)是指煤的基本结构单元中属于芳香族结构的氢原子数与总氢原子数之比,即 $f_{ar}^H = H_{ar}/H_o$;芳环率是指煤的基本结构单元中芳香环数与总环数之比。不同煤化程度的煤的结构参数见表1-15。

表1-15 不同煤化程度的煤的结构参数

碳含量/%	f_{ar}^C		f_{ar}^H		H_{ar}/C_{ar}①	H_{al}/C_{al}②	平均环数
	NMR	FTIR	NMR	FTIR			
75.0	0.69	0.72	0.29	0.31	0.33	1.48	2
76.0	0.75	0.75	0.34	0.33	0.36	0.74	2
77.0	0.71	0.65	0.33	0.24	0.34	1.89	2
77.9	0.38	0.49	0.16	0.14	0.42	1.32	1
79.4	0.77	0.77	0.31	0.31	0.31	1.91	3
81.0	0.70	0.69	0.31	0.34	0.34	1.45	2
81.3	0.77	0.74	0.30	0.36	0.35	2.11	3
82.0	0.78	0.73	0.36	0.32	0.34	2.14	3
82.0	0.74	0.76	0.33	0.31	0.33	1.74	3
82.7	0.79	0.73	0.32	0.31	0.31	2.34	3
82.9	0.75	0.79	0.39	0.39	0.38	1.59	3
83.4	0.78	0.69	0.33	0.29	0.32	2.31	3
83.5	0.77	0.69	0.34	0.29	0.36	2.42	3
83.8	0.54	0.56	0.18	0.16	031	1.69	1
85.1	0.77	0.80	0.43	0.45	0.36	1.38	3
86.5	0.76	0.78	0.33	0.42	0.36	1.75	3
90.3	0.86	0.84	0.53	0.50	0.35	1.91	6
93.0	0.95	—	0.68	—	0.23	2.06	30

注:①芳香氢、碳原子比;②脂肪氢、碳原子比。

基本结构单元的核主要由不同缩合程度的芳香环构成,也含有少量的氢化芳香环和氮、硫杂环。低煤化程度煤基本结构单元的核以苯环、萘环和菲环为主;中等煤化程度烟煤基本结构单元的核以菲环、蒽环和芘环为主;无烟煤基本结构单元的核的芳香环数急剧增大,逐渐向石墨结构转变。

2) 基本结构单元周围的烷基侧链和官能团

烷基侧链是连接在缩合环上的甲基、乙基、丙基等基团,烷基侧链的平均长度随煤化程度的提高而迅速缩短。

官能团是指煤分子中的含氧官能团、含硫官能团和含氮官能团。其中含氧官能团主要有羟基、羧基、羰基、甲氧基和醚键等，含氧官能团随煤化程度的提高而减少，甲氧基消失得最快，在年老褐煤中已经几乎不存在；其次是羧基，羧基是褐煤的典型特征，烟煤阶段羧基的数量大幅减少，到中等煤化程度的烟煤时羧基基本消失；羟基和羰基在整个烟煤阶段都存在，甚至在无烟煤阶段也有，羰基在煤中的含量少，随煤化程度的提高羰基减少幅度不大，在不同煤化程度的煤中均有存在；煤中的氧有相当一部分是非活性状态，主要是醚键和杂环中的氧。含硫官能团主要有硫醇、硫醚、二硫醚、硫醌和杂环硫等。含氮官能团主要有六元杂环、吡啶环、喹啉环、胺基、亚胺基、腈基、五元杂环吡咯和咔唑等。

3）连接基本结构单元的桥键和交联键

煤的大分子结构是由若干个基本结构单元通过键连接而成的三维结构，这个连接基本结构单元之间的键分为桥键和交联键，其中桥键主要分有 4 类：第一类是次甲基键，如—CH_2—、—CH_2—CH_2—、—CH_2—CH_2—CH_2—等；第二类是醚键和硫醚键，如—O—、—S—、—S—S—等；第三类是次甲基醚键，如—CH_2—O—、—CH_2—S—等；第四类是芳香 C—C 键。这些桥键在不同的煤中并不是均匀分布的，在年轻烟煤和褐煤中，长的次甲基键和次甲基醚键较多；而中等变质程度以上的烟煤中，以—CH_2—、—CH_2—CH_2—和—O—为主。煤的结构单元通过这些桥键形成相对分子质量大小不一的高分子化合物，桥键的数量与煤的相对分子质量大小直接相关，并与煤的工艺性质密切相关，因为这些键在整个煤分子中属薄弱环节，比较容易受热或者化学试剂的作用而裂解，在煤的直接加氢液化反应中，桥键的断裂起到关键作用，目前还没有方法能定量测量这些桥键的数量，它们的热稳定性也互有区别。

煤中的交联键有两种，一种是化学键，主要是—C—C—键和—O—键，它们与前述桥键的化学性质基本相同，但其稳定性低于桥键；另一张是非化学键，为范德华力和氢键力，年轻煤以氢键力为主，年老煤则以范德华力为主。"交联"是高分子化学的概念，是指高分子之间通过化学键或非化学键在某些点相互键合或连接，形成网状或空间结构。交联后分子的相对位置固定，因此聚合物具有一定的强度、耐热性和抗溶剂性能。交联不仅发生在分子之间，也可以发生在分子内部。交联的化学键主要是共价键，非化学键主要是范德华力和氢键力。煤分子存在交联可以从煤具有相当大的机械强度、耐热性和抗溶剂性得以证明，不同等级的煤交联情况有所区别。中等变质程度的烟煤具有最好的熔融性，在重质芳香溶剂中具有最高的溶解度和最小的机械强度，因为这种煤分子间的交联程度最低。

4）煤中的低分子化合物

在煤的缩聚芳香结构中还分散着一些独立存在的非芳香化合物，它们的相对分子质量在500 左右，可用普通有机溶剂如苯、醇等萃取出来。它们的性质与煤主体有机质有很大的不同，通常称它们为低分子化合物。

煤中的低分子化合物来源于成煤植物、成煤过程中形成的未参与聚合的化合物以及形成的低分子聚合物，其含量一般不超过 5%，但有人认为实际含量远远大于这一数值，在褐煤和烟煤中可达有机质的 10%~23%。低分子化合物与煤大分子主要通过氢键力和范德华力结合，对煤的黏结性能和液化性能等影响很大。煤中的低分子化合物主要分两类，即烃类和含氧化合物，烃类主要是正构烷烃和少量的环烷烃和长链烯烃；含氧化合物主要是长链脂肪酸、醇、酮、甾醇类等。

2. 煤的结构模型

根据从物理方法、化学方法和物理化学方法研究煤所得到的大量信息，可以分析出煤的架构单元模型，如表1-16所示，大致反映了各种煤的结构单元的特点和立体结构，缺点是没有包括所有杂原子、各种可能存在的官能团和侧链。煤的结构模型分为化学结构模型和物理结构模型。

表 1-16　不同煤化程度煤的结构单元模型

煤　种	成分特征/%			结构单元
	指标	干燥基(d)	干燥无灰基(d_{af})	
褐煤	C	64.5	76.2	
	H	4.3	4.9	
	V	40.8	45.9	
次烟煤	C	72.9	76.7	
	H	5.3	5.6	
	V	41.5	43.6	
高挥发分烟煤	C	77.1	84.2	
	H	5.1	5.6	
	V	36.5	39.9	
低挥发分烟煤	C	83.8	—	
	H	4.2	—	
	V	17.5	—	
无烟煤				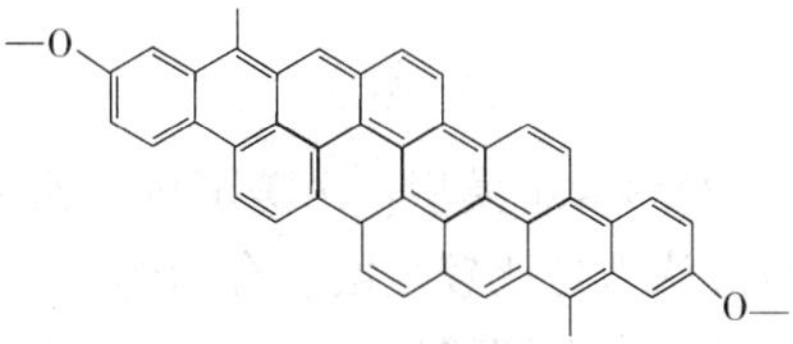

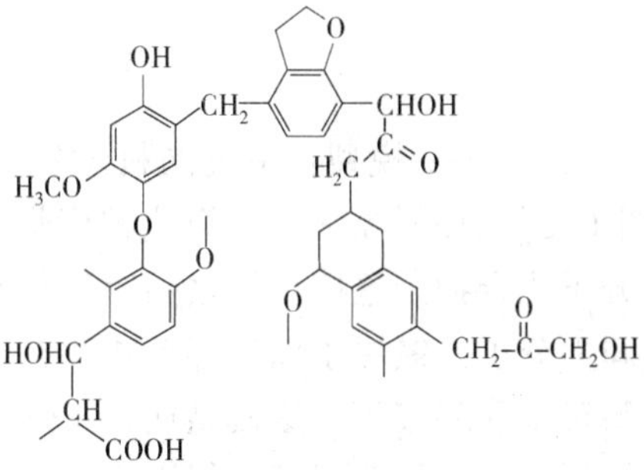

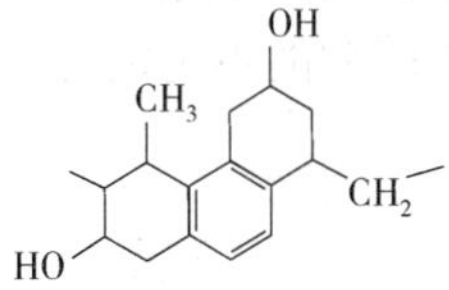

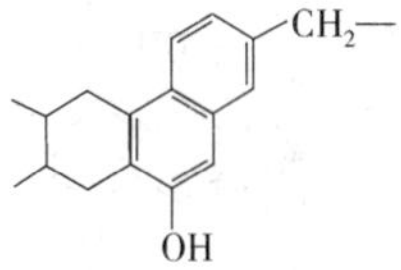

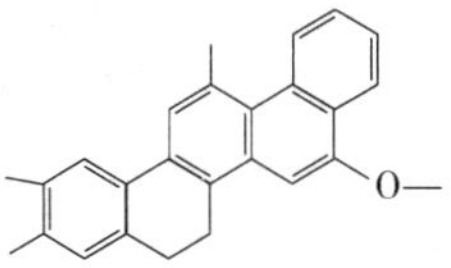

1）化学结构模型

煤的化学结构模型是综合了各种煤的结构信息和数据进行推断和假设而提出来的，用来表示煤的平均化学结构的分子图。实际上，这种分子模型并不是煤的真实分子结构的实际形式，它只是一种统计平均的结果，并不完全准确。

（1）Fuchs 模型：由德国科学家 W. Fuchs 提出并由 Van Krevelen 在 1957 年修改后的模型（图 1-1）。该模型将煤描绘成由很大的蜂窝状缩合芳香环和在其边缘任意分布着以含氧官能团为主的基团所组成的一类大分子化合物，煤中缩合芳香环平均为 9 个，没有含硫结构，含氧官能团的种类不全面。总的来说，该模型比较片面，不能全面反映煤结构的特征。

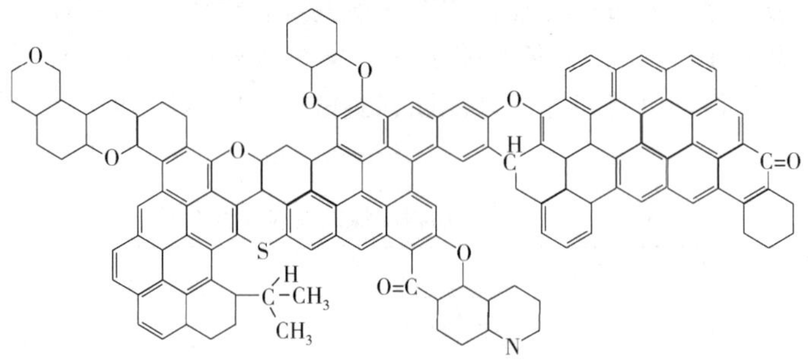

图 1-1　Fuchs 模型(经 Van Krevelen 修改)

（2）Given 模型：由英国科学家 P. H. Given 于 20 世纪 60 年代初提出的一种结构模型（图 1-2）。该模型表示低煤化程度烟煤由环数不多的缩合芳香环(主要是萘环)构成的一类大分子化合物。这些结构之间以氢化芳香环连接，分子呈线性排列构成折叠状、无序的三维空间大分子，氮原子以杂环形式存在，大分子结构上连有多个在反应或测试中确定的官能团如酚羟基和醌基等。该模型加强了煤中的氢化芳环结构，缩合芳香环结构单元之间交联键的主要形式是临位亚甲基，但模型中没有含硫结构，也没有醚键和两个碳原子以上的次甲基桥键，这是该模型的不足之处。

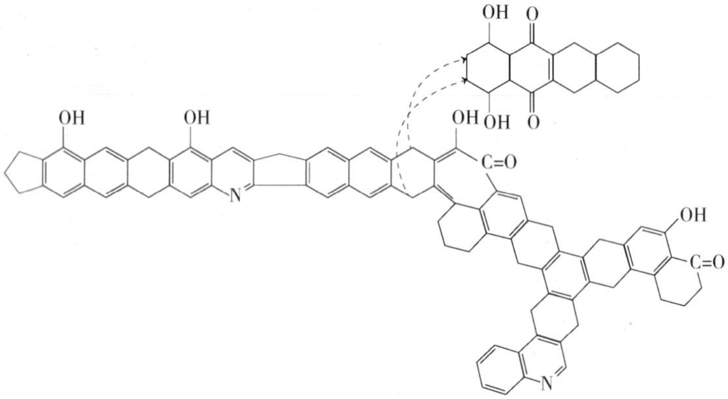

图 1-2　Given 模型

（3）Wiser 模型：由美国科学家 W. H. Wiser 于 20 世纪 70 年代中期提出的一种模型，该模型被认为是比较全面、合理的一个，主要针对年轻烟煤，基本反映了煤分子结构的现代概念，可以合理解释煤的液化和其他化学反应性质，因此在最近的文献中引用最多（图 1-3）。该模型芳香环数分布较宽，包含了 1~5 个环的芳香结构。模型中的元素组成与烟煤的元素组成一致，其中的芳香碳占 65%~75%。氢大多存在于脂肪结构如氢化芳环、烷基结构和桥键等中，芳香氢较少，含有酚、硫酚、芳基醚、酮以及含 O、N、S 的杂环结构，还含有一些不稳定结构如醇羟基、氨基和羧基等。结构单元之间的桥键主要是短烷键（—(CH$_2$)$_{1-3}$—）、醚键（—O—）和硫醚键（—S—）等弱键以及两芳环直接相连的芳基碳碳键（ArC—ArC）。模型中还含有羟基、羰基、硫醇和噻吩等基团。该模型主要不足之处在于缺乏立体结构，即缺乏对给出的官能团、取代基以及缩合芳香环等在立体空间中形成稳定化学结构和谐性的考虑。

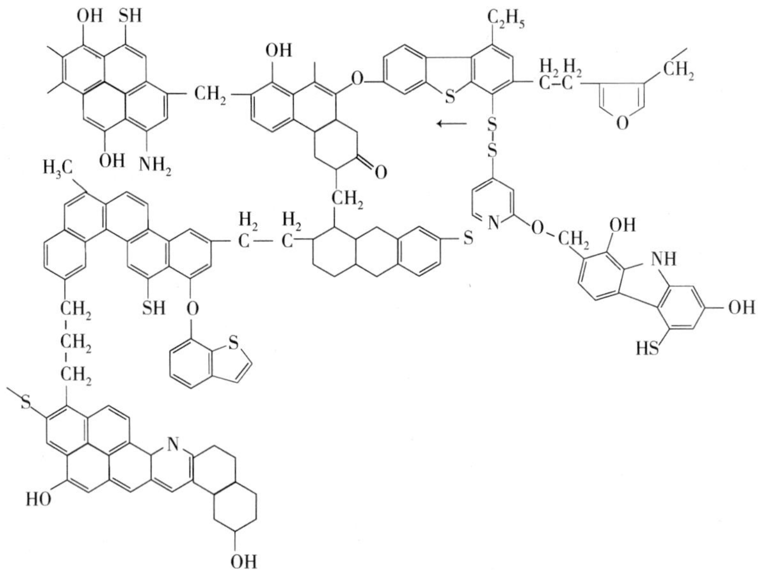

图 1-3　Wiser 模型

（4）本田模型：是最早考虑到有低分子化合物存在的模型，该模型认为缩合芳香环以菲为主，它们之间由较长的次甲基键连接，氧的存在形式比较全面，但是不足之处是没有考虑氮和硫的存在(图 1-4)。

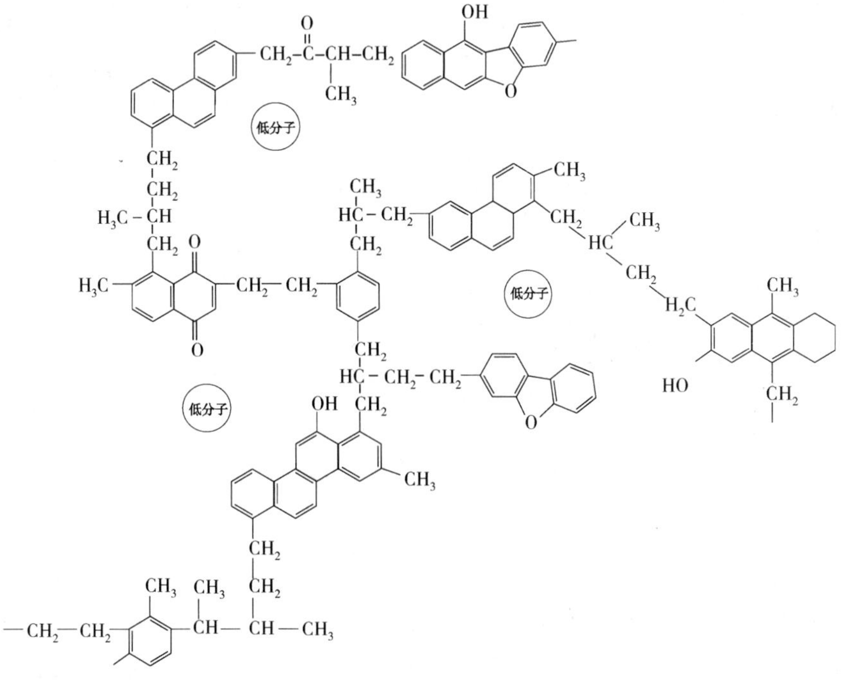

图 1-4　本田模型

（5）Shinn 模型：该模型是目前广为人们接受的煤大分子模型，是根据煤在一段和二段液化过程产物的分布提出来的，所以又叫反应结构模型（图1-5）。该模型以烟煤为对象，以相对分子质量 10000 为基础，将考察单元结构扩充至 $C = 661$，通过数据处理和优化，得出分子式为 $C_{661}H_{561}O_{74}N_{16}S_6$，不仅考虑了煤分子中杂原子的存在，且官能团、桥键分布比较接近实验结果。该模型中含氧较多，氧的主要存在形式是酚羟基，基本结构的芳香环数多为 2~3 个，其间由 1~4 个桥型结构相连，大多数桥型结构是亚甲基（—CH₂—）和醚（—O—），模型中有一些特征明显的结构单元，如缩合的喹啉、呋喃和吡喃。该模型假设芳环或氢化芳环单位由较短的脂链和醚键相连，形成大分子的聚集体，小分子镶嵌于聚集体孔洞或空穴中，可通过溶剂溶解抽提出来。

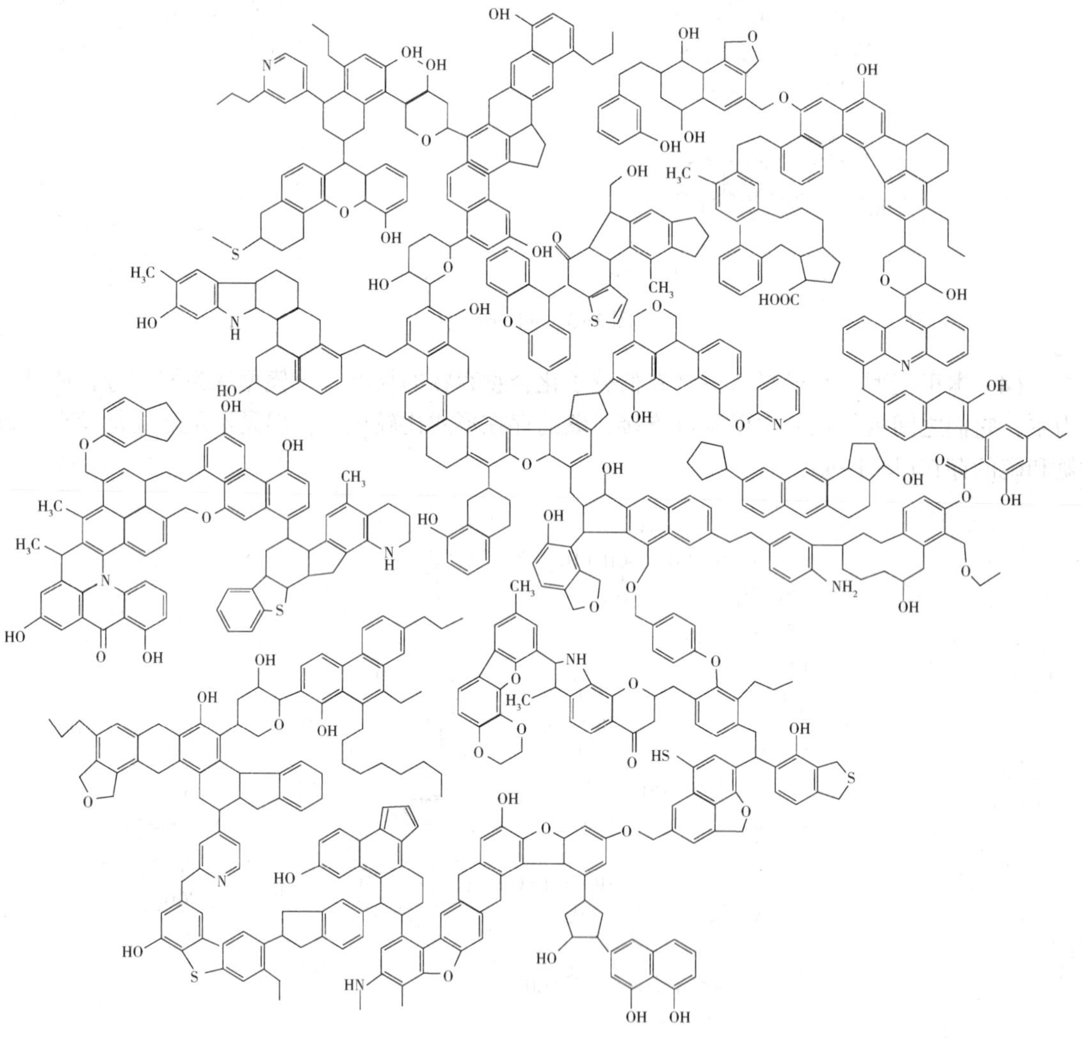

图 1-5　Shinn 模型

（6）金刚烷模型：有人根据次氯酸钠氧化煤的试验结果，认为煤基本不是芳香结构，二是一种特殊的聚金刚烷结构，即与金刚石相似而不与石墨相似。金刚烷 $C_{10}H_{16}$ 结构由三个环烷环组成，这种结构十分稳定，在煤加氢液化条件下，基本不发生变化，而煤却发生强烈的降解反应,看来煤中存在金刚烷结构是可能的,但整体都是这种结构是没有足够的依据(图1-6)。

图1-6 金刚烷结构模型

2)物理结构模型

煤的化学结构模型反映了煤分子的化学组成与结构,不能描述煤的物理结构和分子间的联系,于是有人提出了煤的物理结构模型。

(1)Hirsch模型:Hirsch利用双晶体衍射技术对煤的小角X衍射线漫射进行了研究,在对衍射强度曲线形状分析后认为,煤中有紧密堆积的微晶、分散的微晶以及直径<500nm的孔隙(图1-7)。该模型比较直观的反映了煤化过程中的物理结构变化,具有较广泛的代表性,将不同变质程度的煤划分为三种物理结构:

① 敞开式结构:这是年轻烟煤的特征,芳香层片较小而不规则的"无定形结构"比例较大,芳香层片间由交联键连接,并或多或少在所有方向任意取向,形成多孔的立体结构。

② 液态结构:这是中等变质烟煤的特征,芳香层片在一定程度上定向,并形成包含2个或2个以上层片的微晶。层片间交联键数目大大减少,故活动性大,这种煤的孔隙率小,机械强度低,热解时易形成胶质体。

③ 无烟煤结构:这类结构主要存在于含碳量>91%的高变质无烟煤中,桥型结构完全消失,芳香层片增大,定向程度增大,由于缩聚反应剧烈,使煤的体积收缩,形成大量孔隙。

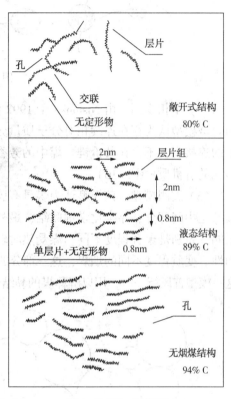

图1-7 Hirsch模型

(2)交联模型:由Larsen等于1982年提出,该模型中,分子间由交联键连接,类似于高分子化合物之间的交联,这种模型很好地解释了煤不能被完全溶解的现象(图1-8)。这一模型在后续研究中得到了进一步的改进和发展。

(3)两相模型:由Given等于1986年根据NMR氢谱发现并提出煤中质子的弛豫时间有快和慢两种类型,该模型认为煤中大分子有机物多数是交联的大分子网格结构,为固定相;低分子因非共价键力的作用陷在大分子网状结构中,为流动相。煤的多聚芳环是主体,对于相同煤种主体是相似的,而流动相小分子是作为客体掺杂于主体之中。采用不同溶剂对煤进行抽提可以将主客体分离。事实上,两相模型指出了煤中的分子既有共价键为本质的交联结合,也有以分子间力为本质的物理缔合,较好地解释了一些煤在溶剂溶胀过程中的黏结性能,但其中的小分子流动相还存有争议(图1-9)。

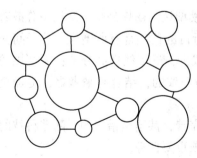

图1-8 交联模型

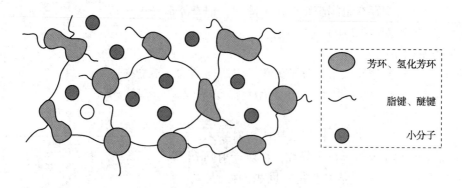

图 1-9　两相模型

（4）单相模型：由 Nishioka 于 1992 年分析了溶剂萃取实验结果后提出的，又称缔合模型。该模型认为存在连续相对分子质量分布的煤分子，煤中芳香族间的连接是静电型和其他型的连接力，不存在共价键。煤中的芳香族由于这些力的堆积形成更大的联合体，然后形成多孔的有机质(图 1-10)。

（5）胶团模型：该模型认为煤具有胶团结构，胶团的核心是重质部分，靠化学键联结；核外是中间部分，靠半化学键联结；最外面是轻质部分，靠物理力联结。这三部分化学本性相同，差别是聚合程度不同，煤受热时轻质部分软化，熔化成润滑剂或是胶团具有一定的流动性。变质程度不同的烟煤，这三部分的比例和热稳定性各不相同，所以具有不同的黏结性。这一模型曾风行一时，用以解释煤的黏结性，但这一学说比较笼统，已经过时(图 1-11)。

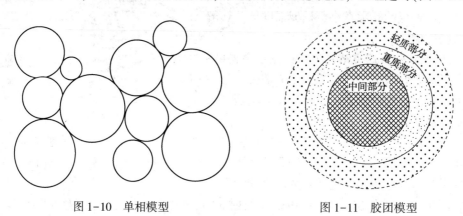

图 1-10　单相模型

图 1-11　胶团模型

（6）本田模型：本田提出了线性高分子结构模型，该模型认为褐煤是脂肪结构中分散着小的芳香核；年轻烟煤(C80%)与褐煤相比，芳香核和它所占的比例都有所增大，分子间交联增加；中等变质程度烟煤(C85%)主要特征是交联明显减少，近于线性高分子；无烟煤的芳香核和交联都明显增加。这一模型与 Hirsch 模型本质是一致的，结合起来考虑，更加全面(图 1-12)。

以上是关于煤的分子结构的基本认识，有些地方还不完善，甚至是错误的，随着科技的进步，它必定会不断发展和深化中，这也是煤炭科学的一项重要任务。

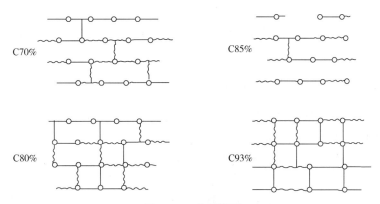

图1-12　本田模型
O—代表结构单位；~—代表脂肪碳链或醚键

1.2　适合煤基制油的煤炭资源及分布

1.2.1　中国煤炭资源"井"字形分区及"九宫格"分布特点

我国煤炭资源分布地域广阔，煤炭资源形成和演化的地质背景多样。结合造山带的存在空间发现，东西向的昆仑—秦岭—大别山构造带、天山—阴山—图门山构造带、南北向的大兴安岭—太行山—雪峰山构造带和汉兰山—六盘山—龙门山构造带控制了我国煤炭资源分布的总体特征，具有"两横"和"两纵"相区，形象地将此种分布格局称为"井字形"分布格局。

我国煤炭资源分布的主要特点是南北方向上，以秦岭—大别山造山带为界，北方赋煤盆地多而南方少。东西向上，西部蒙东地区煤炭资源主要集中于二连盆地，而以东的东三省，煤炭资源呈明显零星分布，甚至大兴安岭一线几乎不存在煤炭资源，进入太行山脉延伸区，两侧煤炭资源较为集中，再往南河南南部至湖北鄂西又进入空白区，而往西到六盘山两侧煤炭资源仍然丰富。另一个特点是造山带附近往往无煤炭资源分布，究其因先期形成的造山带，而后期煤炭资源形成的过程中通常作为构造高部位，充当物源供给区而几乎没有聚煤作用发生；或者先期形成的煤炭资源，在后期造山带隆起过程中而被剥蚀殆尽。彭苏萍等结合我国煤炭地质分区背景，以大兴安岭—太行山—雪峰山—贺兰山—六盘山—龙门山—天山—阴山—图门山和昆仑山—秦岭—大别山为界进一步划分为9个赋煤区，系统呈现了煤炭资源空间分布格局呈"九宫分布"。

我国赋煤区由北而南，自东向西分别为：东部地区辽吉黑赋煤区（东北三省）、黄淮海赋煤分区（冀、鲁、豫、京、津、苏北、皖北）、华南赋煤分区（闽、浙、赣、苏南、皖南、鄂、湘、粤、桂、琼）；中部地区蒙东赋煤分区（内蒙古东部地区）、晋陕蒙宁赋煤分区（晋、陕、陇东、宁东、内蒙古西部）、西南云贵川渝赋煤分区（云、贵、川东、渝）；西部地区北疆赋煤分区（新疆北部地区）、南疆赋煤分区（青、甘、新疆南疆地区）、滇藏赋煤分区（藏、滇及川西地区）。

中国煤炭资源的"九宫分布"格局不仅体现出各区含煤岩系沉积特点、主聚煤期分布、资源聚集与赋存等地质规律的不一致，同时也体现出各分区地理环境、气候、水资源、生态特点等要素的不尽一致，更为突出的是还与中国区域经济社会的发展状况基本吻合。这种分布的区域性造成了我国煤炭工业开发的局部集中，如晋陕蒙宁地区已经成为我国煤炭工业高速发展的金三角，新疆北疆东部地区下一步将成为新的煤炭资源开发中心。

1.2.2 中国煤炭资源勘查及开发利用总体情况

截至目前，我国煤炭资源累计探获量达到 2.01 万亿 t，其中东部带为 0.23 万亿 t，占全国累计探获量的 11.4%，中部带为 1.52 万亿 t，占 75.6%，西部带为 0.26 万亿 t，占 12.9%；全国保有资源量达 1.94 万亿 t（其中东部带为 0.20 万亿 t，占全国保有资源总量的 10.3%；中部带为 1.49 万亿 t，占 76.4%；西部带为 0.25 万亿 t，占 12.8%）；全国 2000m 以内煤炭资源总量 5.9 万亿 t，其中，探获煤炭资源储量 2.02 万亿 t，预测资源量 3.88 万亿 t。

根据最新煤田地质调查数据显示，我国远景煤炭资源总量为 5.82 万亿 t，其中，累计探明煤炭资源量 2.01 万亿 t（其中东部带为 0.23 万亿 t，占全国累计探获量的 11.4%；中部带为 1.52 万亿 t，占 75.6%；西部带为 0.26 万亿 t，占 12.9%）。全国保有煤炭资源量达 1.94 万亿 t（其中东部带为 0.20 万亿 t，占全国保有资源总量的 10.3%；中部带为 1.49 万亿 t，占 76.4%；西部带为 0.25 万亿 t，占 12.8%）。尚有预测资源量 3.88 万亿 t。按照"井"字形区划格局，晋陕蒙（西）宁区占全国煤炭资源保有量的 54.6%，蒙东区占 16.2%。北疆区占 10.8%，黄淮海区占 8.2%，西南区占 5.7%，上述 5 个分区合计占全国煤炭资源保有总量的 95.5%（图 1-13）。我国经济发达的东南区煤炭资源保有量仅占全国总量的 0.5%。各省区煤炭保有资源量可以分为 4 个等级：①内蒙古、新疆、山西、陕西四省区煤炭资源最为丰富，均超过 0.15 万亿 t；②贵州、河南两省，均超过 500 亿 t；③黑龙江、安徽、河北、山东、宁夏、四川、云南和甘肃的保有资源量均>100 亿 t；④北京、天津、吉林、辽宁等地煤炭资源保有量普遍较小，东南浙、闽、赣、鄂、粤、琼等省区的煤炭保有量甚至不足 20 亿 t。

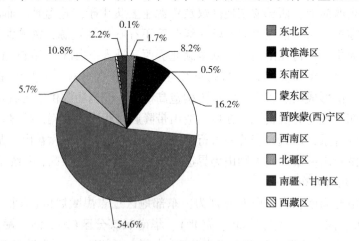

图 1-13　"井"字形区划下我国保有煤炭资源量的构成情况

煤炭预测资源量与保有资源量不同，勘查程度较低，其反映的是在未来相当长一段时期内具有可供勘查开发的资源潜力。按照"井"字形区划格局，2000m 以浅的预测资源主要分布在北疆区以及晋陕蒙（西）宁区（图 1-14），北疆区预测资源总量为 1.585784 万亿 t（占总量的 40.9%），晋陕蒙（西）宁区为 1.352815 万亿 t（占总量的 34.8%），两者合计贡献 2000m

以浅预测资源总量的 75.7%。我国煤炭资源井工开采活动主要集中于 1000m 以浅的深度。从 1000m 以浅的预测资源分布来看，北疆区占 1000m 以浅的预测资源总量的 60.3%，晋陕蒙（西）宁区占 14.9%，其次为蒙东区（8.8%）和西南区（8.6%）。值得一提的是，黄淮海区保有煤炭资源量虽然在九大分区中较为突出，但是其 1000m 以浅的预测资源量极少，绝大部分预测资源集中分布于 1000~2000m 的深度段，这就表明本区域浅部煤炭资源的勘查开发程度较高，且 1000m 以浅的资源极为匮乏。

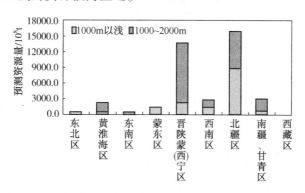

图 1-14 "井"字形区划下我国预测煤炭资源量的分布情况

按煤类来看，我国符合炼焦用煤的资源相对稀少且分布较为集中，保有资源量约为 0.3422 万亿 t，占全国保有煤炭资源总量的 17.6%，其中晋陕蒙（西）宁区和黄淮海区分别占全国总量的 46.9% 和 37.0%，西南区排在第三位，所占比例不足 8%；我国非炼焦用煤资源丰富，占全国保有煤炭资源总量的 82.4%，特别是低变质烟煤（长焰煤、不黏煤、弱黏煤及其未分类煤）所占比重较大。我国优质动力用煤保有资源量约为 1.0984 万亿 t，占全国非炼焦用煤总量的 68.5%，其中 75.6% 集中在晋陕蒙（西）宁区，其次为北疆区（占比例为 14.7%）和西南区（占比例为 6.6%），三者合计占全国的 96.9%。我国优质液化用煤约为 0.9047 万亿 t，占我国煤炭资源保有总量的 46.5%，其中蒙东区占全国优质液化用煤总量的 34.7%，其次为晋陕蒙（西）宁区（占比例为 34.3%）、北疆区（占比例为 23.8%），其余分区所占比例均不足 3%。

1.2.3 中国适合煤液化的煤种及分布

一般说来，除无烟煤不能液化外，其他煤均可不同程度的液化。煤炭加氢液化的难度随煤的变质程度的增加而增加，即泥炭<年轻褐煤<褐煤<高挥发分烟煤<低挥发分烟煤。褐煤和年轻烟煤的 H/C 原子比相对较高，易于加氢液化，并且 H/C 原子比越高，液化时消耗的氢越少。通常选 H/C 原子比>0.8 的煤作为直接液化用煤。煤中挥发分的高低是煤阶高低的一种表征指标，越年轻的煤，挥发分越高，越易液化，通常选择挥发分>35% 的煤作为直接液化煤种。

20 世纪 80~90 年代，煤炭科学研究总院北京煤化工研究分院利用高压釜反应器和 0.1t/d 试验装置，对中国适宜液化的煤种进行了液化特性评价试验。其中，对中国东北、华北、华东、西北和西南地区的 120 余种年轻烟煤和褐煤进行了高压釜液化试验。在此基础上，选择了 28 种液化性能优良、储量丰富的煤种进行了 0.1t/d 装置液化试验。最终，优选出 15 种煤作为我国工业煤液化项目的候选煤种。这 15 种适宜液化煤种的煤质分析数据和直接液化试验结果参见文献(煤加氢液化工程学基础 P31~32)。

　　煤炭科学研究总院北京煤化工研究分院,在总结中国适宜直接液化煤种煤质特征及广泛征询意见的基础上制定了《直接液化用煤技术条件》国家标准(GB/T 23810—2009),明确了直接液化用煤的煤质、煤岩组成等要求,见表 1-16。

表 1-16　直接液化用原料煤的技术要求

项　目	符　号	指　标	
全水分	$M_t/\%$	褐煤	≤35.0
		烟煤	≤16.0
灰分	$A_d/\%$	1 级	≤8.00
		2 级	8.01~12.00
挥发分	$V_{daf}/\%$	>35.00	
氢碳原子比	H/C,以干燥无灰基表示	>0.75	
惰质组含量	I(去矿物基)/%	1 级	≤15.00
		2 级	15.01~45.00
哈氏可磨性指数	HGI	>50	
镜质体反射率	$R_{max}/\%$	<0.65	

　　在现已探明的中国煤炭资源中,约 12.5% 为褐煤,29% 是低变质烟煤包括不黏煤、长焰煤和弱黏煤,还有 13% 的气煤,即低变质程度的年轻煤占总储量的一半以上,主要分布在中国的东北、西北、华东和西南地区,包括鄂尔多斯盆地和新疆等主要地区。近年来,几个储量大且质量较高的褐煤和长焰煤田相继探明并投入开发。可见,在中国可供选择的煤基制油煤炭资源是极其丰富的。

第2章 煤基制油的总体发展蓝图与发展路线图

2.1 总体发展蓝图

21世纪以来，我国现代煤化工产业发展迅猛，已经完成了煤制烯烃、煤制乙二醇、煤制油和煤制甲烷等多项现代煤化工工艺的技术攻关、工程示范和商业化生产。煤制油产业以生产液体交通运输燃料为主要目标，截至2019年8月，我国已建成10个商业化煤制油生产项目，产能约8Mt/a，占成品油消费量的2.6%，其中神华煤直接液化项目是全球唯一的直接煤制油商业化的项目，神华宁煤400×10⁴t煤制油项目是全球最大的间接煤制油项目。这两个项目标志着国内已完全掌握了间接法和直接法两种煤制油技术，国内已具备全面推广煤制油项目的技术基础。

2.1.1 现阶段煤制油工艺及其产品结构

煤制油主要是指煤直接加氢液化制取油品和煤经气化再经费托反应制取油品。这两种工艺生成的合成油品馏程很宽，相当于炼油厂石油原油，必须经过馏分切割分离和精炼才能得到符合质量标准的汽油、柴油、航煤、溶剂油和润滑油等成品油产品。事实上，煤炭中低温热解得到的煤焦油以及煤基甲醇生产汽柴油组分也属于煤基油品。因此，可以把煤制油工艺定义为：以煤为原料生产合成原油或成品油组分的工艺过程，包括煤直接液化工艺、煤间接液化工艺、煤热解与焦油加氢工艺、煤油共炼工艺，以及煤经甲醇或甲醛生产成品油调和组分的甲醇制汽油工艺和聚甲氧基二甲醚生产工艺，可以把经历费托合成煤制油过程的直接产品和进一步加工后得到的成品油调和组分统称为煤基油品。

从元素组成看，煤制油的本质是把H/C原子比不足1.0的固体煤炭转化为H/C原子比1.6~2.0的液态油品(表2-1)。煤直接制油工艺和煤油共炼工艺是往煤炭中直接加入氢原子；煤热解与焦油加氢工艺是先将煤炭中高H/C原子比的液体组分干馏出来然后再加入氢原子，不同的煤基油具有不同的油品特性。

表2-1 主要油气产品分子结构特征

	C/%	H/%	O/%	S/%	N/%	H/C	平均相对分子质量(近似)
长焰煤	80.3	5.5	11.1	1.2	1.9	0.82	7500
褐煤	72.7	4.2	21.3	0.6	1.2	0.69	7500
高温煤焦油	91.99	5.81	0.67	0.46	1.07	0.75	400
中低温煤焦油	81.44	9.28	8.22	0.22	0.84	1.37	350
大庆石油	85.87	13.73	0.14	0.1	0.16	1.92	<200
汽油	86~87	14~15	—	<100ppm*	—	2	100
天然气	75	25	—	测定值	—	4	20

注：*1ppm = 10^{-6}。

1. 煤直接液化油品

煤直接液化油中石脑油馏分占比较低，一般在 15%~30%之间，其含硫量极低(0.25mg/kg 以下)，环烷烃和芳烃体积分数占 71%以上，不含烯烃，研究法辛烷值较低(RON70 左右)，不宜直接作为车用汽油调和组分，但属于催化重整生产高辛烷值汽油和芳烃的优质原料。富含环烷烃和芳烃的组成特点使煤直接液化油品煤油馏分具有制备高密度、高热值、高热安定性等喷气燃料的优势。煤炭直接液化国家工程实验室对煤直接液化油生产大密度喷气燃料进行的理化性能测定和台架试验证明，用煤直接液化原料油制备的喷气燃料其理化性能均满足《3 号喷气燃料》旧版国家标准(GB 6537—2006)要求。但 2018 年修订的新版国家标准(GB 6537—2018)规定航煤中不得掺入煤直接液化油品组分。直接液化油的柴油馏分环烷烃含量高达 90%以上，链烷烃含量不足 10%，多环芳烃不足 2%，总芳烃含量不足 3%。十六烷值很低，常规加氢精制条件下难以生产出十六烷值合格的柴油，即使经过苛刻条件的芳烃加氢饱和以及环烷烃开环也难以实现十六烷值≥51 的国Ⅵ车用柴油标准要求。但其硫含量在 2mg/kg 以下，氮含量在 10mg/kg 以下，与石油基柴油相比密度大，馏程较轻，干点较低，凝固点和冷滤点分别为 55℃和 50℃左右，它与高十六烷值的费托合成柴油或石油基柴油按一定比例调和可以制备优质车用柴油。

2. 煤间接液化油品

煤间接液化的费托合成油之汽油馏分基本上是直链烯烃和烷烃，其研究法辛烷值不到 70，不是理想的车用汽油调和组分，也不适合用于催化重整生产高辛烷值汽油或芳烃产品，是乙烯和溶剂油生产装置的理想原料。低温费托合成油的柴油馏分基本上是饱和烃，高温费托合成油的柴油馏分不仅含有异构烃和烯烃，还含有 15%~30%的芳烃。费托柴油十六烷值高、硫和芳烃含量低、冷滤点不高，是理想的优质柴油调和组分。从煤基燃料油品产业链来看，煤直接液化加氢改质柴油和煤间接液化的费托合成柴油，在密度、馏程、凝点、冷滤点及十六烷值等性质具有良好的互补关系，如能实现资源互补，应该是煤制油行业生产油品的很好配置。费托合成油硫含量极低、密度低、氢含量高，也是生产乙烯丙烯和溶剂油、精蜡、高档润滑油和钻井液基础油等特种化工产品的优质原料。费托合成油含有较多的 α-烯烃，从中分离提取 α-烯烃具有成本优势，可以生产 1-己烯、1-辛烯等化工单体和表面活性剂等高附加值产品。

3. 煤焦油加氢产品

煤焦油与石油基原料相比芳烃和胶质沥青质含量高，此外还含有大量含氧有机物、机械杂质和少量含硫、氮分子。煤焦油经过加氢精制与加氢裂化加工后，可以得到硫氮氧元素含量比较理想的石脑油和柴油组分，而其烃族组成和使用性能与其煤焦油前体密切相关。无论是高温煤焦油还是中低温煤焦油加氢得到的石脑油芳烃潜含量较高(45%~70%)，可以作为车用清洁汽油的调和组分，更适合作为催化重整装置原料，用于生产芳烃。中低温煤焦油加氢得到的柴油馏分虽然密度偏重、十六烷值偏低，但其硫含量完全符合国Ⅵ柴油标准，可用于柴油的调和组分，也可研究用以生产相对密度高的航空燃料等。而高温煤焦油加氢得到的柴油馏分虽然凝点冷滤点低于-30℃，但十六烷值(39~51)偏低、硫含量(15~39mg/kg)也超出国Ⅵ柴油标准的硫含量限值，只能适量掺入到超低硫柴油组分中来生产合格柴油燃料。2017 年 4 月工信部发布的《煤基氢化油》行业标准(HG/T 5146—2017)对煤焦油加氢生成石脑油、柴油和重油的密度、馏程、硫含量和芳烃潜含量、饱和烃含量等组成和性质做出了明确规定。

4. 煤油共炼产品

煤油共炼产品性质介于煤直接液化油品和石油渣油加氢油品之间。虽然煤油共炼产品性质与其原料重油和煤性质密切相关，但经苛刻的反应条件后，所产油品的硫、氮等杂原子含量均可符合清洁油品的标准。与煤直接液化路线相比，煤油共炼技术把重油作为部分或全部溶剂油用于配制煤浆，解决了煤直接液化时溶剂油短缺的问题。由于重油加氢裂化后得到的柴油十六烷值远高于煤直接液化柴油，煤油共炼的柴油馏分相当于把煤直接液化柴油和重质石油组分加氢生成的柴油馏分进行调和，解决了煤直接液化柴油十六烷值偏低的问题。煤油共炼的石脑油产品抗爆性能不好，不宜直接作为汽油调和组分，但可作为优质原料通过催化重整生产汽油和芳烃产品。

5. 甲醇合成汽油

Mtg 汽油主要组成为 $C_5 \sim C_{11}$ 的烃类物质，是一种无硫、无氮、无氧、低苯、低芳烃、低烯烃的优质高辛烷值（$RON \geqslant 93$）汽油组分，可以直接作为符合国Ⅵ标准的 93 号车用汽油产品销售，也可以与其他低辛烷值的煤基汽油或炼油厂催化裂化汽油、重整汽油、烷基化汽油、叠合汽油等直接调和生产高标号国Ⅵ标准车用汽油和车用乙醇汽油产品。由于 MTG 汽油与炼油厂的催化裂化汽油、重整汽油相比烯烃和苯含量远低于国家车用汽油标准，完全可以替代以 C_4 烯烃为原料的炼油烷基化汽油和 C_4 叠合汽油组分。

6. DMMn 柴油组分

DMMn 是一种小分子含氧燃料，可以掺入石油基柴油燃料，从而改善发动机的燃烧与排放，是比较理想的柴油替代燃料和降低柴油机排放的新车用燃料。DMMn 是非烃类物质，含氧量 47%~50%，但物性与柴油相近，调和到柴油中使用不需要对车辆发动机供油系统进行改造，且掺入到柴油中的比例可高达 20%。DMMn 十六烷值高达 78 以上，无硫无氮无芳烃，且能显著降低柴油冷滤点。与石油基柴油相比，DMMn 可以实现无烟燃烧，具有较低的 CO和 HC 排放以及较高的燃烧效率和热效率。当然，DMMn 本身热值只有普通柴油的 50% 左右，因此掺入比例过高将影响发动机动力。DMMn 的凝点在 -30℃ 左右，自身高含氧量使得其在高寒缺氧地区使用更具优势，也可以作为特殊地区独立的车用柴油直接销售。

2.1.2 未来燃料油品需求分析

石油产品的用途按照消费量排序依次是汽煤柴等交通运输燃料、烯烃和芳烃等石化原料、润滑油和溶剂油等非燃料油品，以及石蜡和沥青等固体产品。当前，世界经济处于新旧动能转换和结构升级时期，能源化工行业面临着数字革命、绿色革命、电动革命和市场革命。据中国石油和化学工业联合会的统计，2020 年我国炼油能力 960mt/a，产能过剩 40% 以上。我国成品油供过于求的事实将使国内成品油市场进入充分竞争时代。炼油企业正在酝酿着向化工转型，实现炼化一体化发展，消解成品油生产能力过剩，这不可避免也要影响煤基油品生产交通运输燃料的加工利用工艺路线和产业发展。

从未来我国燃料油品结构需求分析，我国成品油消费量经过改革开放 40 年来的持续快速增长，目前国内市场对交通运输燃料品种需求正在发生变化。柴油消费量已在 2015 年达到峰值 170Mt/a，之后保持振荡走势。汽油消费需求增长速度也已经减缓，预计我国汽油消费量在 2025 年左右达到峰值 170Mt/a。我国表观消费柴汽比也在 2010—2018 年期间从 2.0以上持续降低到的 1.3 左右。航空煤油消费量保持较快速度增长，从 2010 年的 17.5Mt/a 增加到 2018 年的 37Mt/a。未来，电动汽车、天然气汽车、甲醇汽车和氢能汽车等新能源汽车将迅速发展，加之新车燃油能效和电气化铁路运输占比不断提高，都将减少汽车行业对油品的需求量。预计我国柴油消费量 2025 年前将基本保持在 175Mt/a 左右；汽油消费量将保持低速增长，在 2025 年左右达到峰值 170Mt/a 左右，考虑到 2020 年国家全面推广乙醇汽油还要有 10Mt/a 生物燃料乙醇替代烃类汽油组分，化石燃料汽油需求增速将进一步降低；航空煤油会保持高速增长，到 2025 年达到 50Mt/a。总体来看，未来我国成品油消费将保持较低增速，消费柴汽比将进一步下降，预计 2025 年下降至 1.1∶1 左右。

从未来燃料油品质量要求上分析。随着我国环保法规日益严格，油品质量升级步伐加快，车用汽柴油国 V 标准已从原定的 2018 年 1 月 1 日提前到 2017 年 1 月 1 日开始实施。国家从 2019 年开始执行国ⅥA 阶段汽油标准并在四年后的 2023 年执行国Ⅵb 阶段汽油标准（GB 17930—2016《车用汽油》），国Ⅵ柴油标准（GB 19147—2016《车用柴油》）也于 2019 年开始实施。新汽油标准进一步降低了汽油中烯烃、苯和硫含量；新柴油标准也进一步降低了多环芳烃和硫含量。2017 年 9 月国家十五部委出台了《关于扩大生物燃料乙醇生产和推广使用车用乙醇汽油的实施方案》，规定 2020 年基本实现全国范围推广使用车用乙醇汽油（GB 18351—2015《车用乙醇汽油 e10》）。车用乙醇汽油调和组分油国家标准（GB 22030—2017）对辛烷值、不饱和烃和硫含量的要求与普通车用汽油基本一致。例如，国ⅥB 阶段 95 号乙醇汽油的调和油要求研究法辛烷值≥93.5，硫含量≤10mg/kg；烯烃、芳烃和苯含量（体积分数）分别≤16%、≤38% 和≤0.8%。国家 2018 年发布实施了修订版航空煤油标准（GB 6537—2018《3 号喷气燃料》）。该标准规定费托合成烃类和生物质合成烃类组分在 3 号喷气燃料体积分数应≤50%；芳烃体积分数≥8%，馏程 t_{50} 与 t_{10} 之差≥15℃，t_{90} 与 t_{10} 之差≥40℃。该标准还专门对费托合成烃煤油组分制定了技术要求。主要技术指标为：10%体积馏程≤205℃，终馏点（FBP）≤300℃，t_{90} 与 t_{10} 之差≥22℃；密度（20℃）730～770kg/m³，硫含量≤15mg/kg，环烷烃和芳烃的质量分数分别≤15% 和≤0.5%。

2.1.3 煤基燃料油品与现行国标的比较

从清洁油品的角度讲，煤制油经历了苛刻的脱硫脱氮过程，煤基油品硫、氮含量很低，完全符合清洁油品对杂原子的要求。但从使用性能来看，几种煤基油品性质差别很大。表 2-2、表 2-3 列出了典型煤基汽柴油性质与国家标准的对比数据。表 2-4 列出了典型的费托合成煤油馏分性质与国家航空煤油标准的对比数据。可以看出，煤基油品的硫含量除了高温煤焦油加氢柴油外都能满足清洁油品标准要求。煤直接液化油和费托合成油的汽油馏分抗爆性能与国ⅥB 车用汽油标准相差很大，费托合成汽油的烯烃含量也基本超过ⅥB 车用汽油标准，煤焦油加氢后的汽油馏分芳烃潜含量很高，它们都不是生产成品汽油的理想调和组分，可以少量掺入成品车用汽油中；而 MTG 汽油从组成和性质来看是非常理想的车用汽油调和组分。从柴油馏分来看，煤直接液化柴油和煤焦油加氢柴油的密度不符合国Ⅵ车用柴油标准、十六烷值偏低，不能独立作为柴油成品油出厂，但可作为调和组分与优质石油基或费托基柴油生产合格的国Ⅵ柴油，尤其是煤焦油加氢柴油馏分性能指标与国Ⅵ柴油标准已比较接近。费托合成柴油主要技术指标很好，其独立作为商品柴油品质过剩，完全可以与劣质组分调和提高经济效益。D_{mm}3～6 柴油密度严重超标，可以作为高十六烷值调和组分使用。从航煤生产角度来看，费托合成加氢裂化煤油馏分完全符合 3 号喷气燃料组分标准，可以掺入

50%到石油基航煤中。煤直接液化煤油馏分产品因芳烃含量高，致使密度超过900kg/m³，且热值偏低，不是理想的航煤调和组分，在航煤新版标准中尚不允许掺入煤直接液化煤油等其他煤基油品。

表2-2　煤基油与车用柴油对比

项　目	直接液化汽油	F-T汽油	煤焦油加氢汽油	甲醇合成汽油	国VIB汽油
辛烷值	60~80	30~40	80~85	95	92/95
S/ppm*	<0.3	0	<10	0	<10
苯/%(wt)	—	0	—	0.3	<0.8
芳烃/%(v)	15~20	0	45~75	26	<35
烯烃/%(v)	3~5	10~55	<1	5~10	<15

注：* 1ppm=10^{-6}。

表2-3　煤基柴油与车用柴油对比

项　目	直接液化汽油	F-T汽油	煤焦油加氢汽油	DMMn柴油	国VI柴油
密度/(kg/m³)	850~920	760~820	850~920	1000~1100	810~845
S/ppm*	<1.5	<0.5	10~40	0	<10
十六烷值	40~50	55~78	35~55	78~104	>50
多环芳烃/%(wt)	<0.4	<0.2	1.5~10	0	<7

注：* 1ppm=10^{-6}。

表2-4　煤基航煤与喷气燃料GB对比

项　目	国产F-T直馏煤油	国产F-T裂化煤油	萨索尔合成煤油	3号喷气燃料组分
密度/(kg/m³)	738	754	782	730~770
S/ppm*	0.16	<0.2	<0.01	<15
冰点/℃	-32	-44.2	-55	<-40
闪点/℃	37	49	51	>38
环烷烃/%(wt)	—	9	—	<15
芳烃/%(wt)	—	0.4	10	<0.5

注：* 1ppm=10^{-6}。

2.1.4　中国煤制油工艺技术未来发展蓝图

1. 进行项目升级，应对未来挑战

当前，国际油价极为动荡，2014年下旬至2017年全球油价更是出现了断崖式下跌，这对煤制油的经济效益造成了严重影响。面对大量的市场不确定因素，企业继续进行产业升级改造，优化产品结构，通过技术革新降低生产成本，提升企业的综合竞争力。近年来炼油化工企业一直在探索煤油化一体化发展。除了煤制氢、煤油共炼等装置外，炼化企业和煤化工企业应该重视利用煤基甲醇生产优质燃料油品调和组分的实践探索。MTG汽油和DMMn柴油组分这两种煤基燃料油品作为优质汽油和柴油调和组分应加大生产工艺技术和产品使用性能研发力度、进一步降低成本。煤制油企业或炼化企业可结合生产发展需要，规划建设以煤基甲醇为原料的 MTG 和 DMMn 生产装置,改善成品油的柴汽比结构和交通运输燃料产品质量,满足地区性市场需求。

2. 聚焦产品结构调整,进行油品质量升级

当前,随着环保指标的提高,汽车消费燃油的比率逐年下降,柴汽消费更是从 2.17 下降到 1.2 左右。此外,中国汽车油品的质量标准调整不断加快,全国已全面实施国Ⅵ标准车用汽柴油。为此,及时调整产品结构,提升油品质量,将重心调整到清洁汽油、航空用油方面,是企业得以稳定生存的一个必要选项。

煤制油产业发展既要考虑国家石油安全、水资源与环境承载等战略问题,也要考虑市场对成品油的结构需求。从交通运输燃料油品结构来看,煤基油品馏分结构尽管和原料组成、生产工艺路线以及工艺条件密切相关,但从已有工业生产数据看,直接液化油品、间接液化油品、煤焦油加氢油品和煤油共炼油品的柴汽比都在 2.78 ~ 5.46 范围内,与今后我国市场需求的柴汽比 1.2 相差很大。MTG 油品主要是汽油,是煤基油品中最符合市场需求结构产品;而聚氧甲基二甲醚是柴油组分,用于改善柴油的品质。煤基油品作为交通运输燃料要达到较大规模,需要通过甲醇制汽油等路线大幅度增加汽油产量,或煤基油品生产装置与以催化裂化为主要重油轻质化路线的石油加工企业协同发展。

煤基油品作为交通运输燃料关键是产品质量要符合国家成品油质量标准。与石油炼制产品相比,大多数煤基油品硫化物等有害物质含量低、清洁性好。煤基油品汽油馏分大多数辛烷值不达标,费托合成汽油烯烃含量超标,煤焦油加氢汽油芳烃含量超标,不是理想的国ⅥB车用汽油调和组分;只有甲醇制汽油的组成与性质比较理想。煤基油品的煤油馏分只有费托合成油品的组成和性质能够满足国家标准,可以在成品航煤中掺入高达 50% 的比例;其他煤基油品的航煤馏分密度严重超标,尚不能用作航空煤油组分。费托合成柴油性能优异,是一种非常好的柴油调和组分;聚甲氧基二甲醚柴油馏分具有极高的十六烷值和密度,是石油基柴油的优秀调和组分;与费托合成煤基柴油调和存在十六烷值过剩问题,与其他煤基柴油调和将致使密度太高而超标。煤直接液化柴油和中低温煤焦油加氢柴油馏分的十六烷值偏低,必须与高十六烷值的费托柴油或石蜡基石油柴油馏分调和才能生产符合国Ⅵ标准的成品柴油。从实验研究开发方面应加大不同工艺路线的煤基燃料油品之间、煤基燃料与石油基燃料油品之间的调和性能研究,弥补单一技术路线煤基油品的性能缺陷。

煤间接制油工艺能够直接生产优质柴油和航空喷气燃料油组分,而且能生产特种溶剂油、石蜡、表面活性剂等高附加值产品,是煤制油大规模可持续发展的主要技术路线。煤直接液化工艺无论从油品结构和油品性质都比煤间接制油差一些,需要持续进行技术改进与完善。煤油共炼工艺路线在生产交通运输燃油方面弥补了煤直接液化的一些不足,也为炼油厂重(劣)质油、煤焦油加工利用提供了新的技术方案,形成了重油加工与现代煤化工的技术耦合,为我国煤制油和劣质油轻质化开辟了一条可供选择的新途径。

中低温煤焦油含有较多烃类组分,可以生产出符合国Ⅵ标准的汽柴油调和组分,高温煤焦油加氢后的柴油馏分的硫含量和十六烷值指标与国Ⅵ标准虽有差距但也接近,应加大生产技术和产品应用研究。从改进油品性能和过程经济性、可靠性的角度,不断升级热解生产、煤焦油加氢成套技术,从而实现煤炭其加工过程副产品的高效利用。这样也从战略上部分解决了国内石油资源不足的问题。

3. 进行宏观调控，控制产能，推动改革；全面技术革新，提升竞争力

预计发展到 2025 年结束时，$9.5 \times 10^8 t$ 是炼油能力提升的保守数据，从原油加工量角度分析，7 亿 t 以内则是其保守生产数据，甚至过剩产也有一个惊人的数据即 2 亿 t。因此，政府相关部门提出了全国控制煤制油的产量，之所以施行这些政策就是为了控制产能，帮助企业实现过度，向技术密集型企业转型。中国已经成熟掌握了煤直接液化和间接液化的相关技术，并已实现了规模化的工业生产，但面对未来能源格局变动的不确定性，及时调整发展战略，进一步完善生产工艺、突破技术难关，投入更多的资源加大清洁型燃油的开发对提升企业的竞争力极为关键。

4. 合理理性思考，平衡高效发展

煤制油与石油化工相比，其投资成本更高，并且在生产中会消耗大量的水电资源，加上温室气体排放量巨大，使得煤制油产业面临着诸多挑战。当全球油价下跌时，煤制油企业会比石油化工企业面临更多的压力。因此，为了发挥中国煤炭资源优势，相关政策应当给予煤制油企业更多扶持，帮助行业健康高效的发展。

2.2 发展路线图

2.2.1 煤基油发展过程中需关注的问题

煤基油的发展路线主要专注于煤转化过程中的反应途径、催化剂及工艺开发。针对煤基清洁燃料与化学品合成，开创新反应路径、研制更高性能催化剂、开发高效反应器，最终形成完整的工艺技术。重点解决以煤、合成气、甲醇等为原料的碳氢氧原子化学键的定向调控、目标化合物的化学合成新途径、催化剂的精准合成和制备，以及生成目标产物的合成工艺及反应器等重大问题。最终达到开发系列煤转化制清洁燃料和化学品新技术，保障产品的高选择性、低成本、低消耗。

煤基油项目实施过程中需解决复杂煤转化系统集成耦合与匹配问题，针对基于煤结构及目标油气燃料或特殊化学品的复杂合成过程，重点解决煤直接液化和间接液化的原料、过程匹配和产品灵活调控，以及煤直接-间接液化工艺及耦合强化问题，最大程度发挥两种液化技术与产品优势，实现煤转化能效与产品品质的显著提升，及消耗大幅降低。

煤基油发展过程中需注重煤基多联产技术。针对不同煤转化工艺的规模化问题和联产技术匹配问题，重点解决产物定向调控、能量的梯级利用、工程放大等关键单元技术问题，为规模化煤-电-油-化系统的集成和建成单系列年处理量百万吨级煤基多联产示范提供技术基础。同时注重与可再生能源制氢耦合，煤基油制备过程中氢气是主要的生产成本构成，为了最大限度发挥可再生能源利用和煤转化过程各自的技术和产品优势，研究可再生能源制氢与现有煤转化过程煤制油、煤制含氧化合物的工艺耦合，特别是现有设备运行调整以及能源匹配等问题，突破可再生能源制氢系统与煤化工过程耦合过程中系统集成、安全、稳定、长周期、弹性运行策略问题；实现生物质制氢与煤转化过程耦合；针对电解制氢能耗高的问题，开发低能耗电极材料，对电解制氢设备的结构进行优化设计以适应大规模制氢的需要；开发太阳能光催化制氢与煤转化过程耦合技术。

2.2.2 煤基油品发展线路图

未来煤基制油工程转化节水率和整体能效大幅提升，将会形成一批标志性成果。建成若干重大示范工程：如 $200×10^4 t/a$ 煤直接液化/间接液化耦合制清洁燃料和特种油品重大工程，单套装置产能 $100×10^4 t/a$ 及以上，能效提高至55%以上；每年百万吨规模煤基多联产系统示范综合能效>60%；$100×10^4 t/a$ 煤制大宗含氧化合物示范工程，产品收率达到90%以上。突破一批煤转化关键技术，包括合成气直接制烯烃/芳烃、合成气直接制醇类含氧化合物、煤转化与可再生能源耦合制氢完成中试试验及工艺开发，为工业示范提供技术基础。

煤基油品主要包括方向，煤转化制取传统清洁油品和煤制大宗及特殊化学品，以下分别描述技术路线。

1. 子方向1：煤转化制清洁油品

在煤液化方面，针对系统能耗和水耗高、产品结构亟待优化的问题，通过开发高效节水液化新工艺、温和液化工艺、煤与煤焦油/重油类加氢共处理等工艺提升工艺过程效率，开发新型催化剂进一步提高产品选择性，实现系统整体能效提高至55%，水耗降低30%。通过开发特种溶剂油、润滑油、超净油品及芳烃等新产品，煤直接和间接液化进行产品耦合，实现煤液化产品结构优化。加速推进煤液化残渣制高端碳材料和高端沥青等大规模综合利用技术的开发。2030年前后实现百万吨级直接-间接一体化工程示范，并进一步提高技术能效等级。

在煤基多联产方面，针对不同煤转化关键技术灵活性低、系统集成度低、没有进行大规模工程验证等问题，通过对单元技术、子系统和多联产系统模拟，开发产品、过程可灵活调控的新工艺，实现能量梯级利用，系统整体能效≥60%。2025年前建成单系列煤处理量年产百万吨级以上多联产工程示范(图2-1)。

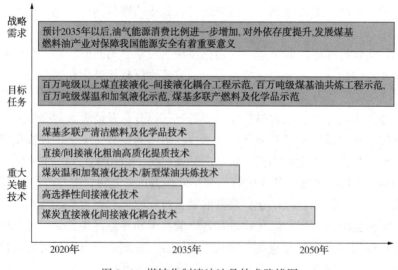

图 2-1　煤转化制清洁油品技术路线图

预期关键时间节点：

2020年：完成高效超分散催化剂制备合成技术、直接液化粗油提质技术；费托油分质分级提质加工技术；高选择性费托催化剂制备工艺技术。完成多联产关键单元技术的优化、子系统和多联产系统的模拟研究，开发整体联产系统工艺包。

2025 年：煤炭清洁转化：完成高匹配性、高协同作用煤油共炼工艺、液化油制取清洁燃料与高值化学品技术开发；实现单套煤处理量年产百万吨级以上规模煤基多联产系统示范工程，综合能效≥60%，水耗降低 30%。

2035 年：实现年产百万吨规模直接或间接液化耦合工业示范，实现煤液化技术水耗降低 30% 以上，能效提高至 55% 以上，建成单套年产百万吨级煤-电-油-化多联产示范，整体能效>60%。

2. 子方向 2：煤制大宗及特殊化学品

大规模高选择性煤制大宗含氧化合物技术：针对煤制乙二醇工艺，进行高选择性催化剂大规模制备和高效反应器开发放大，开展关键技术攻关和系统优化集成。完成大规模煤制乙醇、聚甲氧基二甲醚及低碳混合醇等含氧清洁燃料和化学品工业生产成套技术开发，实现煤制含氧化合物综合能源效率提高 6~8 个百分点以上。

煤转化制烯烃/芳烃技术：针对甲醇制烯烃过程催化剂积碳调控等瓶颈问题，开展新一代催化剂及反应器开发，甲醇消耗大幅度下降(吨烯烃甲醇单耗≤2.7t)，进行单套 100 万 t/a 工业验证；开展煤基甲醇制芳烃高选择性催化剂规模放大和高效反应器放大研究，建成 100 万 t/a 煤制芳烃工业验证；突破合成气直接制烯烃/芳烃等高选择性、高稳定性催化剂和反应器关键技术，开展 10 万 t/a 级中试研究，形成成套工艺技术。

煤转化与可再生能源制氢耦合技术：基于现有煤转化用氢与可再生能源电解制氢供氢的特点，通过研发大规模电解制氢以及太阳能光催化制氢，并实现煤转化与可再生能源制氢的系统耦合互补，2030 年前建成 10 万 m³/h 可再生能源制氢与煤化工耦合全流程试验装置并实现系统可靠运行，实现碳排放降低 80% 以上(图 2-2)。

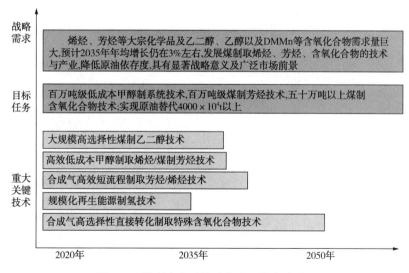

图 2-2 煤制大宗及特殊化学品技术路线图

预期关键时间节点：

2020 年：突破合成气制乙二醇、甲醇或者二甲醚转化制乙醇、甲醇制聚甲氧基二甲醚

（DMMn）；开发合成气直接制乙醇、乙二醇、低碳混合醇等高效催化剂和工艺关键技术。突破新一代甲醇制烯烃大规模制备技术，并完成反应器中试放大；完成甲醇制芳烃催化剂技术和中试试验；突破合成气直接制烯烃/芳烃催化剂技术。完成现有的煤转化工艺路线直接引入可再生能源制氢后的工艺改造及优化研究。

2025 年：实现 50 万 t/a 煤制乙二醇工业技术验证；完成煤制乙醇、煤制 DMMn、煤制低碳醇成套技术开发。实现 100 万 t/a 甲醇制烯烃工业技术验证；建成甲醇制芳烃 100 万 t/a 工业技术验证；开展合成气直接制烯烃反应器、芳烃反应器中试。建立可再生能源制氢系统与煤转化生产系统耦合的系统模型，研究耦合生产过程负荷调整策略。

2035 年：完成 100 万 t/a 煤制乙醇工业成套技术开发；完成合成气直接制乙醇中试试验，并形成成套技术。实现 100 万 t/a 煤制芳烃工业技术验证；完成合成气直接制烯烃、芳烃中试，形成成套技术。建立 20 万 m^3/h 可再生能源制氢与煤转化过程耦合全流程装置。

第3章　当前煤基制油升级技术体系

3.1　煤炭直接加氢液化制油技术

3.1.1　煤直接液化发展历程

3.1.1.1　煤直接液化基本概念和定义

煤炭直接液化就是煤炭在高温高压条件下，借助于供氢溶剂和催化剂，通过热溶解、热萃取、热分解和加氢等物理化学过程，将大分子的煤转化成小分子的油，并提高煤液化油的氢含量，脱除 O、N、S 等杂原子，生产洁净的液体燃料和化工原料(图 3-1)。

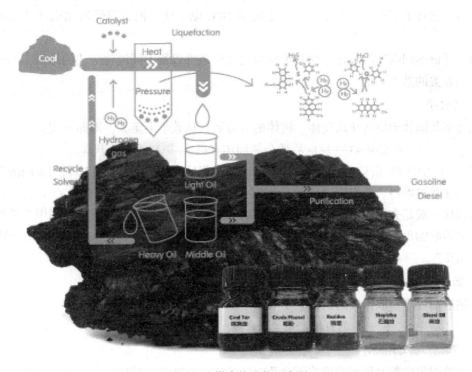

图 3-1　煤直接液化示意图

根据煤炭与石油化学结构和性质的区别，要把固体的煤转化成液体的油，煤炭直接液化必须具备以下四大功能：①将煤炭的大分子结构分解成小分子；②提高煤炭的 H/C 原子比，使其达到石油的 H/C 原子比水平；③脱除煤炭中 O、N、S 等杂原子，使液化油的质量达到石油产品的标准；④脱除煤炭中无机矿物质。

在直接液化工艺中，煤炭大分子结构的分解是通过加热来实现的，煤的结构单元之间的桥键在加热到2508℃以上时就有一些弱键开始断裂，随着温度的进一步升高，键能较高的桥键也会断裂。桥键的断裂产生了以结构单元为基础的自由基，自由基的特点是本身不带电荷却在某个碳原子上(桥键断裂处)拥有未配对电子。自由基非常不稳定，在高压氢气环境和有溶剂分子分隔的条件下，它被加氢而生成稳定的低分子产物(液体的油和水以及少量气体)，加氢所需活性氢的来源有溶剂分子中键能较弱的 C—H 键、H—H 键断裂分解产生的氢原子，或者被催化剂活化后的氢分子，在没有高压氢气环境和没有溶剂分子分隔的条件下，自由基又会相互结合而生成较大的分子。图3-1表示了自由基产生和反应的过程。在实际煤炭直接液化的工艺中，煤炭分子结构单元之间的桥键断裂和自由基稳定的步骤是在高温(4508℃左右)高压(17~30MPa)氢气环境下的反应器内实现的。

煤炭经过加氢液化后剩余的无机矿物质和少量未反应煤还是固体状态。可应用各种不同的固液分离方法把固体从液化油中分离出去。常用的有减压蒸馏、加压过滤、离心沉降、溶剂萃取等固液分离方法。

煤炭经过加氢液化产生的液化油含有较多的芳香烃，并含有较多的 O、N、S 等杂原子，必须再经过一次提质加工，才能得到合格的汽油、柴油产品。液化油提质加工的过程还需进一步加氢，通过加氢脱除杂原子，进一步提高 H/C 原子比，把芳香烃转化成环烷烃甚至链烷烃。

为了评价不同煤质的液化特性和不同液化反应条件以及不同液化工艺的结果，必须首先定义一些有关的基本概念。

1. 转化率

转化率是固体的煤转化成气体、液体的百分数；从数学上定义，即如下式：

$$转化率 = 1 - (反应后残余的固体有机质/原料无水无灰煤) \qquad (3-1)$$

式(3-1)中所谓"反应后残余的固体有机质"是将反应后的固液混合物利用不同溶解能力的溶剂程序萃取而得。萃取方法一般是用索氏(Soxhlet)萃取器在溶剂的沸点下进行，溶剂萃取的程序一般是先用正己烷萃取得到可溶物和不溶物，再把正己烷不溶物用甲苯萃取，得到的甲苯不溶物再用四氢呋喃或喹啉萃取，最后得到的不溶物再减去灰即是"反应后残余的固体有机质"。

2. 沥青烯及其产率

上述溶剂程序萃取得到的正己烷不溶及甲苯可溶的物质称为沥青烯。

$$沥青烯产率 = 沥青烯/原料无水无灰煤 \qquad (3-2)$$

3. 前沥青烯及其产率

上述溶剂程序萃取得到的甲苯不溶及四氢呋喃或喹啉可溶的物质称为前沥青烯。

$$前沥青烯产率 = 前沥青烯/原料无水无灰煤 \qquad (3-3)$$

4. 萃取油及其产率

上述溶剂程序萃取得到的正己烷可溶物称为萃取油。

$$萃取油产率 = 萃取油/原料无水无灰煤 \qquad (3-4)$$

实际计算时因为反应产物中存在煤液化溶剂，一般采用下式计算萃取油产率：

$$萃取油产率=转化率+氢耗量-气体产率-水产率-沥青烯产率-前沥青烯产率 \quad (3-5)$$

式中　氢耗量=实际反应消耗的氢气/原料无水无灰煤;

气体产率=实际反应产生的气体量/原料无水无灰煤。

气体中包括 CO_x、H_2S、NH_3、$C_1 \sim C_4$ 的气体烃,有些公司或研究机构把 C_4 烃归到液体油中,从而在数据上增加了萃取油产率。也有公司将甲苯可溶物定义为油,这时的萃取油产率也包括了沥青烯产率,阅读有关资料时需引起注意。

$$水产率=实际反应产生的水量/原料无水无灰煤 \quad (3-6)$$

5. 蒸馏油收率

大多数煤炭直接液化工艺对液化产物做固液分离时采用的是减压蒸馏的方法,由此引出蒸馏油收率的概念。

$$蒸馏油收率=转化率+氢耗量-气体产率-水产率-蒸馏残渣中有机质产率 \quad (3-7)$$

由于蒸馏残渣中还含有一部分己烷可溶的油类物质,因此蒸馏油收率要低于萃取油产率,一般可低 $5 \sim 10$ 个百分点。

3.1.1.2　国外煤直接液化技术发展历程

从 1913 年德国的柏吉乌斯(Bergius)获得世界上第一个煤直接液化专利以来,煤炭直接液化工艺一直在不断进步、发展,尤其是七十年代初石油危机后,煤炭直接液化工艺的开发更引起了世界各国的巨大关注,研究开发了许多种煤炭直接液化工艺。

1927 年德国 IG 公司在 Leuna 开始建设第一座应用此技术的工业化规模的煤炭液化厂,至 1931 年 IG 公司的煤直接液化厂投入运转,生产能力为产油 10 万 t/a。第二次世界大战期间德国为了支撑法西斯侵略战争,一度建立了 12 家煤炭直接液化生产厂,总规模达到 423 万 t/a。当时为了战争用油,生产不惜成本,液化反应采用高苛刻度条件,以 Gelsenberg 液化厂为例,压力高达 70MPa,温度 $460 \sim 480℃$,固液分离采用过滤的方式。

二战期间,日本也采用德国技术在我国东北的抚顺和朝鲜建立了 100t/d 的煤直接液化试验装置。1929 年,英国的 ICI 公司也在 Bilingham 建立了反应压力为 30MPa 的烟煤液化试验装置。二战结束后,德国的液化厂大部分被破坏或停产,只有东德的一个 Leuna 工厂在苏联控制区内还继续运转到 1959 年。

战后的美国,手中掌握了从德国获得的技术资料,为了在世界范围的军事扩张,以及与苏联的冷战对抗,将煤炭液化技术的开发列入了政府雄心勃勃的工业化发展计划之内。1949 年,美国矿业局建立了煤炭处理量为 $50 \sim 60t/d$ 中试装置,至 1952 年取得了试验结果。在此基础上,美国矿业局制定了煤炭液化的发展计划,规划建设 2 座煤直接液化厂,其中之一在怀俄明州的 Rock Springs,其设计规模为每天处理煤 14000t,设计产品主要是汽油和苯、甲苯、二甲苯、苯酚、甲酚等化学品,而不生产柴油。另外,美国的碳化物和碳化学公司(CCC 公司、后来并入联合碳化物公司)从 1935 年开始就研究煤炭直接液化技术,到 50 年代初发展到 300t/d 的试验规模。该公司采用短停留时间($4 \sim 5min$,而原德国工艺是 1h),目的是试图生产各种芳香烃类化学品,但由于液体产品成分十分复杂,虽然 CCC 公司在实验室分离出了 129 种化合物,但中试装置仅分离出有市场价值的萘和焦油酸两种产品,从而意味着短停留时间工艺的失败。而美国政府庞大的煤液化工业化计划也受到了以国家石油委员会为代表的石油工业界的强烈反对,原因是当时正值中东石油的大开发之际,廉价的石油冲击了煤炭液化的经济性。美国矿业局的煤液化工业化计划宣告中止。

战后的日本以及苏联、英国、澳大利亚等国也曾开展过煤炭液化的基础研究和工艺开发研究，但规模均比较小。

20世纪60年代是石油天然气大发展的时期，世界迎来了流体能源时代。煤炭液化的技术开发成了被人们遗忘的角落。只有美国在1960年成立了煤炭研究办公室（OCR）一直支持一些公司和研究机构从事以气化、液化为重点的煤炭加工利用的研究。

1973年和1979年的两次世界石油危机，促使煤炭液化技术的研究开发形成了一个新的高潮。美国、德国、英国、日本、苏联等发达国家都纷纷组织一大批科研开发机构和相关企业开展了大规模的研究开发工作。研究领域从基础理论、反应机理到工艺开发、工程化开发全部涉猎，试验规模也从实验室小试到每天吨级中试，直至每天数百吨级的工业性规模应有尽有。经过十多年的努力，相继开发出多种新工艺，一时呈现出百花齐放的态势。这些新工艺的更详细介绍请见参考文献[1]，它们的主要特点是液化工艺条件明显缓和，煤炭转化率和液化油产率显著提高，重视节能和环境保护。煤炭直接液化新工艺的大量开发，对于应对石油危机、制约石油价格的上扬起到了重要作用。

针对高涨的原油价格，美国从1975年开始，制订并开始执行关于能源独立的五年计划，此计划的开发经费高达22亿美元，后来又扩大为洁净煤计划，投入的经费更是可观。在这两大计划的支持下，美国能源部联合西德和日本两国政府，出资支持海湾石油公司开发成功了溶剂精炼煤（SRC）工艺，支持埃克森（Exxon）石油公司开发成功了供氢溶剂（EDS）工艺，支持HRI等公司开发成功了氢-煤法（H-COAL）工艺。至20世纪80年代初，此三种煤炭直接液化工艺均完成了50~600t/d规模的工业性试验。在此基础上，SRC工艺和H-COAL工艺还进行了6000t/d规模的工业化示范厂的概念设计和建设厂址的选择调查工作。

日本在1974年，出台了解决能源问题的阳光计划，该计划除了开发太阳能、地热能等替代能源技术之外，煤炭气化、液化的技术开发是重中之重。为此，日本政府特意组建了半官方性质的日本新能源产业技术综合开发机构（NEDO），专门从事阳光计划的管理和技术开发工作。八十年代中期，阳光计划又发展成为与洁净煤技术相结合的新阳光计划。经过近20年的努力，NEDO开发出了针对褐煤的BCL工艺和针对烟煤的NEDOL工艺，在澳大利亚建立了50t/d的褐煤液化装置，在日本国内的鹿岛建立了150t/d的烟煤液化装置，并且均已成功地完成了试验研究工作。

欧洲也不甘落后，以德国鲁尔煤炭公司和菲巴石油公司为开发主体，开发了新的德国工艺（IGOR工艺），在北威州的Bottrop建立了200t/d的工业性试验装置。英国不列颠煤炭公司在政府和欧盟的支持下开发了溶剂萃取液化工艺（LSE），并建立了2.5t/d的试验装置。苏联的国家固体燃料研究院（ИГИ）在莫斯科附近的图拉市建立5t/d的煤液化试验装置。

到80年代中期，各国开发的煤炭直接液化工艺均已日趋成熟，有的已完成了6000t/d的示范厂基础设计或23000t/d生产厂的概念设计，工业化发展势头一度十分显著。

然而，从1986年下半年开始，世界石油价格一落千丈，期间虽然有些波动，但在低价位徘徊的情况一直维持到1999年。这就有充分的时间使煤炭液化的技术开发进入了一个巩固提高的新阶段，主要表现在：①把煤炭直接液化工艺和液化油提质加工工艺结合起来，分离出的轻、重质液化油直接进入在线的二次加氢装置，不仅有效地节约能源、提高热效率，还降低了氢耗量。②应用纳米级催化剂，既降低了催化剂的用量，又减少了固-液分离过程中液化油的损耗，提高了液化油收率。③对重质液化产物进行溶剂萃取，获得的重质液化油用作循环溶剂，显著地提高了液化油产率。④煤浆浓度由 40%（wt）提高到 45%~50%（wt），有效地提高了煤炭处理量，从而改善了煤炭直接液化工艺的经济性。⑤重视液化油作为化工产品的开发。例如，以液化油生产芳香烃类产品，其效率高于传统的煤焦油工艺路线，可以提高煤液化产品的市场价值。

九十年代，德国以 DMT 和鲁尔煤炭公司为主体开发了 IGOR+工艺，把液化油的提质加工与液化反应串联在一起，在一套高压装置内完成了多个功能，产出的液化油的柴油馏分已达到合格标准。日本也有时间修改原计划的 250t/d 工业性试验装置的设计，把规模降到150t/d，并按部就班地在 1996 年完成了试验装置的建设，并在 1999 年完成了 150t/d 装置的试验工作。美国以 HTI（前身为 HRI）为代表，在 H-Coal 工艺的基础上，开发了凝胶状高效铁系催化剂以及两个悬浮床反应器和一个固定床提质加工反应器串联的 HTI 工艺。

3.1.1.3　国内煤直接液化发展历程

建国初期，我国为了打破国际反华势力的封锁，在中科院大连石油所曾开展过煤炭液化的试验研究。后来由于大庆油田的发现和开发，中国一举甩掉了贫油国的帽子，煤炭液化的研究工作随之中断。

从七十年代末开始我国又重新开始煤炭直接液化技术研究，并被列为国家重点科研项目，煤炭科学研究总院成为主要承担单位，许多高等院校和研究机构也参加了研究与开发，其目的是应对当时的世界石油危机，重点是由煤生产汽油、柴油等运输燃料和芳香烃等化工原料。煤炭科学研究总院北京煤化学研究所在原国家科委和原煤炭部的领导和支持下，通过国家"六五""七五"科技攻关和近 20 年的国际合作，已建成具有国际先进水平的煤炭直接液化、液化油提质加工和分析检验实验室，开展了基础研究和工艺开发，取得了一批科研成果，培养出了一支专门从事煤炭直接液化技术研究的科研队伍。

三十年来，煤炭科学研究总院北京煤化学研究所对中国的上百个煤种进行了煤直接液化试验，选择液化性能较好的 28 个煤种在 0.1t/d 小型连续试验装置上进行了 54 次运转试验，经过对试验结果的总结分析，选出了 15 种适合于液化的中国煤，液化油收率可达 50%以上（无水无灰基煤），对其中 4 个煤种进行了煤炭直接液化的工艺条件研究，开发了高活性的煤直接液化催化剂。利用国产加氢催化剂，进行了煤液化油的提质加工研究，经加氢精制、加氢裂化和重整等工艺的组合，成功地将煤液化粗油加工成合格的汽油、柴油和航空煤油。目前。从煤一直到合格产品的全流程已经打通，煤炭液化技术在我国已完成基础性研究，为进一步工艺放大和建设工业化生产厂打下了坚实的基础。

1983 年和 1992 年，煤炭科学研究总院同美国、日本和加拿大等国合作，分别在中国建设煤炭直接液化厂和煤/油共炼厂，开展了预可行性研究。根据我国煤种和石油渣油在国外工艺开发装置（PDU）的试验结果，结合我国厂址地区的自然资源、基础设施、土地利用状况、环保设施、水资源、电力供应、公用工程和劳动力资源等建厂条件，遵循国际上通行的研究程序和估算方法，完成了概念设计和技术经济评价。

1997 年 3 月至 1998 年 5 月，在原国家计委的支持下，煤炭科学研究总院、神华集团公司等中方单位，分别与美国碳氢技术公司（HTI）、日本国际协力事业团（JICA）、日本新能源及产业技术综合开发机构（NEDO）、德国鲁尔环保原材料有限公司（RUR）及德国矿冶技术和检测有限公司（DMT）签署了合作协议。利用美、日、德三国的试验装置，分别对神华上湾煤、云南先锋煤和黑龙江依兰煤进行了吨/天级规模的直接液化试验，在此基础上针对特定的厂址和生产规模，进行了技术经济和环境影响等方面的研究，探索将上述原料煤转化为洁净的运输燃料或化工原料的现实可行性。至 2000 年，以上三个不同地点的煤直接液化项目的预可行性研究均已完成。

2003 年，煤炭科学研究总院开发出了具有自主知识产权的工艺，将逆流反应器、环流反应器和煤液化油(含循环溶剂)在线加氢反应器串联的煤直接液化工艺(CDCL 工艺)，该工艺将逆流反应器和环流反应器串联用于煤加氢液化工艺的同时，将溶剂加氢和液化油稳定加氢串联到煤加氢液化中。比较难于液化的煤和重质液化油进入环流反应器，油收率高。2003~2005 年煤炭科学研究总院利用承担的科技部国家 863 计划研究课题，自主开发了铁基纳米级催化剂，可以均匀地分散在煤颗粒表面，用量只是常规催化剂的 1/3~1/4，液化油收率可以高出常规铁系催化剂 5 个百分点。该催化剂已经应用于神华煤直接液化示范工程。

2001 年左右，神华集团在充分消化吸收国外现有煤直接液化技术基础上，联合国内研究机构，完全依靠自己的技术力量成功开发出了具有自主知识产权的神华煤直接液化工艺技术。2002~2008 年，神华集团对神华煤直接液化工艺技术进行了实验室小试、6t/d 的工艺开发中试工艺验证及工艺条件优化试验，形成了成熟的煤直接液化工艺技术。2004 年 8 月，神华煤直接液化示范工程项目在内蒙古自治区鄂尔多斯市的神东矿区开工建设。2007 年第一条生产线基本建成，2008 年进入单机和各装置的全面调试阶段，2008 年 12 月 30 日投煤试运转成功。

近年来，我国的相关科研院所、企业也进行了煤直接液化工艺技术的开发研究工作，取得了一定的成果。山西煤化所和中科合成油技术有限公司联合在低阶煤的低温加氢液化方面也做了大量的研究，建立了万吨级的温和加氢液化中试装置。肇庆市顺鑫煤化工科技有限公司针对褐煤，开发了一种利用热溶催化从煤炭中制取液体燃料的煤直接液化工艺技术。

3.1.2 煤直接液化反应机理

3.1.2.1 煤液化反应过程

煤直接液化反应是煤在溶剂、催化剂和高压氢气存在下，随着温度的升高，开始在溶剂中膨胀形成胶体系统的过程。此时，煤局部溶解并发生煤有机质的裂解，同时在煤有机质与溶剂间进行氢分配，于 350~400℃ 左右生成沥青质含量很大的高分子物质，继续加氢反应可生成液体油产物。在煤有机质裂解的同时，伴随着分解、加氢、解聚、聚合以及脱氧、脱氮、脱硫等一系列平行和顺序反应发生，从而生成 H_2O、CO、CO_2、NH_3 和 H_2S 等气体。图 3-2 为煤直接液化反应过程示意图。

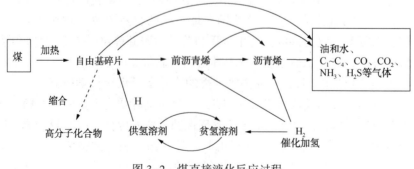

图 3-2　煤直接液化反应过程

　　煤浆在液化反应器中升温阶段和反应初期，首先进行煤的热溶解过程，在煤的溶解过程中，溶剂分子扩散进入煤的三维交联的大分子结构中，削弱了分子间的非共价键的弱相互作用力，包括氢键、范德华力、π-π键作用力和电荷转移力（电子给予体与电子接受体间的相互作用力）等，然后与小分子形成溶液，再从煤的三维交联的大分子结构中扩散出来。煤种、煤化程度、煤岩组分、溶剂种类及工艺条件等都影响煤的溶解过程，一般说来，煤分子间的非共价键的弱相互作用力及溶剂的化学性质是主要因素。

　　煤与溶剂加热到大约250℃附近时，煤中就有一些弱键发生断裂，产生可萃取的物质。当加热温度超过250℃进入到煤液化温度范围时，就会发生多种形式的热解反应，煤中一些不稳定的键开始断裂。当温度介于常温~300℃时，年轻煤在有些溶剂中的溶解率可以达到40%~50%（wt）（干燥无灰煤）。当温度超过350℃时，煤的大分子结构发生热分解反应，较弱的桥键，如亚甲基键、醚键、硫醚键等，迅速断裂，形成反应活性很高的自由基碎片，自由基的相对分子质量在300~2000。在煤炭直接液化工艺中，这些自由基从供氢溶剂、溶解氢气和煤的母体中获得氢原子并稳定下来，形成相对分子质量分布很宽的产物，包括前沥青烯、沥青烯等中间产物和相对分子质量低的油或气体分子。如果自由基碎片不能及时得到氢原子，则自由基就会相互结合而生成相对分子质量更大的物质甚至结成半焦。

　　用电子显微镜来观察煤粒在热溶解的不同阶段的情形，使人们对煤的热溶解过程有了更深入的了解。例如，用West Kentucky烟煤和Wyodak次烟煤在各种溶剂中在450℃条件下进行不带搅拌的高压釜萃取试验，萃取后用索氏萃取仪将溶解物萃取干净，然后用电子显微镜来观察残留物。研究发现，尽管这两种煤萃取后吡啶可溶物高达85%和70%，但煤粒的总体形状和大小并没有发生变化。转化程度较高的煤粒边缘有明显的锯齿状，说明发生了化学反应；转化程度较低的残余煤粒看上去与原煤粒子更为相似。West Kentucky煤萃取残留物颗粒比原煤颗粒还要大，说明发生了溶胀；Wyodak煤萃取残留物颗粒比原煤颗粒要小一些。煤萃取残留物具有层状多孔，而West Kentucky煤萃取残留物具有类似于黏结性煤生成焦炭或半焦那样的蜂窝状结构。这两种残渣都非常脆、易剥落。在改变溶剂、温度和溶解时间的条件下，保持煤溶解率高达70%以上时，煤粒形状仍保持完好的结果说明在煤液化的条件下，煤粒仍保持其物理完整性，剩余的矿物质和有机质仍能保持其粒子骨架的形状。

　　用煤与蒽油的混合物进行煤的转化程度与煤粒尺寸分布的研究发现，当转化率达到85%时，直径<10μm的煤粒渐渐增加，当转化率更高时直径<10μm的煤粒大幅度增加。根据这个结果可以认为，在供氢溶剂条件下的煤液化，一旦加热到煤的溶解温度，不大可能还有>10μm的煤粒存在，所以在液化反应器中的反应，除了矿物质和催化剂外，可以看作是均相反应。

　　氢转移过程主要发生在恒温阶段，煤的弱键断裂后产生了以煤的结构单元为基础的小碎片，并在断裂处带有未配对电子，这种带有未配对电子的分子碎片化学上称为自由基，它的相对分子质量范围为300~1000。自由基带的未配对电子具有很高的反应活性，它有与邻近的自由基上未配对电子结合成对（即重新组成共价键）的趋势，而氢原子是最小又最简单的自由基，如果煤热解后的自由基碎片能够从煤基质或溶剂中获得必要的氢原子，则可以使自由基达到稳定。从煤的基质中获得氢的过程，实际是进行了煤中氢的再分配，这种使自由基稳定的过程称为自稳定过程；如果从溶剂分子身上获得氢原子则称为溶剂供氢。溶剂中某些部分氢化的多环芳烃很容易释放出氢原子，这种具有向煤的自由基碎片供氢的溶剂称为供氢溶剂。

如果煤的自由基得不到氢且它的浓度又很大时，这些自由基碎片就会互相结合而生成相对分子质量更大的化合物或者生成半焦。

自由基稳定后的中间产物相对分子质量分布很宽，相对分子质量小的称为馏分油，相对分子质量大的称之为沥青烯，相对分子质量更大的称为前沥青烯，前沥青烯可进一步分解成相对分子质量较小的沥青烯、馏分油和烃类气体。同样沥青烯通过加氢可进一步生成馏分油和烃类气体。

当煤液化反应在氢气压力气氛下和催化剂存在时，氢气分子被催化剂活化，活化后的氢分子可以直接与自由基或稳定后的中间产物分子反应，这种反应称为加氢。加氢反应再细分有芳烃加氢饱和、加氢脱氧、加氢脱氮、加氢脱硫和加氢裂化等几种，举例如下：

加氢饱和：

加氢脱氧：

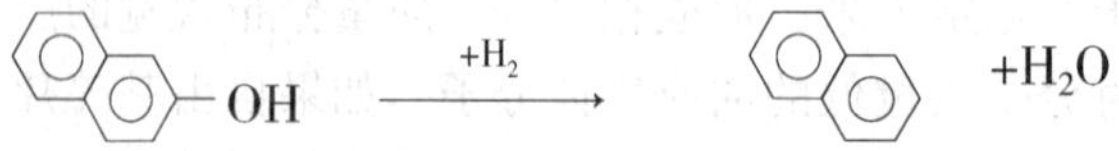

加氢脱氮：

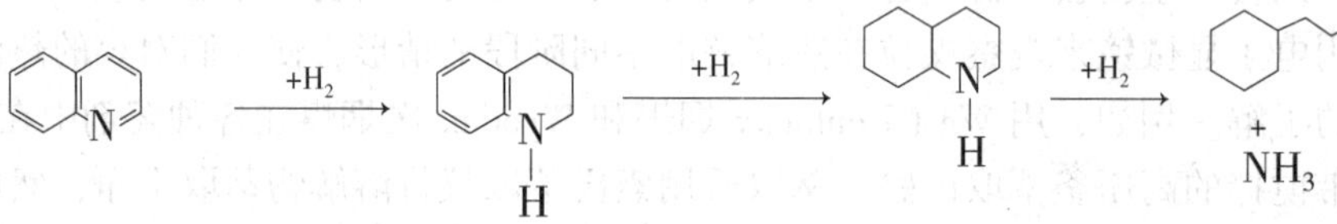

加氢脱硫：

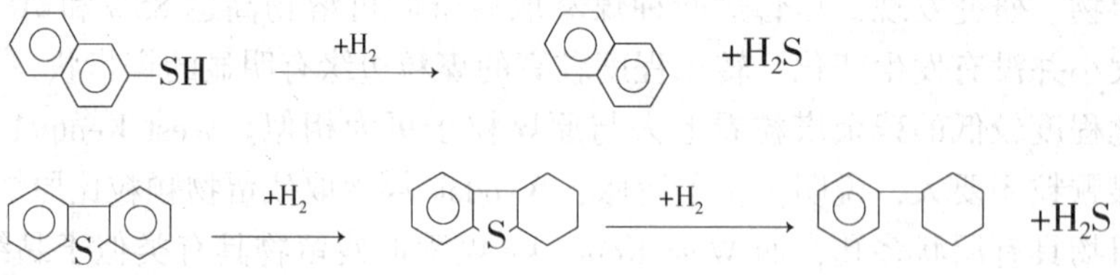

加氢裂化：

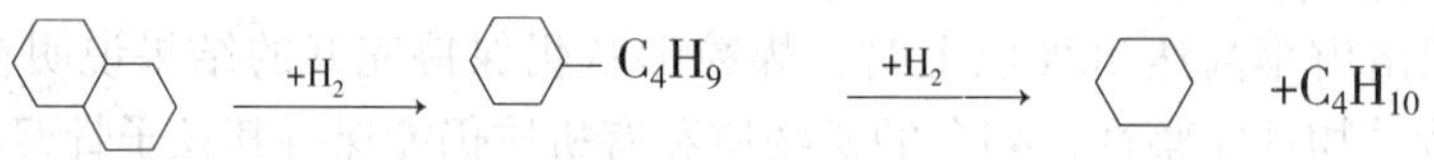

加氢催化剂的活性不同或加氢条件的苛刻度不同，加氢反应的深度也不相同。在煤液化反应器内仅能完成部分加氢反应，煤液化产生的一次液化油还含有大量芳烃和含氧、硫、氮杂原子的化合物，必须对液化油进一步再加氢才能使芳烃饱及脱除杂原子，达到最终产品——汽油、柴油的标准，第二步的再加氢称为液化油的提质加工。

3.1.2.2 煤直接液化反应动力学

煤直接液化反应动力学研究是液化反应器的设计、放大以及煤液化工艺的优化和液化机理研究的理论基础。对于煤直接液化反应，有很多不同的机理假设，从而导出不同的动力学模型。很多研究学者对煤直接液化反应动力学进行了由浅入深的研究，反应模型也是越来越复杂，越来越贴近工业应用。由最初的串联反应、平行反应到后来的网络反应。

随着研究的不断深入，人们发现在煤液化反应的初期和后期表现出完全不同的反应模式，即存在前期煤的快速热解加氢和后期慢速加氢转化的两个阶段，这两个阶段不是界限分明，而是互相交叉和重叠。将煤液化分成初期和后期两个阶段，分别进行不同的动力学研究，比较符合煤液化反应的特点。

国外学者 Bin Xu 和 R. Kandiyoti 等人研究了煤直接液化反应初期动力学，将煤分成三个组分建立反应机理模型，在特征温度 T_d (不同煤阶的煤特征温度有所不同，低阶煤通常在 350℃ 左右) 之前就发生反应的组分为 A，其含量 x_{mA} 可通过在 350℃ 长时间反应后的失重率获得；在特征温度 T_d 以后开始大量反应的组分为 B，其含量 x_{mB} 可通过 450℃ 长时间反应的失重率减去组分 A 的含量获得；450℃ 长时间反应后剩余煤为不反应组分 C。组分 A 和组分 B 的反应均视为一级不可逆反应，产物没有分成更多的组分，动力学处理仅求组分 A 和组分 B 的指前因子和活化能。假设的机理模型如图 3-3 所示。

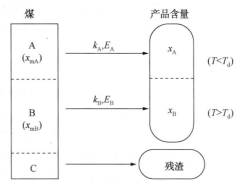

图 3-3　双组分一级反应机理

对于组分 A，反应动力学方程为：

$$dx_A/dt = k_A(x_{mA} - x_A) = k_{0A} \exp\left(-\frac{E_A}{RT}\right)(x_{mA} - x_A) \tag{3-8}$$

当 $t=0$ 时，$T=T_0$，$x_A=0$

设升温速率恒定，即 $T = T_0 + k_h t$

到达反应温度 T_h 后恒温，恒温时间为 t_h，则式 (3-8) 的积分式是：

$$\int_0^{x_A} \frac{dx_A}{x_{mA} - x_A} = \int_0^t k_{0A} \exp\left(-\frac{E_A}{RT}\right) dt = \int_{T_0}^{T_h} \frac{k_{0A}}{k_h} \exp\left(-\frac{E_A}{RT}\right) dT + k_{0A} t_h \exp\left(-\frac{E_A}{RT_h}\right) \tag{3-9}$$

式中右边第一项是升温过程的积分式，第二项是恒温过程的积分式。注意，T_h 可以大于 T_d，因为升到 T_d 时，A 还没有反应完。

将 (3-9) 左边积分，整理后得：

$$x_A = x_{mA}\left\{1 - \exp\left[\int_{T_0}^{T_h} \frac{k_{0A}}{k_h} \exp\left(-\frac{E_A}{RT}\right) dT + k_{0A} t_h \exp\left(-\frac{E_A}{RT_h}\right)\right]\right\} \tag{3-10}$$

对于组分 B，也有同样的反应速率微分式：

$$dx_B/dt = k_B(x_{mB} - x_B) = k_{0B} \exp\left(-\frac{E_B}{RT}\right)(x_{mB} - x_B) \tag{3-11}$$

当 $t=0$ 时，$T=T_0$，$x_B=0$

$T_h < T_d$ 时，$x_B = 0$

同样，可得到组分 B 的积分式：

$$x_B = x_{mB}\left\{1 - \exp\left[\int_{T_d}^{T_h} \frac{k_{0B}}{k_h} \exp\left(-\frac{E_B}{RT}\right) dT + k_{0B} t_h \exp\left(-\frac{E_B}{RT_h}\right)\right]\right\} \tag{3-12}$$

注意其中的升温积分项的下限与组分 A 不同，是从 T_d 开始积分。

而实验获得的剩余活性煤 $x = x_A + x_B$ 　　(3-13)

所以，将式 (3-11) 和式 (3-12) 相加后的方程中未知参数有 k_{0A}、k_{0B}、E_A、E_B 4 个，利用不同温度及不同时间的试验数据，通过非线性回归处理，即可求得上述 4 个动力学参数。

Bin Xu 和 R. Kandiyoti 等对 8 种煤的试验数据求出了动力学参数，不同煤样组分 A 的活化能在 36~80kJ/mol，分布较宽；组分 B 的活化能 160~275kJ/mol，该阶段活化能的标准偏差 σ 随着煤化程度的增加而减小，这可能是由于煤的结构更加均匀，交联程度增加。他们发现没有溶剂的单纯热解反应，其活化能高于溶剂存在下的液化反应，这就说明供氢溶剂起到了降低活化能的作用。

在反应后期，快反应组分已经反应完毕，反应主要是剩下的慢反应组分和中间产物沥青烯的反应，它们的反应速率均比较慢。2000 年日本的 Onozaki 等人在处理量为 150t/d 的 NEDOL 工业性中试装置上对液化动力学进行了研究，将煤分成快反应的 C_A、慢反应的 C_B 和不反应的 C_I，并且将反应从煤到气体分成 13 个反应，产物油分成 C_4—220℃轻油、220~350℃中油和 350~538℃重油三种组分。中间产物 PAA 能生成烃类气体、硫化氢及氨、水、轻油和重油，而中油是由重油转化产生。如图 3-4 是 NEDOL 的反应模型：

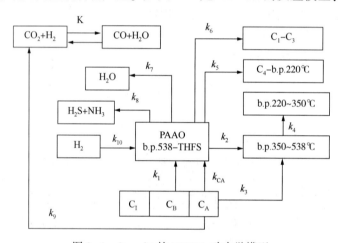

图 3-4　Onozaki 的 NEDOL 动力学模型

在反应后期，快反应组分 C_A 已经反应完毕，余下的是 C_B 反应，以及中间产物 PAA 和重油的反应。表 3-1 是由试验数据采用以上模型处理得到的印尼 Tanitoharum 煤的动力学参数。

表 3-1　Tanitoharum 煤 NEDOL 模型的动力学常数（465℃，17MPa/s）

k_1	k_2	k_3	k_4	k_5	k_6	k_7	k_8	k_9
0.046	0.0048	0.0034	0.0082	0.0051	0.0033	0.00035	0.0032	-0.0017

另外，Ikeda 等在 1t/d 的 NEDOL 工艺 PSU 上进行了动力学研究。液化部分在预热器和三个串联反应器中进行。研究者关注第一反应器和第三反应器的产物变化。其中第一反应器反应模型为一级不可逆串联型：

$$C_f \xrightarrow{k_1} PA \xrightarrow{k_2} A \xrightarrow{k_3} O+G \tag{3-14}$$

在第三反应器中发现了有逆反应的发生，将反应模型定为可逆的串联反应：

$$C_s \underset{k_{1b}}{\overset{k_{1f}}{\rightleftharpoons}} PA \underset{k_{2b}}{\overset{k_{2f}}{\rightleftharpoons}} A \underset{k_{3b}}{\overset{k_{3f}}{\rightleftharpoons}} O+G \tag{3-15}$$

由试验结果得到的模型参数如表 3-2 所示：

表 3-2　Ikeda 得到的动力学数据

反应速率常数	k_{1f}	k_{2f}	k_{3f}	k_{1b}	k_{2b}	k_{3b}
min^{-1}	0.4	5.7	0.24	0.34	1.6	0.016

试验结果表明，反应物煤中有一部分煤迅速转化为 PA、A、O&G，在反应初期（预热器中）占了主要位置；反应中期慢反应煤通过 PA、A 转化为 O&G；而在反应后期逆反应是不可忽略的。

通过分段处理，并根据多组分"集总"反应模型来处理煤直接液化反应动力学模型，将是今后的一个主要发展方向。然而，每一液化动力学模型都是针对相应的特定煤种和液化体系，所建立的模型很难统一且移植性较差。因此，真正揭示不同条件下煤直接液化动力学规律及普遍的煤直接液化动力学模型，需要从分子水平深入开展煤直接液化作用机理研究，并借助先进的分析方法以及合理的处理手段，从而为煤直接液化工业化提供最为基础的理论支持。

3.1.3　煤直接液化催化剂

3.1.3.1　概述

催化剂是煤直接液化工艺过程的核心技术之一，在煤加氢液化过程中起着非常重要的作用，也是影响煤直接液化制油工业化项目油收率及运营成本的关键因素。降低煤直接液化反应苛刻程度，提高煤直接液化经济竞争力是目前煤直接液化发展所面临的主要问题。

Bergius 在开始开发煤直接加氢液化技术时不用催化剂，导致循环溶剂中沥青烯含量很高，黏度很大，操作发生困难，后来用钼酸铵和氧化铁做催化剂才使这一工艺得以实施。对煤加氢液化有催化作用的物质种类很多，第二次世界大战德国染料公司与英国皇家化学公司对煤加氢催化剂进行了广泛的筛选，对元素周期表中大部分元素都进行了试验，仅仅没有选用稀土元素。美国矿务局后来对镧系稀土元素进行了补充试验，发现它们对煤的直接加氢液化没有明显的催化活性。

煤直接液化催化剂的筛选和活性评价一般在高压釜中进行，考察了催化剂种类、浓度、制备方式等对煤液化速度、产品组成、收率等的影响，此外还要考虑反应器器壁材料的影响以及煤中矿物质成分的影响。考察催化剂的寿命、失活、中毒和再生，一般需要用连续反应装置进行长周期试验。

煤直接液化催化剂一般需要具有以下几个特点：①良好的催化活性，对煤加氢液化反应来说，高活性催化剂能在较缓和的条件下达到较高的转化率，既能加速加氢裂解反应，也能降低反应压力和反应温度。②高的反应选择性，催化剂的反应选择性是向特定反应方向转化的能力，煤直接液化希望达到很高的液体产物收率而不希望得到较多的气体和焦炭。③较长的催化剂寿命，它需要具备化学稳定性、结构稳定性、机械稳定性等优点，并能对毒物有足够高的抵抗力、有良好的传热性，能及时导出反应热，防止局部过热。④催化剂应该来源简单易得，价格便宜。

煤直接液化催化剂可以是单组分，也可以是多组分，一般工业上经常用的是多组分催化剂。固体多组分催化剂通常由以下几个部分组成。

（1）主催化剂（又称活性成分）。通常把对加速化学反应起主要作用的成分称为主催化剂，它是催化剂中最主要的活性组分。如 Co/Mo 加氢催化剂中 Co 和 Mo 都是活性成分；铂重整催化剂中的铂也是活性组分，有时催化剂的活性组分并不限于一种，如催化裂化反应所用的催化剂 SiO_2-Al_2O_3 都属于活性组分，SiO_2 和 Al_2O_3 两者缺一不可。活性组分是催化剂的核心，催化剂的活性高低主要是由活性组分决定的。

（2）助催化剂。在活性组分中添加少量某种物质（一般仅千分之几到百分之几），虽然这种添加物本身没有催化活性或活性很小，但却能显著地改善活性组成的催化性能，包括活性、选择性、稳定性等，这些添加剂就被称为助催化剂。煤直接液化催化剂中，不管是铁系一次性可弃催化剂还是钼系可再生性催化剂，它们的活性形态都是硫化物。但在加入反应系统之前，有的催化剂是呈氧化物形态，所以还必须转化成硫化物形态。铁系催化剂的氧化物转化方式是加入元素硫或硫化物与煤浆一起进入反应系统，在反应条件下元素硫或硫化物先被氢化为硫化氢，硫化氢再把铁的氧化物转化为硫化物；钼镍系载体催化剂是在使用之前用硫化氢预硫化，使钼和镍的氧化物转化成硫化物，然后再使用。

为了在反应时维持催化剂的活性，气相反应物料虽然主要是氢气，但其中必须保持一定的硫化氢浓度，以防止硫化物催化剂被氢气还原成金属态。一般称硫是煤直接液化的助催化剂，有些煤本身含有较高的无机硫，就可以少加或不加助催化剂。煤中的有机硫在液化过程中反应形成硫化氢，同样是助催化剂。所以低阶高硫煤是适用于直接液化的。换句话说，煤的直接液化适用于加工低阶高硫煤。研究证实，少量 Ni、Co、Mo 作为 Fe 的助催化剂可以起协同作用。

（3）载体（又称担体）。载体也是催化剂中的重要组分，载体的种类及性质往往会对催化剂性能产生很大影响。而选择和制备一种好的载体往往需要多方面的知识。载体用于催化剂制备上，原先的目的是为了节约贵重材料（如铂、钯）的消耗，即把贵重材料分散在体积松大的物体上，以代替整块材料的使用。另一目的是使用强度高的载体可使催化剂能经受机械冲击，使用时不致因逐渐粉碎而增加对反应器中流体的阻力。因此，在选择载体时，往往从物理、机械性质、来源容易等方面加以考虑。有些载体具有时惰性，有些载体还具有催化活性。

多年来，国内外许多研究工作者在煤直接液化催化剂的筛选和评价方面开展了大量的工作，并从多方面对煤直接液化催化剂的开发与制作做出了理论和实践上的创新。

3.1.3.2 直接液化催化剂分类

较早进行煤液化催化剂的研究是德国的 Berguis，早年，他就将赤泥作为煤直接液化的催化剂，并取得了世界上第一个煤直接液化专利。当时的目的是让液化过程中发生硫和铁的反应，生成硫化铁而排出反应体系外，却意外地发现铁对煤液化有很好的催化效果。从此以后人们开始使用催化剂来催化煤的直接液化。到目前为止，煤直接液化催化剂的种类很多，主要有廉价可弃性的铁基催化剂、高价可再生的钼、镍、铝基氧化物催化剂、金属卤化物催化剂以及利用金属间协同作用的复合催化剂。

1. 铁基催化剂

铁基催化剂因价格便宜，在液化过程中一般只使用一次，在煤浆中它与煤和溶剂一起进入反应系统，再随反应产物排出，经固液分离后与未转化的煤和灰分一起以残渣形式排出液化装置，为廉价可弃性催化剂。最常用的可弃性催化剂是含有硫化铁或氧化铁的矿物或冶金废渣，如天然黄铁矿主要含有 FeS_2，高炉飞灰主要含有 Fe_2O_3，炼铝工业中排出的赤泥主要也含有 Fe_2O_3。

铁系一次性催化剂的优点是价格低廉，但它的缺点是活性稍差。为了提高它的催化活性，有的工艺采用人工合成 FeS_2，或再加入少量含钼的高活性物质。而最新研究发现，把这种催化剂的超细粉碎减小到微米级粒度以下，增加其在煤浆中的分散度和表面积，尽可能使其微粒附着在煤粒表面，会使铁系催化剂的活性有较大提高。

研究发现除了磁铁矿以外，其他含铁矿物和含铁废渣均有催化活性，而活性的高低取决于含铁量。催化剂的粒度对催化剂的活性也有较大影响，当铁矿石的粒径从 $61\mu m$ 减小到 $1\mu m$ 时，煤转化率提高，油产率增加更多。因此，减小铁系催化剂的粒度，增加分散度是改善活性的措施之一。

理想催化剂除具有高活性和良好的键裂解选择性外，还要有高表面积，以促进催化剂与煤的相互接触，增大二者之间的相互作用。因此，采用超细分散型催化剂最为理想。多年来，在许多煤直接液化工艺中，使用常规铁系的催化剂如 Fe_2O_3 和 FeS_2 等，其粒度一般在数微米到数十微米范围。虽然加入量高达干煤的3%，但由于分散性不好，催化效果受到限制。20世纪80年代以来，人们发现如果把催化剂磨得更细，在煤浆中分散得更好些，不但可以改善液化效率，减少催化剂用量，而且液化残渣以及残渣中夹带的油分也会减少，可以达到改善工艺条件、减少设备磨损、降低产品成本和减少环境污染的多重目的。

近年来，对制备超细分散型催化剂进行了广泛的研究。以铁基催化剂为例，制备超细分散型的方法主要有以下几种：①物理混合法。煤粉直接与洗过后干燥的 Fe_2S_3 简单混合；②浸渍法。煤粉加入含有已生成 Fe_2S_3 颗粒的溶液后进行洗涤、过滤和干燥，或煤粉先与 Na_2S 溶液混合，再加入 $FeCl_3$ 溶液，然后洗涤、过滤和干燥；③流动氢解法。将含铁的水溶液在短时间内暴露于高温和高压下，引发氧化物或氢氧化物迅速成核；④改性逆向胶束法。含铁固体颗粒从铁盐水溶液中沉淀出来，聚集在油包水型微乳液和纳米级水核中；⑤氢氧燃烧法。在氢氧焰中将挥发性铁盐溶液气相氢解，生成纳米级的球状颗粒；⑥油溶法。选用可溶于油的铁盐(如羰基铁等)预先溶于液化溶剂，将溶剂与煤粉充分混合。

除物理混合法所得的催化剂颗粒大小取决于机械磨碎的程度外，其他方法均能制得颗粒小、总表面积和体积比大的催化剂颗粒。煤粉中分散度和与煤接触程度高的催化剂，可以使相互之间的反应增强，并提高催化效果。加入煤中的催化剂可以是催化剂本身，也可以是被称为催化剂前驱体的化合物，加入方法以浸渍法为最佳。某些催化剂不溶于水或油，不能直接从溶液中分散到煤上，只能简单地机械混合成浆，达不到很好的分散目的，这时需要选用一种可溶的催化剂前驱体。催化剂前驱体本身可能对煤液化活性很小或无活性，但可溶于水或油且在液化时呈现出活性，可使其预先分散到煤中，在液化反应温度下经分解可生成有活性的催化剂，如以 $(NH_4)_2MoS_4$ 作前驱体，在热分解反应后生成有活性的 MoS_2。采用前驱体的另一个原因是希望催化剂在煤表面上生成新生态形式，增强催化剂活性，如将纳米级氧化铁作为前驱体分散到煤上，然后加入硫化剂，在液化条件下还原、反应生成 FeS_2 活性催化剂，避免 Fe_2O_3 预先还原造成的硫化困难。

2. 氧化物催化剂

很多氧化物对煤加氢液化有催化作用，这些氧化物主要有 SnO_2、ZnO_2、MoO_3、TiO_2、PbO、Ni_2O_3、V_2O_5 等。CaO 或 V_2O_5(少量)对煤加氢液化有害，产品大部分为半焦；SnO_2 无论是氧化物还是其他盐类或其他形式，其对煤加氢液化的催化活性都很高，煤的转化率均在90%以上。

表 3-3　各种氧化物催化剂的活性比较

催化剂种类及浓度			加氢液化效果		
活性金属占煤比例/%(daf)	化合物占煤比例/%(daf)		$CHCl_3$不溶物/%	$CHCl_3$可溶物/%	转化率/%
Bi	2.4	Bi_2O_3	2.5	41.1	33.2	62.6
Sn	1.8	SnO_2	2.5	7.7	71.2	96.0
	0.46	$Sn(C_{18}H_{33}O)_2$	2.5	6.5	68.5	95.3
	0.08	$Sn(OH)_2$	0.1	10.9	63.4	90.4
Ni	0.25	$Ni(C_{18}H_{33}O)_2$	2.5	10.2	67.6	91.3
Mo	1.8	MnO_3	2.5	14.1	59.2	87.1
	1.3	$(NH_4)MoO_4$	2.5	9.3	75.4	91.9
	0.05	$(NH_4)MoO_4$	0.1	48.6	30.0	52.6
Zn	2.1	ZnO	2.5	10.2	70.4	93.5
	0.27	$Zn(C_{18}H_{33}O)_2$	2.5	27.0	48.6	74.5
	0.06	$Zn(C_2H_5)_2$	0.1	43.5	31.1	57.8
W	0.08	WO_3	0.1	36.6	42.1	65.0
V	1.5	V_2O_5	2.5	49.8	24.7	53.9
	0.04	V_2O_5	0.1			
Pb	2.4	PbO	2.5	16.4	60.3	87.3
	0.71	$Pb(C_{18}H_{33}O)_2$	2.5	10.1	63.7	91.8
	0.09	PbO	0.1	12.2	65.4	89.1
Ti	1.6	TiO_2	2.5	36.9	38.2	66.8

由表 3-3 可以看出，钼、镍、锡等氧化物，对煤的加氢液化有很高的催化活性。有一种钼灰具有很高的活性，它是辉钼矿冶炼炉烟道气中的飞灰，主要成分是 MoO_3，且粒度较细。钼灰的试验结果表明沥青烯产率很低，说明钼的高活性主要表现在把沥青烯加氢转化为油。但钼灰的价格太高，一次性加入后如果不回收，经济成本过高，所以必须研究它的回收方法。

苏联可燃矿物研究院将高活性钼催化剂以钼酸铵水溶液的油包水乳化形式加入煤浆之中，随煤浆一起进入反应器，这种催化剂具有活性高、添加量少的优点。最后废催化剂留在残渣中一起排出液化装置。苏联可燃矿物研究院开发了一种从液化残渣中回收钼的方法，大致是将液化残渣在 1600℃ 的高温下燃烧，这时 Mo 以 MoO_3 的形式随烟道气挥发出来，然后将烟道飞灰用氨水洗涤萃取，就可把灰中的氧化钼转化成水溶性的钼酸铵。

美国的 H-Coal 工艺采用了石油加氢的载体 Mo-Ni 氧化物催化剂，在特殊的带有底部循环泵的反应器内，因液相流速较高而使催化剂颗粒悬浮在煤浆中，但又不至于随煤浆流入后续的高温分离器中，这种催化剂的活性很高，但在煤液化反应体系中活性降低很快。H-Coal 工艺设计了一套新催化剂在线高压加入和废催化剂在线排出装置，使反应器内的催化剂保持相对较高的活性。排出的废催化剂可去再生重复使用，但再生次数有一定限度。

3. 卤化物催化剂

卤化物催化剂的使用方式有两种。一种是直接添加熔融金属卤化物，添加量比较大，催化剂与煤的质量比可高达 1；另一种使用方式是将很少量的卤化物催化剂浸渍到煤上，如美国犹他大学化工系的 W. H. Wiser 等在研究煤直接液化时，曾加入 5%$ZnCl_2$，在 500℃ 或更高温度下进行非常短时间的煤加氢液化反应。

W. Kawa 等人对比研究了多种金属卤化物催化剂对烟煤加氢液化的作用，反应温度为 420℃，反应压力为 27.6MPa，反应时间为 1h。试验结果表明，$ZnCl_2$、ZnI_2 及 $ZnBr_2$ 的效果最好，其产物中苯不溶物很少，分别为 12%、10% 和 10%；同时轻油产率最大，分别为 45%、55% 和 56%；重质油也少，分别为 16%、5% 和 8%。没有加催化剂时，沥青烯产率为 28%，加入大量卤化物催化剂后，沥青烯产率都大为减少，即使催化效果最差的 SnI_2，沥青烯也减少了一半，降低至 14%。然而使用少量卤化物催化剂（添加量为 1%）时，则 $SnCl_2$ 的效果最好。

在煤炭加氢液化过程中，$ZnCl_2$ 与煤热解放出的 H_2S 和 NH_3 发生化学反应，变成了含有 ZnS、$ZnCl_2·NH_3$ 和 $ZnCl_3·NH_4Cl$ 等复杂化合物，并夹带煤中残炭和矿物质，给催化剂回收带来困难。因此，使用过的熔融 $ZnCl_2$ 催化剂需要在空气中燃烧使之再生，循环使用。

金属卤化物催化剂开发主要集中于 $ZnCl_2$，因为 $ZnCl_2$ 与其他卤化物相比具有下列几个优点：①价格比较便宜，比较容易得到；②活性适宜于煤的加氢液化，活性太高的 $AlCl_3$ 所得产物主要是气态烃类，液体很少；而活性低的 Sn 和 Hg 的卤化物，产物主要是重质油；$ZnCl_2$ 活性适中，产物中汽油馏分较多，重质油也在燃料油范围内。③$ZnCl_2$ 对于煤炭加氢液化过程中产生的水解反应，与其他卤化物相比，比较稳定；④$ZnCl_2$ 催化剂容易回收。

尽管卤化物催化剂优点很多，但卤化物催化剂存在的重大难题是腐蚀性严重，至今尚未很好地解决。而且，卤化物与 Na 和 K 起反应，当煤中若含有较多的 Na 或 K 时，则会使卤化物催化剂的损失增大。因此，一般情况下，金属卤化物催化剂不适用于褐煤煤种的加氢液化。

4. 复合型催化剂

由于铁基催化剂的活性相对较低，而昂贵的铝、钼、镍催化剂又很难投入实际应用中，因此人们开始将铁基催化剂与昂贵的铝、镍等复合，希望在提高铁基催化剂活性的同时，减少贵金属的用量。

煤炭科学研究总院选取高活性组分为钼、镍、钴或钨金属的水溶性盐类和低活性组分为氧化铁矿石或硫化铁矿石作为催化剂的主要制备原料，经过捣浆、粗磨、调浆、超细研磨、筛分、复配等步骤制备得到了复合型催化剂，既可以用于煤直接加氢液化，也可以用于重质油的加氢。Sakanishi 等人使用炭纳米颗粒作为载体制备了 NiMo 催化剂，并和商业用 NiMo/Al_2O_3 和合成黄铁矿的液化性能进行了比较。在单段或者两段反应中，在无溶剂的条件下，使用担载了 NiMo 的纳米碳作为催化剂依然得到了较高的油产率，分别为 52%（450℃，60min）、64%（360℃，60min；450℃，60min），而且 100~300℃ 的轻质馏分也比其他两种催化剂得到的产物中的含量高，因此他们认为，以纳米炭为载体的 NiMo 催化剂表面有大量的活性中心，这些活性中心可以很好地抑制逆反应的发生。

Hu 等人考察了 Fe(MoS_4)$_3$ 为催化剂前驱体的 FeMo 催化剂时大柳塔煤液化效果。他们没有使用载体，而是直接将两种前驱体水溶液分别浸渍到大柳塔煤上，希望得到 1~4 个环的芳烃化合物。反应的条件为：温度 440℃，初始氢压 6.0MPa，停留时间 30min。当添加了 1% 的双金属催化剂得到的总转化率、油+气、芳香族和极性化合物的产率分别为 78.2%、

70.5%、20.8%、16.7%，结果优于1% Fe 催化剂的效果。Priyanto 等人使用原位担载的方法制备了一系列的 Fe、Mo、Ni 三金属催化剂。在反应温度为450℃、氢压为15MPa、四氢萘为溶剂的条件下，三金属 FeMoNi 催化剂的活性要明显好于单催化剂，油产率高。三种金属的添加次序对油产率略有影响。同时，还可将液化残渣回收并作为催化剂继续使用，结果显示此催化剂依然有较高的活性可以反复使用，从而降低催化剂的用量。

除上述常见的煤直接液化催化剂外，近年来，许多科研院所、大专院校以及相关煤化工企业对煤加氢液化催化剂的研究很多，出现了多种多样的新型煤加氢液化催化剂。有人尝试使用 ZSM-5 分子筛或其他分子筛作催化剂进行煤的直接液化。许多学者发现，生物酶也能促进煤的降解液化，如白腐真菌和云芝，微生物酶催化剂的优点在于：反应条件比较温和，清洁能耗低，因此煤的生物转化技术越来越受到人们的重视。也有人使用含有 Sn 和 Zn 的水溶液作为催化剂加入煤浆中，通过高压加氢获得了较高的液化油收率，这种方法催化剂用量少，液化油的制备成本低。有文献报道了另一种煤直接液化工艺，是在 CO 存在及 CO 转化催化剂(碱金属氢氧化物或碳酸盐)存在下，通过快速升温得到了煤液化油。Exxon 采用在烃类中溶解的铬化合物为催化剂对煤进行加氢液化，铬化物先与烃类混合形成高金属含量的催化剂前驱体，对含硫化氢气体加热形成固体含铬催化剂，然后将其导入煤中将煤转化为烃类产物。

3.1.3.3 直接液化催化剂的作用机理

催化剂的重要作用是对煤液化加氢、对煤结构的裂解以及去除煤中含有的其他原子等。影响催化剂能力的原因有过渡金属的种类、比表面积以及所选承载体的特性。在液化反应过程中，煤经过热裂解生成相应的活性基团，接着这些活性基团为了稳定会和溶剂中的活化 H 原子结合。通常认为铁、镍、钴、钼、钨等过渡金属拥有较高的加氢催化活性。主要的原因是它们的 d 电子没有成对或者有一个空余的电子轨道，比较容易将氢分子吸附并和其形成化学吸附键，同时将氢气活化生成活性氢，接着和煤热裂解生成的活性基团反应生成比较稳定的小分子油。与此同时被活化的 H 也会为溶剂提供氢，从而保证供应氢的能力不变。

目前，由于铁系催化剂催化效果比较简化而且价格低廉，没有因污染受到人们的重视。所以，对于催化剂催化机理的研究一般以铁的化合物为主，而硫和它的催化机理密切相关，因为加入硫可以使此类催化剂的活性得到明显的升高。

总体来说煤直接液化催化剂主要在 2 个地方起作用：①促进煤的热解；②促进活性氢的产生。很多研究者已经证实了前一个作用。可是大多数研究者认为催化剂以第二个作用为主。虽然经过多年的研究，人们做了许多有关煤和它模型化合物的催化加氢以及加氢裂解方面的研究，可是对催化剂的作用方式以及作用机理仍然没有一个共同的认识。一般人们的观点是催化剂所起到的作用主要是加快 H_2 转移到溶剂中，然后经过溶剂再移动到煤中。可是也有一部分学者认为在高压 H_2 的条件下催化剂可以促使 H 直接移动到煤中。在研究催化机理的问题时，大部分学者觉得在煤直接液化条件下铁系催化剂起作用的物质是 $Fe_{1-x}S$，催化剂供应的活化氢对断开 C—C 起到了非常重要的促进作用。

翁斯灏等使用穆斯堡尔谱对煤液化 FeS_2 催化剂的转化机理进行了研究，结果表明：在反应温度下和在循环溶剂及 H_2 氛围中，铁硫化物会首先转化成 $Fe_{1-x}S$，其中化合物形式为

Fe_7S_8 的物质具有的空位数达到最大值。化合物 $Fe_{1-x}S$ 里面的 X 受 H_2S 气体分压的关联比较多。系统中含有越多的硫，会使硫化氢气体具有较高的分压，从而使 X 值变大，最终致使 $Fe_{1-x}S$ 具有较多的金属空位。这些金属空位的作用有两个方面：其一，当 FeS 分解时这些金属空位可以为硫化氢气体提供脱附中心；其二，这些金属空位也能对硫化氢气体起到一定的吸附作用，从而导致 H—S 变弱，所在反应过程中黄铁矿的效果基本上是作为化合物 $Fe_{1-x}S$ 和 H_2S 气体之源。也有人将铁氢化物浸渍到煤粉上形成一种浸渍型催化剂，并深入研究了这种催化剂的表面吸附情况、晶体结构及其分散性，表明因为催化剂吸附了杂质而导致活性相晶体的生长受到了阻碍，因此催化剂的表面积在反应条件下才能够维持不变。在煤液化条件下，铁氢化物是能够对杂质阴离子进行化学吸附的，并因此变成具有良好分散性的 $Fe_{1-x}S$ 相，增加了铁空位的浓度。

Shah 等通过原位观测对三个铁基化合物催化剂的转变过程进行研究并发现：三个催化剂转化成磁黄铁相的温度不同，具有较小颗粒的 FeOOH 催化剂转变温度相对比较低，拥有较大颗粒的 FeOOH 化合物在转变温度也会对应的较高。Yoon 等通过向次烟煤液化反应体系中直接加入油溶性有机金属烷酸铁或羟基铁，并与过量 S 原位生成高分散金属硫化物，但环烷酸铁却转化成 FeS 和 $Fe_{1-x}S(0<x<0.125)$ 两个晶态，笔者认为可能因为铁硫化物部分发展为磁黄铁矿从而降低了其活性。Hirano 等通过对煤液化过程中作为催化剂的含铁矿化合物活性的研究，发现在反应中 S 不但能够促进氢的转移，而且可以阻止催化剂被其他物质氧化，从而防止其活性的下降。所以硫化氢气体的存在可以使催化剂发挥更好的催化效果，对煤的加氢裂解能起到促进作用，当 S/Fe 比为 2 时铁系催化剂活性最好。

Kotanigawa 等通过对铁基催化剂催化机理的研究产生了不同于别人的观点，他们认为在煤液化过程系统中会生成一些水，而这些水会将铁硫化物氧化，然后在它的表面覆盖一层硫酸盐，体系中存在的 H_2 会被这种硫酸盐活化变成活化氢，活化氢分子不但能够为供氢溶剂加氢，还能够与自由基反应，因为系统中的硫转变成了硫酸盐，所以能够有效地防止体系中添加过量的硫。也有人认为在煤液化反应中，在不同的反应阶段催化剂参与的程度是不同的，Sharma 等的实验显示当煤开始生成为沥青质时，此时的催化剂参与反应的程度比较大；而 Pradhan 经过研究认为当沥青质开始生成油和气时，催化剂才会较深入的参与其中。

由上可知，因为煤液化反应过程非常复杂，包含众多的物理和化学过程，所以学者们对催化剂发生作用的方式以及作用机理等方面还没有一致的观点，所以我们还需要积极创新对煤液化催化剂考察的方式，让这些方法使用起来更加的行之有效，从而对催化剂实行更加全面而透彻地探究。

3.1.3.4　直接液化催化剂的制备及展望

近年来，随着纳米制备技术的发展，使人们有可能利用新的技术来制备具有分散性好、比表面积高的纳米催化剂。纳米催化剂在煤液化领域的应用标志着煤液化催化剂研究领域的新方向。这类催化剂具有添加量少、活性高、催化剂不易失活等优点，并可以明显改善煤液化性能而受到研究者的关注。由于纳米催化剂的原子结构中具有较低的配位数，在晶体结构中存在大量的金属空穴，从而表现出对煤液化有较高的催化作用。同时，煤中带入的钙盐和反应中碳的沉积对纳米催化剂失活影响也相对较小，因而有利于提高催化剂的使用效果和寿命。目前，煤液化应用的纳米催化剂主要是铁的氧化物和硫化物催化剂。其合成方法主要有原位担载、反相胶束法、火焰裂解、溶胶团聚、及铁硫化物的低温歧化。这些方法得到的催化剂大都以铁的氧化物、氢氧化物及硫化物形式存在，形成催化剂的晶格颗粒约为 $10 \sim 20nm$ 的数量级。

（1）原位担载制备的纳米催化剂具有操作简单、制备方便等优点，它比以机械方法制备超细粉碎催化剂，具有较小的粒度、较高的分散性和较大的比表面积。同时，也比采用机械方法制备的超细催化剂节省较多的能量。原位担载法制备的铁基催化剂可采用硝酸铁、三氯化铁及硫酸铁等铁盐溶液浸渍在煤载体上，烘干即可。

（2）反向胶束法制备的纳米催化剂是利用反向胶束，具有大量的纳米级油包水型胶束的乳液，水核尺寸可达 $1 \sim 50nm$。该法主要是以反向胶束的水核核心进行沉淀反应来制备纳米催化剂的。

（3）火焰裂解法是将可挥发性铁盐溶液或金属溶盐通过载气雾化成液滴，然后通过火焰裂解、激光裂解或等离子体裂解技术制备纳米级颗粒催化剂。如将 $FeCl_3$ 前驱体雾化后送到 H_2 焰中裂解可得到 10nm 左右的 Fe_2O_3。其表面积可达 $160m^2/g$。在对煤的液化实验中表明，加入纳米 Fe_2O_3 催化剂后煤液化油产率从 40% 提高到 50%。如采用 CH_4、C_2H_6 等有机蒸汽为载气来雾化 $Fe(CO)_5$ 金属盐溶液，随后将其载入激光裂解室进行裂解，可生成 Fe_3C 和 Fe_7C_3 形式的化合物。当以硫为助剂，在烟煤的液化实验中添加 Fe_3C 和 Fe_7C_3 催化剂后，Fe_3C 和 Fe_7C_3 对煤液化的效果和 $Fe_{1-x}S$ 催化效果相近。

（4）低温歧化法也是制备纳米催化剂的有效方法。将金属硫化物催化剂前驱体在不同温度下进行氢解可得到不同原子比和不同晶体结构的化合物。典型的热解前驱体是纳米 Fe_2S_3，将其在不同温度下进行氢解可得到 $FeS_2(PY)$ 和不同组成的 $Fe_{1-x}(YH)$，该类化合物具有不同的 S/Fe 原子比、不同的 Fe—Fe、S—Fe 键长及不同的 YH/PY 组成的晶格结构，适宜的比例可对煤液化表现出较好的催化作用。而热解化合物的性能可通过热解温度、热解时间和热解气氛进行控制。当 S/Fe 原子比增加时，YH/PY 的比例也随之增加，因而可以制备出具有不同晶格结构及不同掺杂特性的催化剂。

提高煤直接液化催化剂活性是煤直接液化催化剂研究领域的重要研究方向，目前，煤直接液化催化剂的研究取得了一定进展，但仍有诸多问题需要解决。

（1）煤直接液化过程中煤的灰组成对催化剂的活性有一定影响，如 V、Ca、Na、K 等元素，考察各元素对反应的影响规律，为煤直接液化工艺煤种的选择提供更加有力的依据。

（2）大量研究表明 M 催化剂对煤直接液化具有较好的反应效果，但这类高活性催化剂成本较高，添加量高于 500×10^{-6} 就必须对液化残渣中的金属 Mo 进行回收，金属 Mo 的回收必须结合液化残渣的利用方式进行研究。

（3）在石油重质原料加氢处理过程中，非金属元素 B 和 P 等对传统负载型催化剂活性和稳定性的提升作用早有报道，但是 B 和 P 等助剂在煤液化催化剂中对煤液化反应的影响却鲜有研究，有必要深入研究其对催化剂抗聚结性能、加氢性能和抑焦性能的贡献。

（4）煤直接液化是一个非常复杂的催化反应体系，实际的催化剂（活性相）是在反应过程中逐步形成的，与前驱体性质、溶剂组成、过程控制等因素相关，对于不同的原料煤，煤直接液化催化剂在体系中的作用将大不相同。因此，有必要对催化剂的作用机理进行深入研究，有针对性地从工艺过程调控、控制制备条件、组分配伍等方面综合考虑，研究适应特定煤种的专用煤直接液化的催化剂。

3.1.4　煤直接液化工艺

　　煤直接液化工艺是根据煤炭直接液化机理，通过一系列工序和设备的组合，创造液化反应的操作条件，使煤液化反应能连续稳定地进行。煤炭直接液化工艺的开发引起了世界各国的巨大关注，研究开发了许多种煤炭直接液化工艺。虽然开发了多种不同种类的煤炭直接液化工艺，但就基本化学反应而言，它们是非常接近。共同特征都是首先将煤先磨成粉，再和自身产生的液化重油（循环溶剂）配成煤浆，在高温（400~470℃）和高压（10~30MPa）以及催化剂作用下进行加氢和进一步分解，将煤转化成液体产品。各种不同种类的煤直接液化工艺尽管催化剂类型不同，反应器形式不同，固液分离方式不一样，但都包括如图 2-11 所示的 4 个主要工艺单元：①煤浆制备单元：将煤破碎成一定粒度的煤粉，然后与溶剂、催化剂一起制备成均匀的油煤浆；②反应单元：在反应器内在高温高压条件下进行煤直接加氢反应，生成液体物；③分离单元：分离出加氢液化反应生成的气体、液化油和固体残渣。④提质加工单元：对液化油进行加氢精制，进行芳环饱和与脱硫、脱氮等过程，得到合格的汽油、柴油或其他化学等产品（图 3-5）。

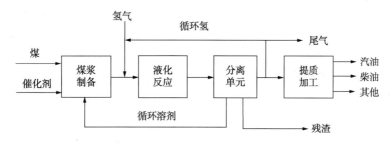

图 3-5　煤直接液化工艺原则流程图

　　从 1913 年德国的柏吉乌斯（Bergius）获得世界上第一个煤直接液化专利以来，煤直接液化工艺一直在不断进步、发展，煤直接液化工艺发展经历了三个阶段的革命性进步，主要特征表现在催化剂、循环溶剂、固液分离和溶剂加工技术方面。

　　第一代煤直接液化工艺是以德国老 IG 工艺为代表，其特点是固液分离采用加压过滤和离心分离，催化剂采用赤泥催化剂。循环溶剂含有固体和难分解的沥青质，因此必须采用十分苛刻的反应条件，如反应压力为 70MPa，反应温度为 470℃。由于循环溶剂没有进行加氢，性质差，导致煤浆浓度较低，反应器有效利用率低。

　　第二代煤直接液化工艺以德国新 IG 工艺为代表，特点是固液分离采用了减压蒸馏的方法，催化剂采用经过研磨处理后的含铁矿物或钴-钼催化剂。由于减压蒸馏制备的循环溶剂不含沥青，溶剂性质大大改善，煤浆浓度提高了，反应条件变缓和了，反应器利用率大大提高。

　　第三代煤直接液化工艺有美国的 HTI 工艺、德国的 IGOR⁺工艺、日本的 NEDOL 工艺、中国神华集团的神华煤液化工艺和煤炭科学研究总院的 CDCL 工艺。这些工艺的特点是催化剂采用高活性的超细高分散铁系催化剂或人工合成高效催化剂，油收率和油品性质得到大大改善。采用减压蒸馏进行固液分离，同时对循环溶剂进行加氢，提高溶剂的供氢性能。因此煤浆浓度进一步提高，反应条件更缓和。由于采用了供氢溶剂，煤浆性质好，可以实现煤浆与高分气相的换热，工艺的热利用率大大提高。

3.1.4.1 国外典型煤直接液化工艺

1. 德国 IGOR⁺工艺

德国是第一个将煤直接液化工艺用于工业化生产的国家，采用的工艺是德国人柏吉乌斯（Bergius）在 1913 年发明的柏吉乌斯法，由德国 I. G. Farbenindustrie（燃料公司）在 1927 年建成的第一套生产装置，所以也称 IG 工艺。IGOR⁺（Integrated Gross Oil Refining）工艺由德国矿业研究院（DMT）、鲁尔煤炭公司（Ruhrkohle AG）和菲巴石油公司（Veba Oil）在 IG 工艺基础上开发而成，该工艺采用赤泥作催化剂，在固定床加氢精制反应器中使用商业化的 Ni-Mo-Al_2O_3催化剂，IGOR⁺工艺流程如图 3-6 所示。

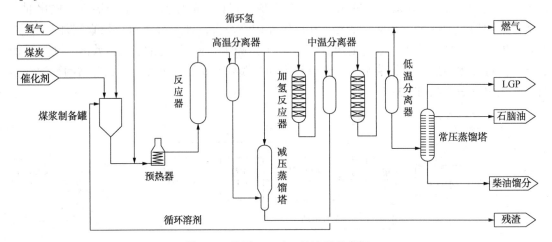

图 3-6 德国 IGOR⁺工艺流程示意图

IGOR⁺工艺的操作条件在现代液化工艺中最为苛刻，适合于烟煤的液化，其工艺特点是：

（1）煤浆固体浓度大于 50%，煤处理能力大，反应器空速可达 0.5h⁻¹（其他煤液化工艺反应器空速一般为 0.2~0.4h⁻¹）。

（2）液化残渣的固液分离采用减压蒸馏方式，设备处理能力增大，操作简单，蒸馏残渣在高温下仍用泵输送至气化炉去气化制氢。

（3）该工艺把循环溶剂加氢和液化油提质加工与煤的直接液化串联在一套高压系统中，避免了其他工艺流程中的物料在降温降压、又升温升压条件下带来的能量损失，并且在固定床催化剂上还能把 CO_2 和 CO 甲烷化，使碳的损失量降低到最低限度，节约了工业示范厂的投资和运营成本。

（4）循环溶剂由老工艺中的重油改为中油与催化加氢重油混合油，不含固体，也基本上不含沥青烯，煤浆黏度大大降低，溶剂的供氢能力增强。

（5）简化了工艺过程和装置，减少了循环油量、气体烃的生成和废水处理量；煤液化油不仅收率高，而且质量好，煤液化油中的 N 和 S 含量能降低到 10^{-5} 数量级。

IGOR⁺工艺在处理烟煤时可得到大于90%的转化率，液收率以无水无灰煤计算为50%～60%。表3-4为IGOR⁺工艺处理德国Prosper烟煤的主要操作参数及产品性质。

表3-4 德国IGOR⁺工艺数据

工艺条件		工艺产率		产品性质		
项目	参数	项目	参数	项目	轻油	中油
反应温度/℃	440～450	烃类气体(C_1～C_4)	19.0	氢/%	13.6	11.9
压力/MPa	30	轻油(C_5～200℃)	25.3	氮/($\mu g/g$)	39	174
干煤空速/[t/($m^3 \cdot h$)]	0.5～0.6	中油(200～325℃)	32.6	氧/($\mu g/g$)	153	84
煤浆固体含量/%	44～54	未反应煤和沥青	22.1	硫/($\mu g/g$)	12	<5
催化剂添加量/%	4～5			密度/(kg/m^3)	772	912

德国矿业研究院(DMT)建立了0.2t/d的IGOR⁺连续试验装置，1981年在Bottrop建设了200t/d规模的工业性试验装置。Bottrop的200t/d工业性试验装置厂从1981年起一直运行到1987年4月，从170000t煤中生产出超过85000t的蒸馏油产品，运转时间累计达22000h。1997年，我国云南先锋褐煤在德国矿业研究院的0.2t/d的装置上进行了液化试验，油收率达到了53%。

2. 日本NEDOL工艺

20世纪70年代中东石油危机以后，日本投入大量人力物力重新开始研究煤的直接液化技术。1973年，通产省实施阳光计划，开始煤炭直接液化的基础研究。1980年，成立了新能源产业技术综合开发机构(NEDO)，从此，日本阳光计划中煤炭直接液化技术开发由日本通商产业省工业技术研究院新阳光计划推进部和新能源产业技术综合开发机构(NEDO)组织并实施。NEDO在日本众多公司煤直接液化技术研究成果的基础上，集中各家工艺的特点优化组合形成了日本烟煤液化工艺(称为NEDOL工艺)，它的液化对象主要是次烟煤和低品质烟煤，NEDOL工艺的确立过程如图3-7所示。

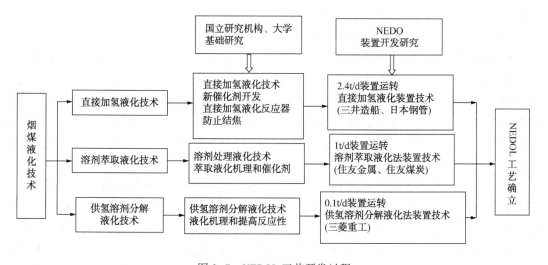

图3-7 NEDOL工艺开发过程

NEDOL 工艺由煤前处理单元、液化反应单元、液化油蒸馏单元以及溶剂加氢单元等 4 个主要单元组成，其工艺流程如图 3-8 所示。

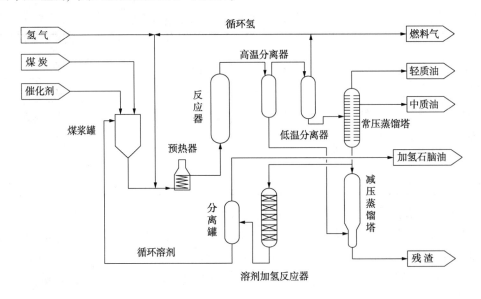

图 3-8　日本 NEDOL 工艺流程示意图

日本 NEDOL 煤直接液化工艺的特点是：

（1）催化剂使用合成硫化铁或天然硫铁矿，价格低廉，降低了煤直接液化的反应成本。

（2）反应条件温和，反应温度为 430～465℃，反应压力为 17～19MPa，煤浆在反应器的表观平均停留时间约为 1h，实际的液相停留时间为 90～150min。

（3）配煤浆用的循环溶剂单独加氢，提高了溶剂的供氢能力，循环溶剂加氢技术来自美国 EDS 工艺。

（4）固液分离采用减压蒸馏的方式，液化粗油含有较多的杂原子，未进行加氢精制，必须加氢提质后才能获得合格产品。

（5）该工艺适用于从次烟煤至煤化程度低的烟煤等多种煤种。

NEDOL 工艺确立后，1983 年在三井造船建立了 0.1t/d BSU（Bench Scale Unit）装置并进行试验运转。1985 年开始在日本新日铁设计建设 1t/d 工艺支持装置（Process Suport Unit），1988 年完成建设，1989 年开始运转。1991 年 10 月由 20 家公司合资的日本煤油株式会社接受 NEDO 的委托开始了 150t/d 的 NEDOL 工艺工业性试验装置（Pilot Plant）的建设，1996 年初完成建设并开始运转。至 1999 年 150t/d PP 装置完成预定的试验计划，2000 年装置全部拆除。

1t/d PSU 在 NEDO 主持下由 PSU 研究中心负责运转研究，对多个国家的典型煤种进行了工艺条件考察试验，部分煤种试验数据见表 3-5。150t/d 的 PP 装置在 NEDO 主持下由日本煤油公司负责运转，在 1997 年和 1998 年的两年间，150t/d PP 对三个煤种（印度尼西亚的 Tanit Harum 煤、美国的 Wyoming 煤和日本的池岛煤）进行了 7 个条件、累计进煤 259d（6200h）的试验，最高液化油收率为 57.8%，在世界 PP 规模装置上达到相当高的水平。

表3-5　NEDOL 工艺 PSU 装置多煤种试验结果　　　　　　　%(daf 煤)

煤　种	中国依兰	中国神华	澳洲 Wandoan	日本太平洋	美国 Illinois 6
氢耗量	5.19	5.33	5.80	5.84	6.28
转化率	99.35	90.00	99.80	96.00	93.60
产物收率					
生成气体	20.76	18.06	15.71	16.52	16.40
生成水	7.86	8.24	11.29	12.28	12.12
产品油	60.59	54.28	55.26	52.55	53.08
残渣	15.98	24.75	23.54	24.49	24.68
合计	105.19	105.33	105.80	105.84	106.28

3. 日本 BCL 工艺(褐煤液化工艺)

日本的褐煤液化工艺(BCL)也由日本的新能源产业技术综合开发机构(NEDO)组织开发。1980 年 11 月，日本政府与澳大利亚政府签订了协议，在澳大利亚实施褐煤直接液化项目，日本 NEDO 将项目委托给日本褐煤液化公司(NBCL)。BCL 工艺主要由煤浆制备和煤浆脱水、一段加氢反应、溶剂脱灰和二段加氢反应四个部分组成，其工艺特点是：①采用两段液化工艺技术，使两个加氢液化工艺都可在缓和的条件下进行，降低了氢耗和设备投资；②采用的煤浆脱水新工艺，能量利用率高，适合高水分褐煤；③通过液化粗油循环和两段液化技术，提高了液化油收率；④在一段加氢反应部分，采用加氢脱灰溶剂的循环，改善了工艺的可操作性；⑤一段反应采用廉价的可弃性铁系催化剂，固定床加氢采用高效镍-钼载体催化剂，提高了煤加氢液化产率；⑥采用溶剂脱灰工艺，提高了液化油收率和整个工艺的操作的可靠性。

日本褐煤液化公司(NBCL)于 1985 年在澳大利亚的 Victoria Morwell 建成了 50t/d 规模的褐煤液化工业性试验装置。1985—1990 年间，共考察和运转了约 60000t 澳大利亚褐煤，充分验证了 BCL 工艺的可行性和可靠性，澳大利亚褐煤液化反应的油收率达到 52.26%，煤转化率达到 97.95%，水产率为 15.7%。BCL 工艺 50t/d 装置于 1990 年 10 月停止运转，1992 年拆除。日本褐煤液化公司还利用 0.1t/d 的实验室连续液化试验装置及相关设备进行了深入的研究和开发，以提高煤炭液化工艺的可靠性、经济性和环境保护效果，该项研究工作一直持续到 1997 年。

日本褐煤液化公司在 50t/d 工业性试验装置成功运转的基础上，对 BCL 工艺进行了技术改进，改进的 BCL 工艺由三部分组成：①煤浆制备、煤浆脱水和热处理；②液化反应和在线加氢反应；③溶剂脱灰。改进后的 BCL 液化工艺流程如图 3-9 所示。

改进的 BCL 工艺与原 BCL 工艺相比，煤浆制备单元在煤浆脱水后增加了煤浆热处理。煤浆制备所用的溶剂由两部分组成，轻质组分和重质组分，称为双峰溶剂。脱水后的煤浆在 300～350℃温度下进行加热，使双峰溶剂中的轻质组分挥发，煤浆浓缩，成为高浓度煤浆，有利于加氢液化，同时，使褐煤中的羧基分解，脱除 CO_x 化合物。

改进的 BCL 工艺液化反应单元采用"多级液化反应"的方法。第一级采用下进料反应器，采用较为温和的反应条件，反应温度 430～450℃，反应压力 15MPa，催化剂为人工合成的 γ-FeOOH。反应产物经高温分离器气液分离后，气相进入第二级上进料固定床反应器；高温分离器底部产物部分直接返回第一级反应器，以减少冷却氢的用量和减轻煤浆预热器的负荷。高温分离器底部剩余产物去溶剂脱灰，溶剂脱灰油与经第二级反应器加氢后的重质油一起作为循环溶剂去制备煤浆。

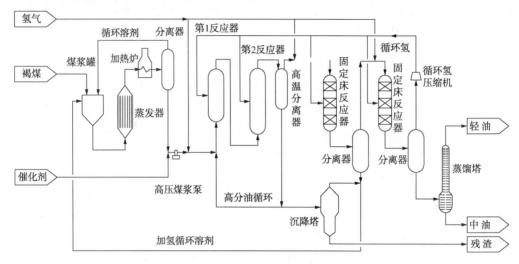

图 3-9　改进后的 BCL 工艺流程图

改进的 BCL 工艺在 BSU 装置的运转表明，油收率有明显的提高。

4. 美国 SRC 工艺

美国的溶剂精炼煤（SRC）法，最早是为了洁净利用美国高硫煤而开发的一种生产以重质燃料油为目的的煤液化转化技术，不外加催化剂，利用煤中自身的黄铁矿将煤转化为低灰低硫的固体燃料（即 SRC），此工艺称为 SRC-Ⅰ，后来增加残渣循环，采用减压蒸馏方法进行固液分离，获得常温下是液体的重质燃料油，这就是 SRC-Ⅱ工艺。

SRC-I 工艺由美国匹兹堡密德威煤炭矿业公司（Pittsburg and Midway Coal Mining Company（P&M））于 20 世纪 60 年代初根据二次大战前德国的 Pott-Broche 工艺的原理开发出来的，目的是由煤生产洁净的固体燃料。SRC-I 工艺在 1965 年建成的 0.5t/d 的装置上得到了验证。1974 年在亚拉巴马州威尔逊镇（Wilsonville）的 6t/d 的工艺开发装置，同时在华盛顿州的刘易斯堡（Fort Lewis）的 50t/d 的工艺放大试验装置。50t/d 的工艺放大试验装置建成后，一直用肯塔基 9 号煤和 14 号煤的混合物为原料，生产能满足美国政府新排放源实施标准（NSPS）的锅炉燃料。

SRC-I 工艺特点是：①不用外加催化剂，利用煤灰自身催化作用；②反应条件温和，反应温度为 400~450℃，反应压力为 10~15MPa，反应停留时间，30~40min；③氢耗低，约为 2%；④固液分离采用过滤和减压蒸馏技术。

美国海湾石油公司（Gulf Oil Corporation）针对 SRC-Ⅰ工艺存在的产品是固体、工艺流程复杂的问题，对 SRC-Ⅰ工艺进行了一些改进，取消了一些加工步骤，如液固分离的过滤、矿物质残留物干燥和产物的固化等，而从煤中制取全馏分低硫液体燃料油，从而开发了 SRC-Ⅱ工艺，其工艺流程如图 3-10 所示。

SRC-Ⅱ工艺主要特点是：①溶解反应器操作条件要苛刻，典型条件是 460℃，14.0MPa，60min 的反应停留时间，轻质产品的产率提高；②气液分离器底部分出的热淤浆一部分循环返回制煤浆，另一部分进减压蒸馏，这样延长了中间产物在反应器内的停留时间，增加了反应深度，而且由于矿物含有硫铁矿，提高了反应器内硫铁矿浓度，相对而言添加了催化剂，有利于加氢反应，增加液体油产率；③产品以液体油为主，氢耗量比 SRC-Ⅰ高一倍；④固体通过减压蒸馏与液化油分离，从减压塔排出的减压蒸馏残渣作为制氢原料，塔顶馏出物为产品液化油。

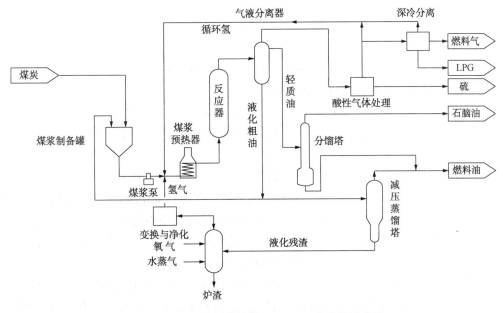

图 3-10　美国溶剂精炼煤 SRC-Ⅱ工艺流程示意图

SRC-Ⅱ工艺存在的问题是由于含灰重质馏分的循环，试验中发现在反应器中矿物质会发生积聚现象，使反应器中固体的浓度增加。另外该工艺是以煤中的矿物质作为催化剂，然而，不同的煤种所含的矿物质组分有所不同，这使得煤种选择受到局限，有时甚至同一煤层中的煤所含的矿物质组分也互不相同，在工艺条件的操作上也带来很大困难。

SRC-Ⅱ工艺在华盛顿州塔科马建设了 50t/d 的 SRC-Ⅱ工艺放大试验装置，并对肯塔基9 号和 14 号煤以及伊利诺斯 6 号煤进行了连续试验。表 3-6 为肯塔基煤在 SRC-Ⅱ工艺放大试验装置的试验结果。表 3-7 为 SRC-Ⅱ工艺放大装置的产物分析结果。

表 3-6　肯塔基煤在 SRC-Ⅱ工艺试验装置的试验结果　　　　　　　　%(daf)

$C_1 \sim C_4$	$C_5 \sim 454℃$	$454℃^+$	未反应煤	灰	H_2S	CO_x	H_2O	氢耗
16.6	43.7	20.2	3.7	9.9	2.3	1.1	7.2	4.7

表 3-7　SRC-Ⅱ工艺放大装置的产物分析结果

	轻　油	中、重油
密度/(g/cm^3)	0.830	1.036
馏程/℃	38~204	204~482
相对分子质量		230
闪点/℃		76
黏度(38℃)/mPa·s		7.67
热值/(MJ/kg)		28.63

续表

	轻　油	中、重油
元素分析/%		
C	84.0	87.0
H	11.5	7.9
S	0.2	0.3
N	0.4	0.9
O	3.9	3.9

5. 美国 CTSL 工艺(催化两段液化工艺)

催化两段液化工艺(CTSL：Catalytic Two-Stage Liquefaction)是美国碳氢化合物研究公司(HRI)和 Wilsonville 煤直接液化中试厂在 H-Coal 单段液化工艺的基础上共同研究开发的煤直接液化工艺技术。

H-Coal 工艺由美国 HRI 于 1963 年在其开发的重油提质加工技术 H-Oil 工艺基础上发展而成的，H-Coal 工艺的最大特点是采用沸腾床三相反应器和条状的 Co-Mo 或 Ni-Mo 氧化铝载体加氢催化剂，沸腾床反应器内部中心设有循环管，底部设有液体循环泵，在反应器上部有溢流盘，将液体收集后通过中心循环管回到底部的循环泵进口，循环泵出口液体与进料煤浆和氢气混合后一起进入反应器底部的分布室，经过分布板产生分布均匀的向上流动的液速，使催化剂床层膨胀，最后达到上下沸腾状态。因此 H-Coal 工艺的反应系统具有等温、物料分布均衡、高效传质和高活性催化剂的特点，有利于加氢液化反应顺利进行，所得产品质量好。

美国 HRI 于 20 世纪 80 年代末和 90 年代初对 H-Coal 工艺进行了优化和改进，增加了一套沸腾床反应器，固液分离采用临界溶剂脱灰装置，比减压蒸馏可回收更多的重质油，从而形成了 CTSL 工艺，其工艺流程如图 3-11 所示。

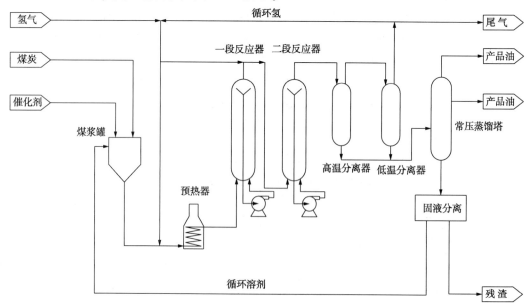

图 3-11　美国 CTSL 工艺流程示意图

CTSL 工艺的主要特点是：①采用两个紧密串联的沸腾床反应器，中间只有一个段间分离器，缩短了一段反应产物在两段间的停留时间，减少了缩合反应的发生，有利于提高产物的轻质化；②反应器内部采用循环流动，强化传质传热，使温度分布均匀；③两个反应器都使用高活性的 Co-Mo 或 Ni-Mo 催化剂，煤转化率和轻质油产率高；④采用 Kerr-McGee 的临界溶剂脱灰技术来提取固体残渣中的油，效率高，分离的液化油灰分含量低，回收率高达80%；⑤部分含固体物溶剂循环，不但减少固液分离装置的物料量，而且使灰浓缩物带出的能量损失由 22%减少至 15%。

CTSL 工艺有很高的液化油产率，缺点是高活性载体催化剂磨损严重，需要定期进行更新，表 3-8 为 CTSL 工艺液化烟煤时产品的典型性质和产率。

表 3-8　CTSL 工艺液化烟煤时产品的典型性质和产率

产率/%(daf)	数　　值	产率/%(daf)	数　　值
$C_1 \sim C_4$	8.6	煤转化率/%(daf)	96.8
$C_4 \sim 272℃$	19.7	>C_4 馏分油质量：	
272℃ ~346℃	36.0	密度/g·cm^{-3}	0.889
346℃ ~402℃	22.2	H/%(daf)	11.73
氢耗/%(daf)	7.9	N/%(daf)	0.25

6. 美国 EDS 工艺

EDS(Exxon Donor Solvent Process)工艺，也被称为埃克森供氢溶剂工艺，是美国 Exxon 公司开发的一种煤炭直接液化工艺。EDS 工艺的基本原理是利用溶剂催化加氢液化技术使煤转化为液体产品，即通过对煤液化自身产生的中、重馏分作为循环溶剂，在特别控制的条件下采用类似于普通催化加氢的方法先对循环溶剂进行加氢，提高了循环溶剂的供氢性。加氢后的循环溶剂在反应过程中释放出活性氢提供给煤的热解自由基碎片，释放出活性氢后的循环溶剂馏分通过再加氢恢复供氢能力。通过对循环溶剂的加氢提高溶剂的供氢能力是 EDS 工艺的关键特征，工艺名称也由此得来，图 3-12 为 EDS 工艺流程图。

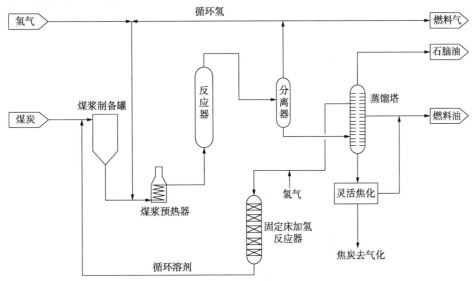

图 3-12　美国 EDS 工艺流程示意图

由图 3-12 可知，EDS 工艺主要由煤浆制备、煤加氢液化反应、液化产物分离、溶剂催化加氢和残渣制氢等工序组成。EDS 工艺主要特点是：①液化反应使用经过专门加氢的溶剂，增加了煤液化产物中的轻馏分产率和过程操作稳定性；②循环溶剂是从液化产物中分出的切割馏分，溶剂加氢和煤加氢液化分开进行，避免了重油、未反应煤和矿物质与高活性的 Ni-Mo 催化剂直接接触，可提高溶剂加氢催化剂的使用寿命；③固液分离采用减压蒸馏的方法；④反应条件比较温和，反应温度为 430~470℃，反应压力为 11~16MPa；⑤全部含有固体的产物去蒸馏，分离为气体燃料、石脑油、其他馏出物和含固体的减压塔底产物，且减压塔底产物在灵活焦化装置中进行焦化气化，液体产率可增加 5%~10%；⑥灵活焦化（Flexicoking）是一种一体化的循环流化床焦化和气化联合操作的反应装置。

EDS 工艺在 0.5t/d 的连续试验装置上确认了该工艺的技术可行性，1975 年 6 月，在 Baytown 建立了 250t/d 的工业性试验厂，完成了工艺的研究开发工作。EDS 工艺和其他液化工艺相比，产油率较低，有大量的前沥青烯和沥青烯未转化为油，可以通过增加煤浆中减压蒸馏的塔底物的循环量来提高液体收率。EDS 工艺典型的总液体收率（包括灵活焦化产生的液体）为：褐煤 36%、次烟煤 38%、烟煤 39%~46%（全部以干基无灰煤为计算基准）。

7. 美国 HTI 工艺

HTI 工艺是美国 HTI 公司在 H-Coal 工艺和 CTSL 工艺（两段催化液化工艺）的基础上，采用悬浮床反应器和在线加氢反应器以及 HTI 拥有专利的铁基催化剂而专门开发的煤直接液化工艺，HTI 煤直接液化工艺流程如图 3-13 所示。

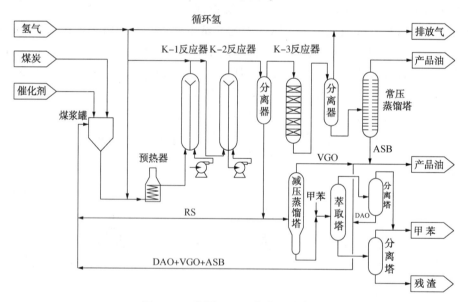

图 3-13　美国 HTI 工艺流程示意图

HTI 工艺主要特点是：①反应条件比较温和，反应温度为 440~450℃，反应压力为 17MPa；②采用两个串联的内循环沸腾床（悬浮床）反应器，达到全返混反应器模式；③催化剂是采用 HTI 专利技术制备的铁系胶状高活性催化剂（GelCat™），用量少；④在高温分离器后面串联有在线加氢固定床反应器，对液化油进行加氢精制；⑤固液分离采用 Kerr-McGee 溶剂抽提工艺，即临界溶剂萃取的方法，从液化残渣中最大限度地回收重质油，提高了液化油收率。

HTI 工艺在 30kg/d 规模的 PDU 装置和 3t/d 的小型中试装置上进行了工艺验证。1998—2002 年，神华集团与美国 HTI 公司签订协议，利用神华上湾煤进行了 HTI 工艺评价试验。试验结果表明，氢耗量一般在 7%~8% 之间，几次试验的转化率在 92%~94% 之间，液化油产率在 65% 以上，说明 HTI 工艺的确是比较先进的技术。但 HTI 工艺有一个明显的缺点，即它采用的催化剂是 HTI 公司的专利催化剂(GelCat)，除了必须向该公司付一定的专利使用费以外，所用原料硫酸铁和钼酸铵的成本也很高。

8. 其他液化工艺

煤直接液化工艺路线众多，上述国外典型工艺基本上都经过了百吨级中试装置的验证，与德国老工艺相比，这些工艺反应条件大大缓和，液化油产率也大有提高。其他国家也相继开发出了多种煤直接液化工艺技术。

英国溶剂萃取煤液化起源于英国煤炭利用研究协会(BCURA)与英国煤炭研究公司(CRE)用煤的萃取方法进行石墨电极生产的研究。直到英国石油公司(BP)引用连续加氢单元后，才转向以生产液体车用燃料的研究。英国溶剂萃取煤液化工艺区别于其他煤直接液化工艺的最主要的特点是增加了热溶解单元，由于溶剂没有加氢过程，对溶剂的数量和质量有较高的要求；采用过滤方法实现固液分离，其过滤效率较低，使得过滤设备庞大；煤浆浓度为 32% 左右，而其他煤直接液化工艺的煤浆浓度为 40%~50%。该工艺与其他煤直接液化工艺相比没有明显的优势，相反却有许多不足的方面，如工艺相对复杂、过滤设备庞大等。

苏联在 70~80 年代对煤炭直接液化技术进行了十分广泛的研究，开发出了低压(6~10MPa)煤直接液化工艺，1987 年在图拉州建成了日处理煤炭 5~10t 的中试装置。俄罗斯低压液化工艺采用高活性的乳化钼催化剂，并掌握了 Mo 的回收技术，可使 95%~97% 的 Mo 得以回收再使用。该工艺对煤种的要求较高，最适合于灰分低于 10%、惰性组分含量低于 5%，反射率在 0.4%~0.75% 之间的年轻高活性未氧化煤，而且对煤中灰的化学成分也有较高的要求。俄罗斯低压液化工艺之所以能在较低压力(6~10MPa)和较低温度(425~435℃)下实现煤的有效液化，主要取决于煤的品质和催化剂。

美国的 Consolidation Coal Company 在美国政府的资助下开发了熔融氯化锌催化液化工艺。氯化锌催化液化工艺使用熔融氯化锌作催化剂，一步即可直接得到高产率的而且辛烷值大于 90 的汽油产品。熔融氯化锌催化液化工艺具有反应速度快、产品中汽油馏分收率高、气产率低、异构烷烃含量高、汽油不必深加工辛烷值即可达 90(RON)等特点。但由于氯化锌在体系中和其他易形成高腐蚀性的氯化物，金属材料的耐腐问题是很大问题，如能解决材料的耐腐问题，本工艺有显著的经济性。

3.1.4.2 国内典型煤直接液化工艺

1. 神华煤液化工艺

2000 年左右，我国的神华集团在充分消化吸收国外现有煤直接液化工艺的基础上，利用先进工程技术，经过工艺开发创新，依靠自身技术力量，形成了具有自主知识产权的神华煤直接液化工艺。神华液化工艺包括备煤、催化剂制备、煤液化、溶剂加氢稳定、加氢改质等部分，工艺流程如图 3-14 所示。

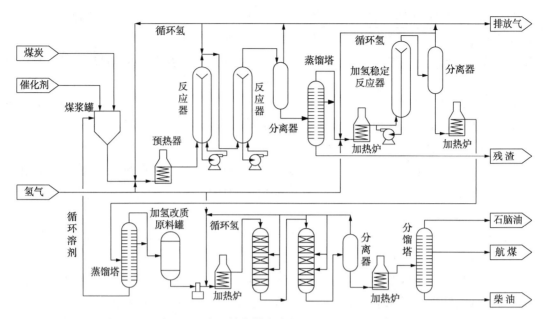

图 3-14　中国神华煤直接液化工艺流程示意图

神华煤直接液化工艺主要特点是：①采用超细水合氧化铁（FeOOH）作为液化催化剂，该催化剂以部分液化原料煤为载体，粒径小、催化活性高；②采用预加氢的供氢溶剂作为循环溶剂，供氢性能强，既能提高煤液化过程的转化率和油收率，而且可以制备出 45%~50% 流动性好的高浓度油煤浆；③液化反应器采用强制循环悬浮床反应器，反应器轴向温度分布均匀，反应温度容易控制，反应器气体滞留系数低，液相利用率高，而且物料在液化反应器中有较高的液速，能有效阻止固体物料的沉积；④固液分离采用减压蒸馏，减压蒸馏馏出物中几乎不含沥青；⑤采用循环溶剂加氢和高活性催化剂，液化反应条件缓和，反应温度为 455℃，反应压力为 19MPa。

神华煤直接液化工艺是世界上第一个完成了从实验室小试（BSU）、中试（PDU）直至百万吨级工业示范装置完整开发过程的煤液化技术。神华集团自 2002 年 7 月开始，对设在煤炭科学研究总院的 0.12t/d 煤直接液化连续试验装置按照神华煤直接液化工艺进行改造，在改造后的装置上进行了 10 余次工艺条件考察试验，考察了催化剂、温度、煤质、不同停留时间对煤液化效果的影响。2004 年 10 月，神华集团在上海建成了 6t/d 神华直接液化工艺验证装置（PDU），进行了 5 次投煤试验，充分验证了神华煤直接液化工艺的可行性和可靠性。

神华 PDU 装置的蒸馏油收率达到 56%~58%，转化率 90%~92%，气产率约 12%~14%，水产率 11%~13%，氢耗量 5%~7%。2008 年，神华建成了单系列处理干煤量为 6000t/d 的百万吨级煤直接液化示范装置，并于同年 12 月 30 日，进行了第一次投煤试车试验，打通了全部生产流程，顺利实现油渣成型，产出合格的柴油和石脑油。这标志着我国成为世界上唯一实现百万吨级煤直接液化关键技术的国家。

2. CDCL 工艺

煤炭科学研究总院在 2003 年开发了一种逆流、环流和溶剂在线加氢反应器串联的煤直接加氢液化工艺（CDCL 工艺），该工艺将逆流反应器和环流反应器串联于煤加氢液化工艺中，同时将溶剂加氢和液化油稳定加氢串联到煤加氢液化中，生成的油直接进入在线加氢反应器，难于液化的煤和重油进入环流反应器继续加氢液化(图3-15)。

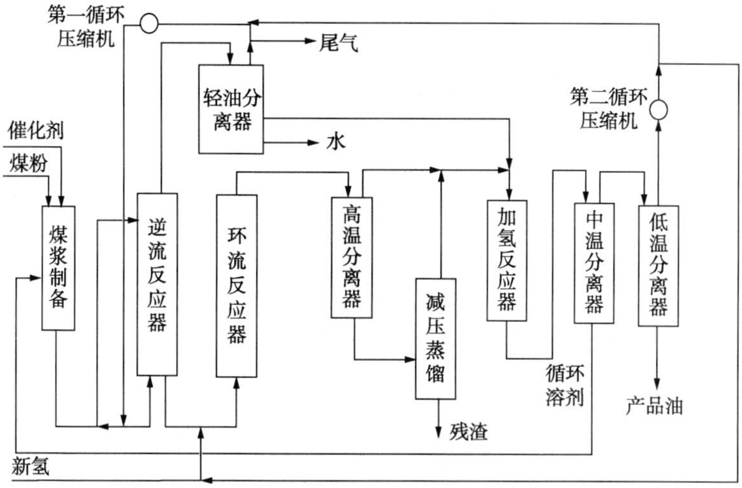

图3-15 煤炭科学研究总院直接液化工艺(CDCL工艺)流程示意图

煤炭科学研究总院CDCL工艺的主要特点是：①采用两个循环氢回路，第一循环氢回路以逆流反应器为中心，氢浓度较低，第二循环氢回路以环流反应器为中心，氢浓度较高，为75%~95%；②逆流反应器中生成的水经过第一高温分离器后，很快离开煤液化反应系统，大大减少了进入在线加氢反应器中物料的含水量，保护了催化剂，从而使在线加氢反应器能长时间稳定运转；③液化生成油采用在线加氢，避免了降压和升压的过程，减少了能耗；④通过采用逆流、环流、在线加氢反应器串联，能同时满足煤液化反应的轻质液化产品在反应器停留时间较短，难液化煤和重质液化油在反应器停留时间较长并与气相氢有较高的传质速率和较长反应时间的要求，提高了煤液化反应效率，液化油收率高。

煤炭科学研究总院CDCL煤直接液化工艺可有效提高煤液化的反应效率，油收率达到60.5%，高于传统液化工艺4~5个百分点。

3. BCICC工艺

煤炭科学研究总院利用承担的国家863计划和国家科技支撑课题，在悬浮床反应器和煤液化复合型催化剂研究的基础上，开发出了BRICC煤直接液化工艺。该工艺技术是一种大循环工艺技术(图3-16)，该技术采用第二煤液化反应器出口的高温物料和第一反应器入口的低温物料混合，实现了热能的有效利用。

BRICC煤液化工艺的主要特点是：①采用复合型非均相悬浮床煤液化催化剂，制备方法简单、环保，价格低廉，具有较好的加氢活性，催化剂可多次再生循环使用；②第二煤液化反应器出口的高温物料和第一反应器入口的低温物料混合，实现了热能的有效利用；③固液分离采用减压蒸馏方式，循环溶剂进行了加氢提质，降低了液化反应系统的操作难度；④采用两台串联的液化反应器，两台反应器共用一台循环泵，物料在两个反应器间循环，可有效增加两个反应器内液相轴向流速，避免固体颗粒在反应器内的沉积，保证液化装置长期稳定运转。

BRICC煤液化工艺在0.1t/d的BSU装置上进行了多煤种长周期的连续试验，试验结果表明，该工艺技术催化剂成本低，煤转化率和油收率比较高，反应器不易沉积，具有广泛的工业化应用前景。

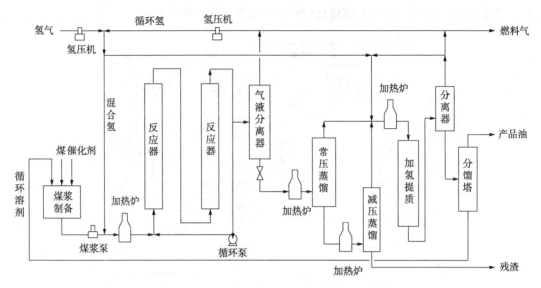

图 3-16　BRICC 直接液化工艺流程示意图

3.1.5　煤直接液化装置及设备

煤直接液化是在高压、临氢和较高温度下的加氢过程，所以对工艺过程中使用的装置及设备必须具有耐高压及临氢条件下的耐氢腐蚀等性能。此外，直接液化工艺过程中的物料含有煤、催化剂等固体颗粒，这些固体颗粒会在设备和管路中造成沉积、磨损和冲刷等问题，且会使密封和装置平稳运行更加困难，这些都给煤直接液化设备赋予特殊的要求。煤直接液化关键设备主要有高压煤浆泵、煤浆预热器、液化反应器、气液分离器、高压差减压阀等设备。

1. 高压煤浆泵

高压煤浆泵的作用是把煤浆从常压送入高压液化反应系统内，除了有压力要求外，还必须达到所要求的流量。煤浆泵一般选用往复式高压柱塞泵，小流量可用单柱塞或双柱塞，大流量情况下要用多柱塞并联。柱塞材料必须选用高硬度的耐磨材料。还可以向柱塞根部注入少量密封油（通常用循环溶剂）的方式将煤浆与柱塞隔开，避免了煤浆对柱塞的磨损。

有一种隔离泵将柱塞与泵头分开，中间用管道连接，连接管内充满隔离液体。可防止固体颗粒进入密封盘根部位而大大减少了盘根的磨损，同时还可以降低密封盘根部位的温度，从而可延长高压煤浆泵的无故障运转时间。但这种泵的体积效率（输送液体体积/柱塞运动体积）较低。

高压煤浆泵的进出口煤浆止逆阀的结构形式一般采用两个串联的圆球止逆阀结构，材料与结构必须适应煤浆中固体颗粒的沉积和磨损。由于柱塞在往复运动时内部为高压而外部为常压，因此密封很重要，一般采用中间有油压保护的填料密封。

2. 煤浆预热器

煤浆预热器的主要作用是将煤浆和氢气的温度加热至接近液化反应的温度，也就是液化反应器入口的温度。煤浆在预热器内的升温幅度达 300℃ 左右，小型直接液化装置的煤浆预热器一般采用电加热炉，大中型液化装置的煤浆预热器采用燃气加热炉。

煤浆在预热器升温过程中的黏度变化很大，可将煤浆的升温过程划分为三个阶段。在第一阶段，煤浆刚刚进入预热器，煤粉颗粒尚未溶解，可以把煤浆-氢气混合物看作是两组分两相牛顿型流体，温度升高时，黏度平稳下降；当黏度达到最低值时，此阶段结束，此时，各组分的流速实际上无大变化，两相流体流动为涡流-层流或层流-层流。煤浆黏度达到最低值后，开始进入第二阶段，在这一阶段主要发生煤粒聚结和膨胀，并发生溶解，导致煤浆黏度急剧增大，达最大值，且能保持一段不变，成为非牛顿型流体，其流体流动多为层流；煤浆黏度急剧增大的原因是由于煤颗粒发生了膨胀、塑化而使煤浆成了胶状体。在第三阶段，随着温度的进一步升高，胶状体开始发生化学变化，煤颗粒发生了分解，产生的自由基分散在溶剂中，并被溶剂供氢，煤浆黏度急剧下降；在预热器出口前，温度升高黏度平缓下降，此时物料混合物也是非牛顿型流体。

在设计煤浆预热器时，必须要了解煤浆在预热器内的流体流动情况，尤其是在加热情况下的流体力学。黏度是煤浆在预热器中的重要流动性质，计算压力降、传热、容含量等都要用到煤浆黏度值，同时煤浆黏度也影响到流体力学性质及输送等问题。影响煤浆黏度的主要工艺参数有煤粉浓度、溶剂性质、剪切速率、煤的类型等。煤种不同，煤浆的黏温特性也会不同，烟煤加热时，煤粒发生聚结、膨胀，因而出现胶体区。但是，有的次烟煤尤其是褐煤，因为煤粒不发生聚结和膨胀，没有胶状体出现，因而不会出现黏度峰，其黏度随温度增高而下降。

煤浆加热炉是常用的煤浆预热器，在使用上具有如下特点：①管内被加热的是易燃、易爆的氢气和有机物，危险性大；②加热方式一般为直接受热式，使用条件很苛刻；③必须不间断地提供工艺过程所需的热源；④所需热源是依靠电源或燃料在炉膛内燃烧时所产生的高火焰和烟气来获得。

加热炉的炉型选择是加热炉设计者和使用者最为关心的问题之一。选择炉型时，需要考虑诸多方面的因素，如液化装置的工艺特点与处理能力，还要考虑基本建设投资、操作费用、维护与检修、占地面积等因素。用于煤浆加热的主要炉型有箱式炉、圆筒炉和阶梯炉，且以箱式炉居多。

在箱式炉中，对于辐射炉管布置方式有立管和卧管排列两类，大部分采用卧管排列方式，这是因为管内流体为煤浆和氢气的混合物料，只要管内混合物料流速足够大，卧管排列就不会发生气液分层流。当采用立管排列时，每根炉管都要通过高温区，这对于两相流来说，当传热强度过高时很容易引起局部过热、结焦现象。而卧管排列就不会使每根炉管都通过高温区，可以区别对待。

对煤浆加热炉来说，在煤浆的高黏度阶段，传热系数有较大幅度降低，如果那时的传热强度过高，即炉壁温度过高，会造成在煤浆在炉管内壁处局部温度过高而结焦。这是煤浆加热炉设计和运行中必须注意的问题。解决的办法除了传热强度不宜过高外，煤浆在管内的流动状态一定是湍流。对于大规模生产装置，煤浆加热炉的炉管需要并联，此时，为了保证每一支路中的流量一致，最好每一路炉管配一台高压煤浆泵。大型工业化生产装置的煤浆加热炉总热负荷高达20MW以上，为了缩短加热炉管的长度和减少压力降，在低温段需要高的传热强度，但在高温段，为了防止结焦，又必须严格控制传热强度。

3. 直接液化反应器

直接液化反应器是煤直接液化工艺的核心设备，它处理的物料包括气相氢、液相溶剂、少量的催化剂和固体煤粉，物料固体含量高，煤浆浓度为40%~50%，属于高固含量的浆态物料；而在反应条件下，气、液体积流量之比为8~13。这种高固含率和高气液操作比使得煤直接液化反应体系成为一个复杂的多相流动体系。一般来说，煤液化反应器的操作条件都是高温、高压。煤液化工艺不同，相应的操作条件也不同，一般煤直接液化反应器的操作条件见表3-9。

表3-9　煤液化反应器的操作条件

操作参数	单　位	数　值	操作参数	单　位	数　值
压力	MPa	15~30	停留时间	h	1~2
温度	℃	440~465	气含率		0.1~0.5
气液比	标态(V/V)	700~1000	进出料方式	下部进料、上部出料	

在煤液化反应器内进行着复杂的化学反应过程，主要有煤的热解反应和热解产物的加氢反应，前者是吸热反应，后者是强放热反应，而总的热效应是放热反应。因此对反应器温度的要严格控制，低于正常温度则反应不完全，其未反应的生煤将进入后续单元，给后续单元造成更大的操作负荷和难度；而反应温度过高，则容易使液化油汽化，导致操作不稳定，油收率降低；反应温度过高也容易导致反应器结焦，减少了反应器的有效体积和物料在反应器内的停留时间，更严重的是还能导致反应的中断。

煤直接液化反应器在实践中应用时，必须考虑以下几个因素：

(1) 保证足够的反应时间，主要是液相停留时间，为此，反应器内气含率不能太高。

(2) 有足够的液相上升速度，目的是防止煤粉颗粒的沉降。

(3) 保证足够的传质速率，这就需要有足够和均匀的气含率及气、液湍流程度。

(4) 有合理的反应热移出手段，这样可以灵敏地控制反应温度，防止反应器飞温。

在煤液化反应器的操作过程中，经常出现以下几个问题：①飞温，当反应器温度控制不好时，反应器内温度就会急剧上升，失去控制，这就是所谓的"飞温"现象，应当尽量避免这种现象的发生；②固体颗粒的沉积，当反应器内液相上升速度低时，就会产生煤粉及无机颗粒的沉积，沉积不仅能导致反应器内部物料的堵塞，还会因局部反应剧烈而产生飞温现象；③结焦，当反应器内液体流动有死区、煤浆溅上气体空腔壁或飞温超过470℃时缩聚反应成为主要反应时，反应器内就会产生结焦，结焦严重时会导致反应器无法进行正常操作。为了尽量减少以上异常情况的发生，除严格遵守操作规程外，增加反应器的操作弹性也是很有必要的。

自从1913年德国的Bergius发明煤直接液化技术以来，德国、美国、日本、苏联等国家已经相继开发了几十种煤液化工艺，所采用反应器的结构也各不相同。总的来说，迄今为止，经过中试和小规模工业化的反应器主要有三种类型：鼓泡床反应器、强制循环悬浮床反应器、环流反应器。

1）鼓泡床反应器

鼓泡床反应器具有良好的传热、传质、相间充分接触与高效率的可连续操作特性，且广泛应用于有机化工、煤化工、生物化工、环境工程等生产过程。鼓泡床反应器结构简单，其外形为细长的圆筒，其长径比一般为18~30，里面除必要的管道进出口外，无其他多余的构件。为达到的足够的停留时间，同时有利于物料的混合和反应器的制造，通常用几个反应器串联。氢气和煤浆从反应器底部进入，反应后的物料从上部排出。由于反应器内物料的流动形式为平推流(也就是活塞流)，理论上完全排除了返混现象，实际应用中大直径的鼓泡床反应器液相有轻微的返混，因此也有称这种反应器为活塞流反应器。如图 3-17 和图 3-18 分别是日本液化工艺和德国液化工艺鼓泡床反应器示意图，它们是典型的液化鼓泡床反应器。

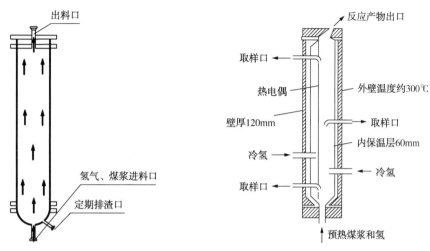

图 3-17 日本 NEDOL 工艺反应器　　　　图 3-18 德国 IG 工艺反应器

德国在二战前的工艺(IG)和新工艺(IGOR)、日本的 NEDOL 工艺、美国的 SRC 和 EDS 以及俄罗斯的低压加氢工艺等都采用了这种反应器。相对而言它是三种反应器中最为成熟的一种。

日本新能源开发机构组织了 10 家公司合作，开发了 NEDOL 液化工艺，在日本鹿岛建成了 150t/d 中试厂。该厂于 1996 年 7 月投入运行，至 1998 年完成了 1 个印尼煤种和 1 个日本煤种的连续运行试验。NEDOL 工艺反应器底部为半球形，由于长期运转后，反应器底部有大颗粒的沉积现象，因此反应器底部设有定期排渣口，定期排除沉积物。

德国 IG 公司二战前通过工业试验发现，用某些褐煤做液化试验时，第一反应器运行几个星期后，反应器就会因为堵塞而停下来，里面积聚了大量的 2~4mm 的固体。经过分析，发现固体主要是矿物质，而没有新鲜煤，后来他们在反应器的圆锥底部进料口的旁边安装了排渣口，才解决了堵塞问题。另外也发现，鼓泡床反应器内影响流体流动的内构件，特别是其形状易截留固体的构件越少，反应器操作就越平稳。因此，工业化鼓泡床反应器实际上是空筒。

鼓泡床反应器内部构件少，气含率高，有足够的气液传质速度，而且比较成熟，风险小。缺点主要有两个：第一是液相速度偏低，接近或低于颗粒沉降速度，使反应器内固体浓度较高，长时间运转会出现固体沉降问题，需要定期排渣；第二是由于流体动力的限制，它的生产规模不能太大，一般认为，它的最大煤处理量为 2500t/d。

2) 强制循环悬浮床反应器

这种反应器由于内部有循环杯，并带有循环泵，因此称为强制循环悬浮床反应器。应用这种反应器的煤液化工艺主要有美国的 H-Coal 工艺、HTI 液化工艺、中国神华煤液化工艺等。由于 H-Coal 工艺反应器内催化剂呈沸腾状态，因此有人也称之为沸腾床反应器。图 3-19 是 H-Coal 工艺反应器结构图，图 3-20 是中国神华煤液化工艺反应器结构图。

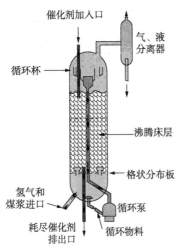

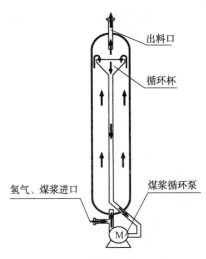

图 3-19 H-coal 工艺反应器   图 3-20 神华工艺反应器

美国 HRI 公司(HTI 公司的前身)借用 H-Oil 重油加氢反应器的经验将其用于 H-Coal 煤液化工艺，使用 Co/Mo 催化剂，只要催化剂不粉化，它就呈沸腾状态保持在床层内，不会随煤浆流出，这样就解决了煤炭液化过去只能用一次性铁催化剂，及不能用高活性催化剂的难题。为了保证固体颗粒处于流化状态，底部可用机械搅拌或循环泵协助。另外，为保证催化剂的数量和质量，一方面要排出部分催化剂再生，另一方面要补充一定量的新催化剂。

HRI 公司采用图 3-19 所示的强制悬浮床反应器建立了 220t/d 的中试装置，反应器直径 1.5m，高约 10m。该装置第一次投煤试验是 1980 年 5 月，用的是 Kentucky 11#煤，由于其他设备出了故障，只运行 19h 便停了下来。经过改造后该装置于 1981 年和 1982 年间又进行了几次试验，采用的煤种是 Illinois 6#煤，最长运行时间是 132 天，成效显著。在中试试验的同时，HRI 公司与 Bechtel 工程公司等合作进行了 2500t/d 工业示范装置的设计。

中国神华集团借鉴美国 HTI 液化工艺反应器，开发了神华煤液化反应器，也有人称这种反应器为外循环全返混反应器。采用循环泵外循环方式增加循环比，以保证在一定的反应器容积下，达到一个满意的生产能力和液化效果。这种反应器采用煤炭科学研究总院开发的"863"高效催化剂，催化剂与煤浆一起从反应器底部加入，然后和反应后的物料一起从反应器上部排出。神化集团于 2004 年采用这种反应器在上海建立了 6t/d 规模的液化中试装置，2 个反应器串联。神华集团在内蒙古建设的煤直接液化工业示范装置采用的正是这种反应器，规模达到 6000t 煤/d，2 个反应器的直径均为 4.34m，高度分别为 41m 和 43m。这种反应器生产能力大，气体滞留少，不容易形成大颗粒沉积物。

强制循环悬浮床反应器优点是液相速度高，克服了颗粒沉降问题。气含率低于鼓泡床，达到了比较适中的数值，既保证了传质速度，又增加了液相停留时间。另外，由于有大量高温循环物料与新鲜进料的混合，使反应热可以通过降低进料温度的办法移出。该反应器的缺点必须配备能在高温高压条件下运行的循环泵，以及反应器顶部必须有提供气液分离的空间及构件。这样就不仅使反应器内部构件复杂化，而且反应器的气液比不能过高，否则气液分离不完全，容易引起循环泵抽空等一系列问题。

3）环流反应器

环流反应器是在鼓泡床反应器的基础上发展起来的一种高效多相反应器，具有结构简单、传质性能好、易于工程放大的特点，在化学工程和其他相关领域中有广泛的应用。环流反应器形式多样，种类繁多，其中气升式内环流反应器是常用的一种。这种反应器利用进料气体在液体中的相对上升运动，产生对液体的曳力，使液体也向上运动，或者说利用导流筒内外的气含率不同而引起的压强差，使液体产生循环运动。图 3-21 和图 3-22 是气升式内环流的两种类型，一种是中心进料，另一种是环隙进料。

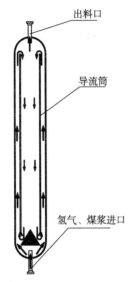

图 3-21   中心进料环流反应器

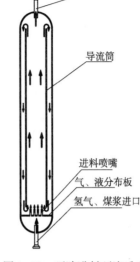

图 3-22   环隙进料环流反应器

对于煤液化而言，环流反应器是一种新型的反应器。煤炭科学研究院北京煤化工研究分院 2005 年建立了一套加压下的环流反应器冷模试验装置，并进行了多次流体力学试验，然后在试验基础上建立了环流反应器流体力学数学模型。冷模试验数据和数学模型计算结果表明，环流反应器的液体线速度达到 0.2~0.5m/s，气含率介于鼓泡床和循环悬浮床之间，因此环流反应器应用于煤液化反应体系是完全可行的。

2007 年 12 月，煤炭科学研究总院联合神华集团对 6t/d 的煤液化装置进行改造，将 2 个串联的反应器中的第一个反应器改造成大致结构如图 3-21 所示的环流反应器，第二个反应器仍然是强制循环悬浮床反应器。在和两个反应器都是悬浮床相同的试验条件下进行了将近一个月的投煤试验，环流反应器试验结果与强制循环悬浮床反应器的试验结果对比见表 3-10。

表 3-10   环流与强制循环试验结果对比   %(daf)

第一反应器操作模式	强 制 循 环	环 流
实际油收率(含 C_{4+})	49.08	48.37
水	10.83	11.65
$C_1 - C_3$	6.67	6.96
CO_x	2.57	2.08
H_2S	0.15	0.17
气产率	9.39	9.21
H_2 耗	4.21	4.26
转化率	85.19	87.95

从表 3-10 可看出环流反应器煤转化率略高一些，但油收率略低于强制循环反应器，而总的来说差别不大。试验从工业实践上证明了环流反应器应用于煤炭直接液化体系的可行性，但在放大设计、优化设计及理论研究方面仍需要做进一步的深入研究。

环流反应器的主要优点是反应器内流体定向流动，环流液速较快，实现了全返混模式，而且不会发生固体颗粒的沉积；气体在其停留时间内所通过的路径长，气体分布更均匀，单位反应器体积的气泡比表面积大，因此相间接触好，传质系数也较大。它与强制循环悬浮床反应器比，省去了循环泵和复杂的内构件，减少了操作费用和因循环泵故障而引起的运转风险。因此环流反应器在煤液化领域具有光明的应用前景，应得到足够的重视。

4. 气液分离器

从煤直接液化反应器出来的反应产物包含气、液、固三相，需要进行气液分离。经过气液分离后的气相作为循环氢重复使用或作为废气排出液化系统，分离后的液固混合物经过减压后，再进入后续的蒸馏系统或过滤系统进行液固分离。气液分离器是煤直接液化工艺的关键设备之一，具体工艺不同，分离器的数量和连接形式也不同，一般分为高温分离器和低温分离器两种。

在高温气液分离器中，气态和蒸汽态的烃类化合物与由未反应煤、灰分和固体催化剂组成的固体物和凝缩液体分开。在高温气液分离器中，分离过程是在高温（390~460℃）下进行的。反应产物在分离器中进行分离过程的同时还进行着各种化学过程，其中包括影响设备操作的结焦过程。在氢气不足、温度很高和液固长时间停留在气液分离器底部的条件下就会发生结焦，结焦物会沉积在分离器底部，使分离器的容积减少，造成液面控制困难，并堵塞分离器的底部出口。随着温度的降低，结焦的危险性就会减少，因此在高温分离器中，温度一般比反应器低 10~30℃。

气体和蒸汽从分离器的顶端引出，聚集在锥形分离器底部的液体和残渣进入后续的液固分离单元。为了防止在液固混合物排出时漏气泄压，在分离器底部需要维持一定的液面。分离器的主要由高压筒、顶盖和底盖、保护套、物料引入管、底部保温套和液面测量系统组成。在某些结构的分离器中，高温分离器中的反应产物用通过冷却蛇管的冷氢来冷却，也有直接将冷气打入分离器的底部来进行冷却的。

从高温分离器顶部出来的气相进入低温分离器继续进行进一步的气液分离，低温分离器的分离温度一般为 40~50℃。低温分离器也是一种高压容器，主要由高压筒、顶盖和底盖、气体引出管、液体引出管等组成。

5. 高压差减压阀

煤液化减压阀是煤直接液化系统的关键设备，用于高压分离器的液位调节和反应产物的节流降压。煤直接液化是在高温高压下进行的加氢反应，液化反应产物需从高压减压到常压后进行固液分离，减压阀前后的压差达到 19MPa。由于物料中含有 30% 的固体颗粒，因而对阀的冲刷非常严重。减压阀的运行工况具有温度高、压差大、含固量高的特点，对于煤液化减压系统的苛刻条件和长寿命的运行条件，常规的减压阀难以适合这些要求，容易存在严重的空化、空蚀和冲蚀磨损。在气+液或液+固二相流介质的高压、大压差、小流量调节阀的设计制造方面，人们一直在探索。

煤直接液化装置的高压分离器底部出料时压力差很大，阀门间隙处的流速很高，并且物料中含有煤中矿物质及催化剂等固体物质。所以排料时对阀芯和阀座的磨蚀相当严重。因此减压阀的寿命成了液化装置的一个至关重要的问题。

为此，高压煤浆减压阀的结构应有如下特殊功能，使磨损降低到最低限度。

（1）有一个较长的耐冲刷的进口，最低限度减少湍流和磨损，还要尽可能减小流体进入阀芯和阀座间隙时的冲击角。

（2）阀座具有长的节流孔道，最大限度减缓液相的蒸发，以防止气蚀。

（3）出口直接接到膨胀管和大容积的容器中，以消耗流体的能量，出口流体最好直接冲到液体池中。

（4）减压阀的材料应采用耐磨耐高温的硬质材料，如碳化钨、金刚石等。

煤液化减压阀用于对高压分离器内的煤直接液化反应产物进行节流降压，并调节下泄流量，维持热高分液位稳定。当高温高压油煤浆被节流时，挥化性强的烃组分发生空化，导致了气-液-固三相混合的高速流动，极易导致阀门的失效。克服高压差减压阀的服役寿命短是煤直接液化装置的一个主要工程问题。

Charles综述了煤液化中试装置中的高压差减压阀及其磨损、空化问题，认为可以通过两种技术手段减少阀门空蚀：①通过多级减压消除阀门内的空化；②将空化限制在远离壁面的流体区域，避免空蚀的发生。Krishnan总结了美国四个主要煤直接液化试验装置的高压差减压阀的使用经验与建议。应用于处理能力6t/d的SRC-Ⅰ装置的减压阀经过材料升级（升级为Kennamental公司的K703碳化钨）和结构优化，使用寿命从2000h提高到4000h；处理能力50t/d的SRC-Ⅱ煤直接液化装置通过两个减压阀进行分级减压，典型寿命为2500h，而阀芯材料是影响阀芯寿命的最大因素。在Texas州Baytown的处理能力250t/d的EDS装置采用Kieley-Muller流线型角阀，这种阀的构造为阀针的锥度随流动方向逐步变大，阀座做成带锥度的长孔。阀的安装方位是垂直安装，侧面进料，向下出料，垂直进入一个锥形接收罐，接收罐内表面涂有纤维增强的耐热镍基合金（Refractory），让高速流体直接冲入接收罐内的液体中。有2个并联的减压阀，没有旁路截止阀。全部压降仅通过1个阀，阀后没有节流孔。在伊利诺伊州6号煤的实验中成功运转了3264h，而在怀俄明州煤的试验中阀芯仅运行了800h就损伤至消失。处理能力600t/d的H-Coal装置采用两级减压，并对多种阀门进行了测试，最长服役寿命为1300h。日本新能源产业技术综合开发机构（NEDO）开发的煤液化减压阀的耐磨部件采用合成金刚石和碳化钨，在150t/d的工业性试验装置上最长运行1000h。

神华集团的世界首套煤制油工业示范装置采用德国SCHUF厂家专门设计高压差减压阀，采用碳化钨阀芯和阀座，阀体内部使用碳化钨衬套，快开特性阀芯。原设计采用Moeller PLC控制，脉冲控制方案，在试车过程中发现存在分离器液化控制困难、阀芯阀座易损坏、使用寿命短等问题。神华集团联合国内减压阀相关厂家，开展了不锈钢阀芯制造、碳化钨阀座制造、不锈钢激光堆焊WC、以及阀芯焊接安装一体化研究工作。设计较为合理的阀座和限流孔的直径和形状，增加阀座磨损面积，以及采用合适的孔径，并增加限流孔板通道长度，让物流在孔道尾部气化。改变阀杆密封结构，采用双重密封，一旦第一重密封破坏能够及时安全更换。采用完全线性控制，并能在异常情况下有较大的流量操作弹性，选择复合材料的阀座和阀针。优化设计后采用国产零件组装的减压阀累计使用时间，由原进口备件的50h，达到了目前的1500h以上。同时使该项目研究开发的高压差减压阀，整体连续使用寿命达到世界先进水平，远远超过了预期目标。

目前，针对煤液化减压阀的研究主要集中于材料升级、表面硬化工艺和颗粒冲蚀磨损分析等方面，而阀门内部的空化流动影响和空蚀机理方面的研究较少。且煤液化减压阀工作环境为高温高压工况，无法通过实验准确捕捉其空化状态。因此，采用计算流体力学的方法获取煤液化高压差减压阀内部的空化流场信息，进而基于流场分析实现减压阀的空蚀预测与运行优化非常必要。

3.1.6　国内工业化现状

国外煤直接液化工艺技术种类众多，这些技术虽然经过长期发展，但多数为小型实验装置；尽管少部分煤直接液化技术建立了工业性试验装置或工艺开发装置，但大规模工业化生产仍然缺乏经验。目前，国外没有商业化的煤直接液化工业示范装置。我国的石油资源缺乏，为了缓解大量石油进口对国家安全构成的威胁，国家将煤液化确定为替代石油的手段之一。

1997 年，神华集团提出采用世界先进技术，建设煤炭液化示范项目，作为替代能源的设想，该计划得到国家的大力支持。1998 年国务院将大约 110 亿元的"煤代油基金"划拨给神华集团。此后神华集团用 3 年时间，对煤样进行煤液化试验，对世界三大煤直接液化技术（美国 HTI 工艺、德国 IGOR 工艺和日本 NEDOL 工艺）进行对比；同时开展了技术调研。2000 年左右，神华集团初步决定采用美国 HTI 煤直接液化工艺，并对工艺流程进行改进。2001 年左右，神华集团在充分消化吸收国外现有煤直接液化技术基础上，联合国内研究机构，完全依靠自己的技术力量成功开发出了具有自主知识产权的神华煤直接液化工艺技术。2002 年 7 月，神华集团开始对设在煤炭科学研究总院的 0.12t/d 煤直接液化连续试验装置（BSU）按照神华直接液化工艺进行改造，同年 11 月开始，进行了十余次投煤试验，验证了神华煤直接液化工艺流程，优化了工艺条件。

2003 年，神华集团在上海市政府的支持下，开始在上海筹建 6t/d 煤直接液化工艺验证装置（PDU），同年 12 月开始建设。2004 年 6 月，具有神华自主知识产权的煤直接液化工艺技术通过评估和鉴定。2004 年 10 月神华煤直接液化 PDU 装置建成，2004 年 12 月开始第一次投煤试验，至 2008 年 6 月共完成 5 次投煤运行，累计运行时间超过 5098h，消耗原煤1519.61t，进一步验证了神华自主开发的煤直接液化技术的可行性，验证了鄂尔多斯煤直接液化示范工程设计基础的正确性，培训了大批煤直接液化装置技术骨干等人才。至此，我国煤制油直接液化生产技术转化，获得初步成果。

2001 年 3 月，国务院批准神华集团的煤直接液化示范工程项目建议书，2002 年 8 月批复可行性研究报告，神华煤直接液化示范工程项目设计规模为年产 500 万 t 油品，分两期建设，一期工程建设规模为年产 320 万 t 油品，总投资 245.35 亿元，由 3 条主生产线（单条108 万 t）组成，每条生产线包括煤液化、煤制氢、溶剂加氢、加氢改质和催化剂制备等 14套主要生产装置。2003 年 6 月，负责煤液化工程实施的中国神华煤制油有限公司，在北京正式成立。2004 年 8 月 25 日，神华集团煤直接液化项目，在内蒙古自治区鄂尔多斯市伊金霍洛旗乌兰木伦镇举行了一期工程开工典礼。2005 年 4 月 18 日，煤制油生产基地的建设工程正式拉开帷幕。

2007 年末，神华集团煤直接液化示范工程项目一期工程第一条生产线建设成功，设计年耗煤 345 万 t，生产各种油品 108 万 t，其中柴油 72 万 t、液化石油气 10.2 万 t、石脑油 25 万 t、酚等其他产品 0.8 万 t。2008 年 12 月 30 日，进行投煤试车，至 12 月 31 日，生产流程全部打通，顺利实现油渣成型，产出合格的柴油和石脑油。2009 年 9 月，再次投煤试运行，之后不断试车及改造完善，2010 年下半年实现稳定运行。2011 年，煤直接液化示范工程正式投入商业化运行，连续运行周期最长达到 251 天。2012 年，煤直接液化示范工程实现长周期稳定运转，生产油品 90 余万 t，实现利润 5 亿多元，上缴税费 10 多亿元。2013 年全年运行 315 天（设计年运行 310 天），负荷率达到 78.5%。2014 年 2 月，有关专家对该项目进行了 72h 连续运转监测，对能耗、水耗等主要指标进行了标定。专家一致认为：该项目为世界首套百万吨级煤直接液化工业化示范装置，形成了具有自主知识产权、达到世界领先水平的成套技术，填补了国内外空白。目前神华煤直接液化示范工程项目处于正常生产阶段，日产柴油 2000t，产品销售势头良好。

神华集团百万吨级煤直接液化示范工程的成功使神华煤直接液化项目成为全世界第一个经历从实验室小试（BSU）、工艺验证装置（PDU），直至百万吨级工业规模示范装置验证的成熟的煤直接液化工艺，中国也随之成为世界上唯一掌握百万吨级煤直接液化技术的国家。

3.2 煤炭间接液化制油技术

3.2.1 煤间接液化发展历程

煤炭间接液化制油是相对于煤直接液化制油的煤高压加氢工艺路线而言，指的是先将煤炭气化制成合成气（$CO+H_2$），再以合成气为原料催化合成液体燃料和化学产品的工艺过程。煤炭间接液化制油技术由德国 Kaiser Wilhelm 煤炭研究所的 F. Fischer 和 H. Tropsch 两人共同发明的，因此又称之为 F. Fischer-H. Tropsch（F-T）合成或费托合成。费托（F-T）合成是以合成气为原料生产各种烃类以及含氧有机化合物的最主要的煤液化制油方法。

煤炭间接液化制油技术主要由三大步骤组成，第一是煤的气化，第二是合成，第三是精炼。煤的气化是煤在高温（900℃以上）条件下与氧气和水蒸气发生一系列反应，生成一氧化碳、二氧化碳、氢、甲烷等简单气体分子。合成是指以合成气为原料在催化剂和适当条件下发生费-托合成反应生成液体油品的工艺过程。从合成获得的液体产品的相对分子质量分布很宽，也就是沸点分布很宽，并且含有较多的烯烃，必须对其精炼才能得到合格的汽油、柴油产品。精炼过程采用炼油工业常见的蒸馏、加氢、重整等工艺。

3.2.1.1 国外发展历程

1923 年，德国 Kaiser Wilhelm 煤炭研究所的 F. Fischer 和 H. Tropsch 两人利用碱性铁屑作催化剂，在温度 400~455℃、压力 10~15MPa 条件下，CO 和 H_2 可反应生成烃类化合物与含氧化合物的混合液体，当压力降低至 0.7MPa 时，主要产品是烷烃和烯烃。接着，他们进一步开发了一种 $Co-ThO_2-MgO$-硅藻土催化剂，降低了反应压力和温度，为煤间接液化制油技术的工业化奠定了基础。1925—1926 年，这两人又使用铁或钴作催化剂，在常压和 250~300℃温度下得到几乎不含有含氧化合物的烃类产品。此后，人们就把合成气（$CO+H_2$）在铁或钴催化剂作用下合成为烃类或醇类燃料的方法称为费-托（F-T）合成法。

1934 年，德国鲁尔化学公司与 H. Tropsch 签订合作协议，建成了 250kg/d 的中试装置并顺利运转成功。1936 年该公司建成第一个间接液化厂，产量为 7 万 t/a，到 1944 年德国总共有 9 套生产装置，总生产能力达到了 57.4 万 t/a，其中汽油占 23%、润滑油占 3%、石蜡和化学品占 28%。在同一时期，日本有 4 套，法国有 1 套，中国有 1 套这样的装置，规模为 34 万 t/a。因此在二战期间，全世界的煤间接液化制油厂的生产能力达到了近 100 万 t/a。

二战以后，德国的间接液化和直接液化一样完全停顿。1952 年苏联利用德国的技术和装备，建立了一个 5 万 t/a 的小型工业装置，但没有得到进一步发展。一些国家都曾建有合成油的试验厂，研究开发工作仍有所发展。先是 Kolbel 等人开发了浆态床 F-T 合成，之后美国的碳氢化合物公司(HRI)研究出流化床反应器。至 50 年代中期，由于廉价石油和天然气大量开发，F-T 合成的研究势头逐渐减弱。

20 世纪 50 年代，南非是非洲大陆经济最发达的国家之一，约翰内斯堡是该国重要的矿业基地和重工业基地，附近有煤矿、金矿和金刚石矿，有相当大的液体燃料需求。但是，南非具有特殊的国际政治环境和资源条件，整个南非缺乏石油资源，约翰内斯堡又地处内陆高原，如要从海外进口石油，必须从东海岸的德班港越过 2000~3000m 高的德拉肯斯堡山脉，经过将近 1000km 的铁路运输，这就使约翰内斯堡的油品价格比沿海高出较多。当地的煤炭资源十分丰富，但煤炭质量较差，灰分高达 25%~30%，挥发分却只有 25% 左右，不适合采用直接液化路线，所以只能选用间接液化的路线。因此南非政府大力支持煤间接液化技术在本国的发展，来解决本国油品供应问题。

1950 年，南非成立了南非煤油气公司，由于地处 Sasolburg，故多称 Sasol 公司(South Africa Synthetic Oil Limited)。该公司分别与鲁奇、鲁尔化学和凯洛克三家公司合作，利用这些公司的煤气化(鲁奇炉)、煤气净化(鲁奇低温甲醇洗)和合成技术(鲁尔化学固定床和凯洛克气流床)于 1955 年在约翰内斯堡以南 90km 的 Sasolberg 建设第一座合成油厂，称为 Sasol-Ⅰ厂，规模为年产油品及其他化学品 25 万~30 万 t。20 世纪 70 年代，由于南非的种族歧视政策导致石油禁运，南非决定扩大煤炭间接液化的生产规模。Sasol 公司对美国凯洛格公司(Kellogg)开发的循环流化床反应器(CFB)进行放大，单台设备生产能力达到 1500bbl/d。此后经多次修改设计和调整催化剂配方，成功开发出了循环流化床反应器(Synthol)，之后，Sasol 公司又通过增加反应操作条件和设备尺寸，使反应器的处理能力提高了 3 倍。1980 年 Sasol 公司在Ⅰ厂附近的 Saconda 建成了规模为 230 万 t/a 的 Sasol-Ⅱ厂，Ⅱ厂投产后紧接着 1982 年又在旁边建设了同样规模的 Sasol-Ⅲ厂，这两个煤制油厂分别使用了 8 台直径为 3.6m、生产能力达 6500bbl/d 的循环流化床高温费托合成反应器。为了进一步提高单台费托合成反应器的产能，Sasol 公司在原有循环流化床反应器的基础上，开发了固定流化床反应器(SAS)。1989 年投入使用并达到各项设计要求。1995 年 6 月，直径 8m 的固定流化床反应器商业示范装置开车成功。1996—1999 年，Sasol 公司用 8 台固定流化床反应器代替了 Sasol-Ⅰ厂和 Sasol-Ⅱ厂的 16 台循环流化床反应器。其中 4 台直径 8m 的固定流化床反应器，每台生产能力达到 11000bbl/d，另外 4 台 10.7m 的反应器，每台生产能力达到 20000bbl/d，2000 年，Sasol 公司增设了第 9 台固定流化床反应器。

南非 Sasol 公司在近 50 年的发展中不断完善工艺和调整产品结构，开发新型高效大型反应器，主要工作集中在费托合成反应器和催化剂开发两项关键技术上。现拥有世界上最为完整的固定床、循环流化床、固定流化床和浆态床商业化反应器的系列技术；拥有适用于不同工艺流程的铁基费托合成催化剂及钴基费托合成催化剂；同时拥有完善的可获得不同产物的低温费托合成工艺技术和高温费托合成工艺技术。

1993 年 Sasol 公司又投产了一套 2500bbl/d 的天然气基合成中间馏分油的先进的浆态床工业装置。直至现在 Sasol 公司的三个合成油厂还在正常运转，目前三个厂年消耗煤炭 4700万 t，生产油品 460 万 t，化学品 308 万 t，产品有汽油、柴油、石蜡、氨、乙烯、丙烯、聚合物、醇、醛和酮等共 113 种。1995 年该公司利润达 28 亿蓝盾，并超过政府补贴（10 亿蓝盾）。1999 年政府停止财政补贴，2000 年创造财富 126 亿蓝盾，年利润达 40 亿蓝盾。目前，Sasol 公司已成为世界上最大的煤化工联合企业。

20 世纪 70 年代初，荷兰壳牌（Shell）石油公司开始合成油品的研究，提出通过 F-T 合成在钴催化剂上最大程度上制重质烃，然后再在加氢裂解与异构化催化剂上转化为油品的概念。80 年代中期，研制出新型钴基催化剂和重质烃轻质化催化剂，成功开发出了两段法间接液化新工艺。第一段采用固定床反应器，使用自己开发的钴催化剂，特点是重质长链烷烃的选择性高，链增长因子可达 0.9；第二段采用常规的加氢裂解技术，将一段产物转变为高质量的柴油和航空煤油。1989 年，该公司开始在马来西亚 Bintulu 建设以天然气为原料的 50 万 t/a 合成中间馏分油厂，1993 年投产，运转正常并盈利，生产的高品质柴油远销美国加州。

国际原油价格的上涨和国际廉价天然气的开发，激活和加剧了以合成气为原料制备燃料油技术的开发和竞争热潮。诸多石油公司像荷兰 Shell 公司，南非 Sasol 公司、美国 Exxon 公司、美国 Gulf/Chevron 公司、挪威 Statoil 公司等均投入巨大的人力物力开发新的煤间接液化制油新工艺。最有代表性的工艺有美国 Mobil 公司的 MTG 工艺、荷兰 Shell 公司的 SMDS 工艺以及丹麦 Topsoe 公司的 Tigas 工艺。在 80 年代，新西兰利用美国 Mobil 的 MTG 工艺建成了以天然气为原料年产 57 万 t 汽油的合成油工厂。马来西亚利用荷兰 Shell 的 SMDS 工艺建成了也以天然气作原料的年产 50 万 t 合成油工厂，这两个厂至今都在运转。

3.2.1.2　国内发展历程

1937 年，我国与日本合资在锦州石油六厂引进德国以钴催化剂为核心的 F-T 合成技术建设煤间接液化制油厂，1943 年投运并生产油品约 100t/a，1945 年日本二战战败后停产。

新中国成立后，我国重新恢复和扩建锦州煤制油装置，采用常压钴基催化剂技术的固定床反应器，以水煤气炉为气头，1951 年生产出油，1959 年产量最高时达 4.7 万 t/a。后来由于大庆油田的发现，中国一举甩掉了贫油国的帽子，1967 年锦州煤间接液化制油装置停产，煤炭液化的研究工作随之中断。

20 世纪 70 年代相继发生了两次世界石油危机，考虑到我国煤炭资源丰富的国情。80 年代初，我国又恢复了间接液化的研究开发工作，开发单位主要是中国科学院山西煤炭化学研究所、山东兖矿集团有限公司、大连化学物理研究所、清华大学等，还有一些大专院校及科研机构，都取得了一定成果。

中国科学院山西煤炭化学研究所在分析了 MTG（甲醇制汽油）和 Mobil 浆态床工艺的基础上，提出将传统的 F-T 合成与沸石分子筛相结合的固定床两段合成工艺（MFT 工艺）。其技术特点是一段由合成气经 F-T 合成生产的烃直接经二段分子筛重整后即可获得成品汽油。由于固定床技术生产效率仍偏低、产品结构需进一步调整和优化，因此山西煤化所又开发了以廉价铁基催化剂和先进的浆态床为核心的以及以长寿命钴基催化剂和固定床/浆态床为核心的浆态床-固定床两段法间接液化合成油工艺（SMFT 工艺）技术。

山西煤化所在开发 MFT 和 SMFT 煤间接液化工艺过程中十分注重催化剂的开发，多年来他们对铁和钴系催化剂都进行了较系统的研究。80 年代初，他们对 4 种铁系催化剂进行了从试验室小试到中试不同规模的试验研究。成功开发出 F-T 合成沉淀型铁基工业催化剂和分子筛催化剂，并于 80 年代末期在山西代县化肥厂完成 100t/a 工业中试。1993—1994 年间在山西晋城第二化肥厂进行了 2000t/a 的工业试验，打通了流程，并产出合格的汽油产品。与此同时对锰（Mn）为助剂的铁催化剂进行了研究，1988 年进行了 Fe-Mn 共沉淀催化剂的开发，1996 年又进行了超细 Fe-Mn 催化剂的研究，并在 1996—1997 年间完成连续运转 3000h 的工业单管试验，汽油收率和品质得到较大幅度的提高。1990 年开始对钴催化剂进行研究，这是基于当时天然气有可能作为廉价化工原料为前提的，2000 年，共开发出 3 种钴催化剂。在合成柴油方面开发出了两种钴基催化剂，在固定床小试装置完成了 500h 的稳定性寿命试验。

进入 21 世纪以来，中科院山西煤化所集中全力于共沉淀 Fe-Cu 催化剂和浆态床反应器的研究与开发，已完成了 SMFT 中试规模的设计，并于 2002 年建成了年产油千吨级的中试装置。山西煤化所千吨级中试装置在 2002 年 9 月实现了第一次试运转，并合成出第一批粗柴油，到 2003 年底已累计获得了数十吨合成粗油品。2003 年底又从粗柴油中生产出了无色透明的高品质柴油。

2006 年 5 月，中科院山西煤化所与内蒙古伊泰集团有限公司组建的中科合成油技术公司，利用自主研发的煤间接液化制油技术，在内蒙古准格尔旗大路煤化工基地开工建设我国首套煤间接液化工业化示范装置，装置规模为 16 万 t/a，2008 年 12 月底完成了全部安装调试工作。2009 年 3 月首次试车成功产出合成粗油品，打通了工业化示范全部流程。2010 年 6 月装置正式实现满负荷生产，标志着具有我国完全自主知识产权的煤间接液化制油成套技术从中试到工业化放大获得成功，成为我国"十一五"煤化工示范项目中首个达产的项目，2013 年底装置生产各类油品达到 18.1 万 t。利用山西煤化所开发的煤间接液化制油技术，山西潞安集团于 2006 年 2 月在潞安集团循环经济园开工建设 16 万 t/a 煤间接液化制油示范项目。该项目是国家"863"高新技术项目和中国科学院知识创新工程重大项目的延续项目，为铁基浆态床煤基合成油装置。2009 年 7 月投料试车成功，生产出合格的产品，为我国的煤间接液化制油示范工程做出了贡献。

2016 年 12 月 6 日，以中国科学院山西煤炭化学研究所自主研发的高温铁基浆态床煤炭间接液化技术为核心的全球单套规模最大的煤炭间接液化装置——神华宁煤 400 万 t/a 煤制油工程投料，产出费托轻质油和费托重质油；9 日产出稳定合格蜡；18 日加氢精制装置产出合格柴油；21 日实现了煤制油工程全流程贯通。这是山西煤化所重大成果产出的成功应用典范，受到了中央和相关部门的高度重视。目前，采用山西煤化所间接液化制油核心技术正在实施的项目还有：内蒙古杭锦旗 120 万 t/a、山西潞安 100 万 t/a、内蒙古伊泰 200 万 t/a、贵州毕节 200 万 t/a、新疆伊泰 200 万 t/a 以及新疆伊犁 100 万 t/a 煤制油示范等项目，总规模约为 1300 万 t/a 油品。

山东兖矿集团有限公司于 2002 年 12 月在上海组建上海兖矿能源科技研发有限公司，开展煤间接液化制油技术的研究与开发工作。实验室的开发研究工作包括催化剂的开发研究、工艺设计软件的开发和设备与工艺的开发等内容。在实验室优化配方与条件，并在工业干燥成型装置上多次试验后，兖矿集团于 2003 年 6 月开发出了可供工业化、具有国内自主知识产权的煤间接液化制油铁基催化剂，该催化剂的各项性能指标均优于或接近国外使用的同类催化剂。在成功开发出费托合成反应器模拟软件和低温费托合成煤制油全过程模拟软件的基础上，完成了低温费托合成浆态床反应器的开发和费托合成工艺的开发研究工作。

2003年初，兖矿集团开始进行低温煤间接液化制油工业试验装置的设计，2004年初完成了规模为5000t/a费托合成中试装置的建设，3月31日一次投料试车成功，11月圆满完成试验任务，并按计划停产。中试试验获得了优化的工艺操作条件和大连工程设计数据，试验结果表明，兖矿集团开发的低温费托合成技术已得到全面中试验证。兖矿集团与中国石化北京石油化工科学研究院合作，完成了费托合成产品石蜡、高温冷凝物和低温冷凝物的提质加氢技术的研发工作。开发了具有自主知识产权的加氢处理与加氢异构裂化催化剂和加氢提质工艺，所得产品优质环保，柴油的十六烷值高达75~83，无硫、无氮且芳烃含量低；石脑油蒸汽裂解三烯总收率大于60%，是优质的乙烯裂解原料。

兖矿集团还进行了高温费托合成技术的研发，完成了实验室研发，包括催化剂、高温费托合成固定流化床反应器、高温费托合成工艺等。高温费托合成制油技术的主要产品为汽油、柴油、含氧有机化合物和大量烯烃。与低温费托合成产品相比，高温过程产品中优质化学品和烯烃产品比例更多，对市场具有更好的适应性。2006年，建设了万吨级的高温费托合成中试装置和相应的100t/a的催化剂装置，2007年中试装置投料试车，完成了中试试验与工艺验证工作。

兖矿集团利用自主研发的煤间接液化技术，在陕西榆林地区建设大型煤间接液化制油项目。兖矿榆林煤液化项目规划产品规模为1000万t/a，分2期实施，第1期采用低温费托合成技术建设100万t/a间接液化制油工业示范装置后，再分别采用低温和高温费托合成技术建设200万t的煤间接液化制油工业装置；第2期，将煤制油能力扩大一倍，使总能力达到1000万t的规模，同时建设石脑油、烯烃和含氧化合物的下游加工利用工程，形成既有低温又有高温的大型煤制油及下游煤化工的联合生产装置。

中国科学院大连化学物理研究所（大连化物所）开发了活性炭负载铁基催化剂，完成了1000h的固定床工业单管放大试验，试验结果表明，该系列活性炭负载铁基催化剂具有活性高和汽柴油选择性好的优点。中国石油大学催化裂化国家重点实验室开发了两类性能良好的钴基费托合成催化剂，并研发了新型固定床间接液化反应器，进行了300h的连续试验，目前正进行中试放大的研究。中国石油与天然气股份有限公司开发了费托合成径向反应器，采用单层径向固定床结构，利用螺旋式广角开孔分布器使气体均匀进入催化剂床层，实现了催化剂床层温度的均匀分布。

目前，我国已投入工业化示范的煤间接液化制油项目有近10个，产能达700多万吨，在建的煤间接液化制油项目产能达到500多万吨。根据煤制油项目进展情况和相关企业规划，到2020年煤制油产能可达到3300万t的规模。

3.2.2 煤间接液化反应机理

3.2.2.1 基本化学反应

煤间接液化反应其实就是费托合成反应，费托合成反应是CO和H_2在催化剂作用下，以液态烃类为主要产物的复杂反应系统。费托合成反应过程十分复杂，得到的反应产物种类繁多，总的来说，是CO加氢和碳链增长反应，主要包括以下一些基本反应。烷烃生成反应：

$$nCO+(2n+1)H_2 \Longrightarrow C_nH_{2n+2}+nH_2O \tag{3-16}$$

$$2nCO+(n+1)H_2 \Longrightarrow C_nH_{2n+2}+nCO_2 \qquad (3-17)$$

$$(3n+1)CO+(n+1)H_2O \Longrightarrow C_nH_{2n+2}+(2n+1)CO_2 \qquad (3-18)$$

$$nCO_2+(3n+1)H_2 \Longrightarrow C_nH_{2n+2}+2nH_2O \qquad (3-19)$$

烯烃生成反应：

$$nCO+2nH_2 \Longrightarrow C_nH_{2n}+nH_2O \qquad (3-20)$$

$$2nCO+nH_2 \Longrightarrow C_nH_{2n}+nCO_2 \qquad (3-21)$$

$$3nCO+nH_2O \Longrightarrow C_nH_{2n}+2nCO_2 \qquad (3-22)$$

$$nCO_2+3nH_2 \Longrightarrow C_nH_{2n}+2nH_2O \qquad (3-23)$$

甲烷化反应：

$$CO+3H_2 \Longrightarrow CH_4+H_2O \qquad (3-24)$$

$$2CO+2H_2 \Longrightarrow CH_4+CO_2 \qquad (3-25)$$

$$CO+4H_2 \Longrightarrow CH_4+2H_2O \qquad (3-26)$$

醇类生成反应：

$$nCO+2nH_2 \Longrightarrow C_nH_{2n+1}OH+(n-1)H_2O \qquad (3-27)$$

$$(2n-1)CO+(n+1)2nH_2 \Longrightarrow C_nH_{2n+1}OH+(n-1)CO_2 \qquad (3-28)$$

$$3nCOH_2+(n+1)H_2O \Longrightarrow C_nH_{2n+1}OH+2nCO_2 \qquad (3-29)$$

醛类生成反应：

$$(n+1)CO+(2n+1)H_2 \Longrightarrow C_nH_{2n+1}CHO+nH_2O \qquad (3-30)$$

$$(2n+1)CO+(n+1)H_2 \Longrightarrow C_nH_{2n+1}CHO+nCO_2 \qquad (3-31)$$

结炭反应：

$$2CO \Longrightarrow C+CO_2 \qquad (3-32)$$

$$CO+H_2 \Longrightarrow C+H_2O \qquad (3-33)$$

上述反应中，烷烃和烯烃生成反应为主要反应，其他反应为副反应。虽然这些反应都有可能发生，但是其发生的概率随催化剂和操作条件的不同而变化，因此给反应过程控制留下很大空间。控制反应条件和选择合适的催化剂，反应产物主要是烷烃和烯烃。产物中不同碳数的正构烷烃的生成概率随链的长度增加而减小，正构烯烃则相反。产物中异构烃类很少。增加压力，导致反应向减少体积的大相对分子质量长链烃方向进行；但压力增加过高，将有利于生成含氧化合物。增加温度有利于短链烃的生成。合成气中氢气含量增加，有利于生成烷烃；一氧化碳含量增加，将增加烯烃和含氧化合物的生成量。

早期的研究工作发现铁催化剂的反应不同于钴和镍催化剂的反应。用钴催化剂的反应为：

$$CO+2H_2 \Longrightarrow -CH_2-+H_2O \qquad \Delta H(227℃)=-165kJ/mol \qquad (3-34)$$

铁催化剂的反应为：

$$2CO+H_2 \Longrightarrow -CH_2-+CO_2 \qquad \Delta H(227℃)=-204.8kJ/mol \qquad (3-35)$$

水存在时还必须考虑变换反应：

$$CO+H_2O \Longrightarrow CO_2+H_2 \qquad \Delta H(227℃)=-39.8kJ/mol \qquad (3-36)$$

$$3CO+H_2O \Longrightarrow -CH_2-+2CO_2 \qquad \Delta H(227℃)=-244.5kJ/mol \qquad (3-37)$$

值得注意的是反应(3-34)和(3-36)结合可得到反应(3-35)，这时对铁催化剂有效。反应(3-37)来自反应(3-35)和(3-36)。

烃也可由 CO_2 在铁催化剂作用下形成。

$$CO_2+3H_2 \Longrightarrow CH_2 - +2H_2O \qquad \Delta H(227℃) = -125.2kJ/mol \qquad (3-38)$$

F-T 合成最主要的副反应是甲烷生成反应,尤其是在使用钴和镍催化剂时更为明显。

$$CO+3H_2 \Longrightarrow CH_4+H_2O \qquad \Delta H(227℃) = -214.8kJ/mol \qquad (3-39)$$

$$2CO+2H_2 \Longrightarrow CH_4+CO_2 \qquad \Delta H(227℃) = -254.1kJ/mol \qquad (3-40)$$

当温度超过 300℃时,CO_2 按反应式(3-41)氢化成甲烷。

$$CO_2+4H_2 \Longrightarrow CH_4+2H_2O \qquad \Delta H(227℃) = -175.0kJ/mol \qquad (3-41)$$

此外还存在式(3-42)反应:

$$2CO \Longrightarrow C+CO_2 \qquad \Delta H(227℃) = -134kJ/mol \qquad (3-42)$$

该反应是不希望发生的反应,生成的碳将沉积于催化剂表面,使催化剂失活,对反应有阻碍作用。H_2 和 CO 的反应也可形成焦炭:

$$CO+H_2 \Longrightarrow C+H_2O \qquad \Delta H(227℃) = -94.2kJ/mol \qquad (3-43)$$

一般讲,根据化学反应计量式可计算出反应产物的最大理论产率,但对 F-T 合成反应,由于合成气(CO+H_2)组成不同和实际反应消耗掉的 H_2/CO 比例的变化,其产率也随之改变。计算表明,只有合成气中 H_2/CO 比与实际反应消耗的 H_2/CO 比(称作利用比)相同时,才能获得最佳产物产率。

假设某一合成气的 H_2/CO=2:1,总摩尔数为 3,反应按(3-24)进行:

$$CO+2H_2 \longrightarrow -CH_2-+H_2O$$

可以看出,此时原料气的 H_2/CO 比与实际反应的利用比相同,因此可计算出每 $1m^3$(标准状态)合成气的烃类产率的最大值为:

$$Y = \frac{生成(-CH_2-)摩尔数 \times (-CH_2-)相对分子质量}{消耗合成气摩尔数} \cdot \frac{合成气摩尔数}{1m^3(标准状态)} \cdot [g/m^3(CO+H_2)]$$

$$= \frac{1 \times 14}{3} \cdot \frac{1000}{22.4} = 208.3g/m^3(CO+H_2)(标准状态) \qquad (3-44)$$

实际上 F-T 合成反应不一定完全按式(3-34)进行,但只要原料气中 H_2/CO 比与实际反应的利用比相同,其最大烃产率不会超过 $208.3g/m^3$(CO+H_2)(标准状态)。事实上,由于合成气的 H_2/CO 比值与实际利用比并不相等,因而导致烃产率的降低。表 3-11 计算了不同合成气利用比时的烃类理论产率。

表 3-11 不同合成气利用比时的烃类理论产率[g/m^3(CO+H_2)(标准状态)]

(H_2/CO)利用比	原料气 H_2/CO 比		
	1/2	1/1	2/1
1/2	208.3	156.3	104.3
1/1	138.7	208.3	138.7
2/1	104.3	156.3	208.3

3.2.2.2 费托反应机理及理论

F-T 合成的原料气为 CO 和 H_2,使用不同的工艺和催化剂可能导致产品分布的不同,人们关心的重点是如何得到希望的产品。产品的分布和催化剂的选择性可能对反应机理提供有用的信息，因此首先要总结一下最常用的 Co 和 Fe 催化合成的产物特性。

（1）水是最主要的初级产物，大部分的 CO_2 是其后发生的水煤气变换反应生成的。醇和 α-烯烃可能也是初级产物。

（2）使用不同的催化剂和不同的反应条件产品分布差异较大，难以找到明显的规律性。

（3）甲基取代的烃类较均匀地分布在各碳数烃类之间，而不是集中分布在某几个碳数的烃类上。

（4）二甲基烃类和一甲基烃类相比数量要小得多，乙基取代物的数量与二甲基取代物接近。

（5）固定床反应器中使用 Fe 催化剂时，产生的环烷烃和芳烃数量极少；而在流化床中使用 Fe 催化剂则有所增加，使用 Co 和 Ru 催化剂时，通常没有此类化合物。

（6）使用 Fe 催化剂时，烯烃通常占各碳数烃类产物的 50% 甚至更多，烯烃中的 60% 为 α-烯烃。使用 Co 为催化剂时无论是烯烃占总烃类的比例，还是 α-烯烃占整个烯烃的比例都很小，并且随碳数的增加而减小。

（7）醇类的分布特征为最大产率出现在 C_2，而后随碳数的增加而单调减小。甲醇的产率较低，这可能是受热力学限制的结果。

由费托合成基本化学反应可以看出，费托合成反应是一个十分复杂的过程，多年来，研究者对费托合成反应过程进行了深入广泛的研究。通过设想在费托合成反应中形成含有 C、H、O 不同中间体的途径，提出了各种各样的反应机理。已提出的这些反应机理虽在一定程度上得到实验事实的支持，但关于表面机理的确切证据尚显缺乏，迄今仍未得到共识。

通常，测试手段的先进与否在一定程度上是反应机理正确描述反应过程的关键。早期建立的费托合成反应机理几乎都是采用如下两种方法进行的：一是通过追寻示踪物再依据反应前后的变化来推断反应的基元过程，进而建立反应机理，这种方法在早期费托反应机理的研究中采用较多；二是通过分析催化动力学数据，从微观反应机理的宏观推测产物的形成途径。基于这些研究手段，早期费托反应的研究者建立了数种反应机理，在一定范围内反映了费托合成产物分布的异常情况（如 $C_{10} \sim C_{13}$ 出现的 Break 现象）。近期对费托反应机理的研究不再局限于上面的两种方法，已运用现代表面科学技术的手段进行对反应过程中催化剂表面组成的变化、吸附物种的行为、不同碳数的增长和分布等问题的研究，并根据取得的信息确定反应中的基元过程。

早期学者曾提出十余种费托合成反应机理模式，但得到较大范围认可的经典费托反应机理主要有如下几种。

1. 表面碳化物机理

表面碳化物机理是由 Fischer 和 Tropsch 最早提出的。他们认为 CO 首先在催化剂表面形成金属碳化物，而后进行氢化生成亚甲基团，后者经聚合形成反应产物。加氢反应研究表明在 H_2 的存在下，催化剂表面上的亚甲基确实存在并聚合生成了直链烃，链增长是通过与催化剂表面相连的亚甲基插入一个金属—烷基键而进行的。该机理可描述如下反应式：（M 表示金属催化剂表面）

$$\begin{matrix} O \\ \parallel \\ C \\ \mid \\ M \end{matrix} \longrightarrow \begin{matrix} C=O \\ \mid \\ M \end{matrix} \longrightarrow \begin{matrix} C+O \\ \mid\ \ \mid \\ M\ \ M \end{matrix} \begin{matrix} H_2 \rightarrow H_2O \\ CO \\ \searrow CO_2 \end{matrix}$$

$$H_2 \Big\downarrow$$

$$\begin{matrix} CH \\ \mid \\ M \end{matrix} \xrightarrow{H_2} \begin{matrix} CH_2 \\ \mid \\ M \end{matrix} \xrightarrow{H_2} \begin{matrix} CH_3 \\ \mid \\ M \end{matrix} \xrightarrow{H_2} CH_4 \qquad (3-45)$$

$$\begin{matrix} CH_2 + CH_3 \\ \mid\ \ \ \ \ \mid \\ M\ \ \ \ \ M \end{matrix} \longrightarrow \begin{matrix} CH_3-CH_2 \\ \mid \\ M \end{matrix} \xrightarrow{n(M-CH_2)} \begin{matrix} CH_3(CH_2)_nCH_2 \\ \mid \\ M \end{matrix}$$

但是，一些金属碳化物在 F-T 合成反应条件下氢化只能生成甲烷的事实，使人们对碳化物机理产生了怀疑。$CO+H_2$ 合成能生成含氧化合物的事实也使该机理模式无法解释。另外，金属 Ru 并不能形成稳定的碳化物，但它在 F-T 合成中却是非常有效的 C—C 键形成的催化剂。尽管如此，在绝大多数 Fe 系催化剂的 F-T 合成中，这一机理仍然得到了广泛的支持。

2. 含氧中间体缩聚机理

鉴于碳化物机理的不足和一些示踪原子方法研究 F-T 合成的实验结果，Anderson 等提出了一个较碳化物机理更能详细解释 F-T 合成产物分布的含氧中间体缩聚机理。该机理的中间体为含氧的碳、氢及金属化物：$M=CHOH$，它解释含氧有机物的生成是由于中间体氢化不完全所致，而 C—C 键的形成则是由于两个中间体之间缩合脱水的结果，即：

$$\begin{matrix} CO \\ \mid \\ M \end{matrix} + \begin{matrix} H \\ \mid \\ M \end{matrix} \longrightarrow \begin{matrix} H\ \ OH \\ \diagdown\diagup \\ C \\ \mid \\ M \end{matrix}$$

$$\begin{matrix} H\ \ OH \\ \diagdown\ \diagup \\ C \\ \mid \\ M \end{matrix} + \begin{matrix} H\ \ OH \\ \diagdown\ \diagup \\ C \\ \mid \\ M \end{matrix} \xrightarrow{-H_2O} \begin{matrix} H\ \ OH \\ \diagdown\ \diagup \\ C-C \\ \mid\ \ \mid \\ M\ \ M \end{matrix} \xrightarrow[-M]{H_2} \begin{matrix} CH\ \ OH \\ \diagdown\ \diagup \\ C \\ \mid \\ M \end{matrix} \longrightarrow \begin{matrix} R\ \ OH \\ \diagdown\ \diagup \\ C \\ \mid \\ M \end{matrix} \qquad (3-46)$$

$$RCH_3 \xleftarrow{2H_2} \begin{matrix} R\ \ OH \\ \diagdown\ \diagup \\ C \\ \mid \\ M \end{matrix} \xrightarrow{H_2} CRCH_2OH$$

$$\Big\downarrow{\scriptstyle H_2\ \ -H_2O}$$

$$RCH_2$$

上述式(3-46)中合成产物主要为直链和2-甲基支链的事实是这一机理提出的基础，但在产物中未发现三级(仲碳)和四级(叔碳)原子的存在。α-甲基支链产物是由氢化的中间体M-CH(R)—OH 与 M =CHOH 缩聚形成的。另外，未氢化的含氧中间体可脱附形成醛，并继续生成醇、酸、酯等含氧有机物，也得到了实验事实的支持。

然而，该机理缺乏最为根本的事实证明，无论用何种手段，均无法检测出反应过程中催化剂表面上中间体 M =CH(OH)存在。虽然该中间体的缩聚在有机化学中是可行的，但在金属有机化学中并未得到认可，说明含氧中间体缩聚机理还有待于进一步改进。

3. 一氧化碳插入机理

该机理认为 C—C 键的形成是通过 CO 插入金属—烷基键而进行链增长的结果，起始的金属—烷基键是催化剂表面的亚甲基 CH_2 经还原而生成的。机理模式如下反应式(3-47)所示：

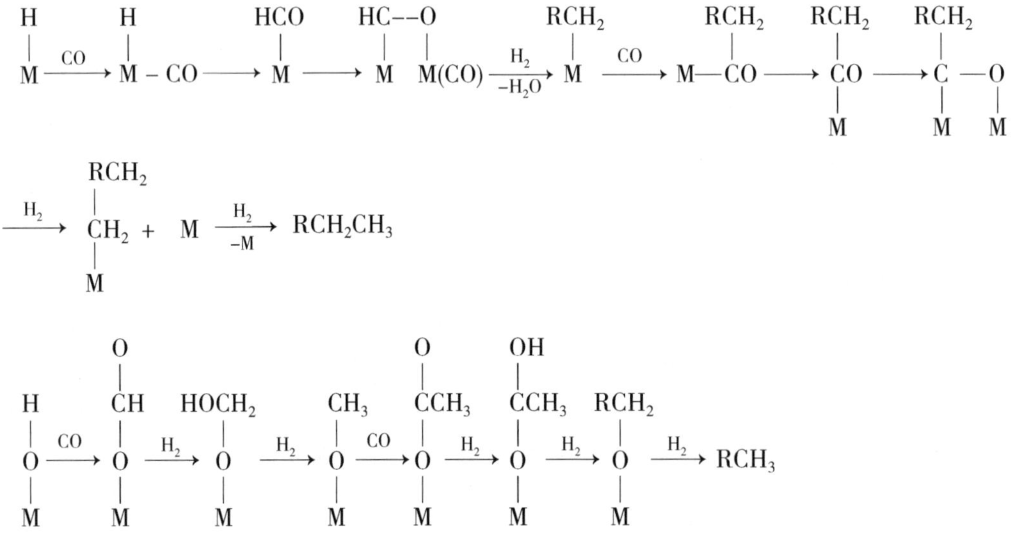

(3-47)

该机理较其他机理更详细地解释了直链产物的形成过程。但由于在 C—C 链的形成过程中只有烷基的转移，因而在解释 2-甲基支链产物的形成时有一定困难。尽管如此，这一机理广泛应用还有待对活性中间体酰基还原过程的进一步深入研究。

4. 综合机理

由于 F-T 合成产物的分布较广，生成了许多不同链长和含有不同官能团的产物，而不同官能团意味着反应过程中存在着不同的反应途径和中间体。Anderson 在总结了几乎所有的机理模式后，将反应机理分成两个主要部分，即链引发和链增长过程。其中链引发有六种可能形式(I~VI 组)，而链增长有五种可能的方式(A~E 组)。将上述两部分进行适当的组合即可得出各种不同的机理模式，如链引发的 III 和链增长的 B 组的组合就是所谓的缩聚机理，而 IV 和 C 的组合便是插入机理，依此类推还可组合成各种不同的新的机理模式。显然，综合机理更具有普遍性，因为它可以通过不同组合模式，去解释更多的实验事实。因而被更多的人所认可。

1）链引发

I.

$$\begin{array}{c} O \\ \| \\ C \\ | \\ M \end{array} \longrightarrow \begin{array}{c} C-O \\ | \quad | \\ M \quad M \end{array} \longrightarrow \begin{array}{c} C \\ | \\ M \end{array} + \begin{array}{c} O \\ | \\ M \end{array} \xrightarrow[-H_2O]{H_2} \begin{array}{c} CH_2 \\ | \\ M \end{array} + M$$

II.

$$\begin{array}{c} O \\ \| \\ C \\ | \\ M \end{array} \xrightarrow{H_2} \begin{array}{c} HOH \\ | \\ C \\ | \\ M \end{array} \xrightarrow[-H_2O]{H_2} \begin{array}{c} CH_2 \\ | \\ M \end{array}$$

III.

$$\begin{array}{c} O \\ \| \\ C \\ | \\ M \end{array} \xrightarrow{H_2} \begin{array}{c} HOH \\ | \\ C \\ | \\ M \end{array}$$

IV.

$$\begin{array}{c} H \\ | \\ M \end{array} \xrightarrow{CO} \begin{array}{c} H \\ | \\ M-CO \end{array} \longrightarrow \begin{array}{c} HCO \\ | \\ M \end{array} \longrightarrow \begin{array}{c} HC-O \\ | \quad | \\ M \quad M \end{array} \xrightarrow{H_2} \begin{array}{c} CH_2 \\ | \\ M \end{array} + M$$

V.

$$\begin{array}{c} H \\ | \\ O \\ | \\ M \end{array} \xrightarrow{CO} \begin{array}{c} O \\ \| \\ CH \\ | \\ O \\ | \\ M \end{array} \xrightarrow{H_2} \begin{array}{c} HOCH_2 \\ | \\ O \\ | \\ M \end{array} \xrightarrow{H_2} \begin{array}{c} CH_3 \\ | \\ O \\ | \\ M \end{array}$$

VI.

$$\begin{array}{c} O-C \\ | \quad | \\ M \quad M \end{array} \xrightarrow{H_2} \begin{array}{c} HCH \\ | \\ O \\ | \\ M \end{array} + M$$

2）链增长

A.

$$\begin{array}{c} H_2 \\ | \\ C \\ | \\ M \end{array} + \begin{array}{c} H_2 \\ | \\ C \\ | \\ M \end{array} \longrightarrow \begin{array}{c} HCH_2 \\ | \\ CH_2 \\ | \\ M \end{array} + M$$

B.

$$\begin{array}{c} RCOH \\ | \\ M \end{array} + \begin{array}{c} HCOH \\ | \\ M \end{array} \xrightarrow[-H_2O]{H_2} \begin{array}{c} R \\ | \\ H_2CCOH \\ | \\ M \end{array} + M$$

C.

$$\begin{array}{c} RCH_2 \\ | \\ M \end{array} \longrightarrow \begin{array}{c} RCH_2 \\ | \\ M-CO \end{array} \longrightarrow \begin{array}{c} RCH_2 \\ | \\ CO \\ | \\ M \end{array} \longrightarrow \begin{array}{c} RCH_2 \\ | \\ C-O \\ | \quad | \\ M \quad M \end{array} \xrightarrow[-H_2O]{H_2} \begin{array}{c} RCH_2 \\ | \\ CH_2 \\ | \\ M \end{array} + M$$

D.

$$\begin{array}{c} CH_3 \\ / \\ O \\ | \\ M \end{array} \xrightarrow{CO} \begin{array}{c} CCH_3 \\ / \\ O \\ | \\ M \end{array} \xrightarrow{H_2} \begin{array}{c} CCH_3 \\ / \\ O \\ | \\ M \end{array} \xrightarrow{H_2} \begin{array}{c} CH_2CH_3 \\ / \\ O \\ | \\ M \end{array}$$

E.

$$\begin{array}{c} RCH \\ | \\ O \\ | \\ M \end{array} + \begin{array}{c} HCH \\ | \\ O \\ | \\ M \end{array} \quad \begin{array}{c} RCH-CH_2 \\ | \qquad | \\ O \qquad O \\ | \qquad | \\ M \qquad M \end{array} \longrightarrow \begin{array}{c} RCH_3 \\ | \\ CH_2 \\ | \\ O \\ | \\ M \end{array} + \begin{array}{c} O \\ | \\ M \end{array}$$

近期表面科学技术的应用为费托反应机理的研究增添了新的内容。然而，表面科学手段在远离真实费托合成条件下所得到的信息在多大程度能反应，此反应过程的表面机理仍未能有肯定的答案。目前不少学者提出了 C_2 活性物种理论、烯烃再吸附的碳化物理论等，这些理论较为理想地解释了费托合成反应中出现的特殊产物分布现象，是早期费托合成机理的有益补充。

1. C_2 活性物种理论

由经典费托合成反应机理看，费托反应机理可分为两类。一类是 CO 解离吸附的，如碳化物机理。另一类是 CO 非解离吸附的，如缩聚机理或 CO 插入机理等。目前已经认识到，在典型费托合成催化剂上 CO 均能容易地解离，并在催化反应的初期阶段，该过程是催化活性表面形成的主要条件。同时，形成的表面碳物种进一步氢化产生亚甲基物种，而亚甲基物种的聚合促进了碳链的增长，这也是现代碳化物理论的中心内容，而 J. P. R eymond 也报道了相似的结论。他指出 CO 解离吸附后，碳原子吸附在还原的 Fe 上是费托合成反应碳物种的来源，而活性炭物种则是碳氢化合物的主要来源。在此基础上他提出还原态催化剂上还原解离机理。

$$Fe(s)+CO \rightleftharpoons Fe(s)O+C(active) \qquad (3-48)$$

$$Fe(s)O+H_2 \longrightarrow Fe(s)+H_2O \qquad (3-49)$$

$$C(active)+H_2 \longrightarrow -CH_2-$$

副反应：

$$C(active) \longrightarrow C(inactive)$$

$$x Fe+C(active) \longrightarrow Fe(x)C$$

Mim s 等研究了在 Fe、Co、Ru 催化剂上碳氢化合物的增长机理，他用含 ^{13}C 示踪物的 CO 瞬时切换 ^{12}CO，通过分析嵌入碳氢化合物中 ^{13}C 的位置，说明了 C_2 本体作为链引发物种的情况；在此研究中，作者还计算了不同碳数碳氢化合物的生成速率，得到一系列可靠的结论。他认为 C_2 链的形成过程相对较慢，亚乙烯基($CH_2=C$)、亚乙基($CH_3-CH=$)作为 C_2 中间体在催化剂表面逐渐形成。但 C_2 中间体一旦产生后非常活跃，便迅速地与其他引发物进行链增长反应。McCandlish 基于费托合成产物中含少量而稳定的甲基支链产物，提出一个 C_2 活性物种理论，该理论更好地解释了支链产物的形成。这个机理的中心内容是费托反应的链引发物种亚乙烯基($N=C=CH_2$)金属化合物是由表面自由碳原子与亚甲基(CH_2)反应形成，之后亚乙烯基与催化剂表面活泼的亚甲基物种反应形成环丙亚稀金属化合物，然后这个化合物中碳原子进行重排，形成直链中间体(Loop A)和支链中间体和支链中间体(Loop B)两种情况。而这两种中间体则继续与亚甲基进行链增长，最终形成直链化合物和支链化合物(如图 3-23 所示)：

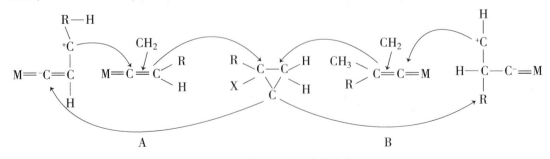

图 3-23　直链化合物和支链化合物

Bell 和 Shusto rovich 等人采用经验计算法 Bond Order Conservation Morse Potential（BOC-MP），研究了过渡金属催化剂上费托产物的形成机理，机理中同时考虑了碳化物和 CO 的非解离插入。通过计算估计了可能存在中间体的化学吸附热及各基元反应的活化能，指出了 CO 在铁基催化剂上解离的自发性 C_2 物种与烷基的形成方式，认为 CO 在这些催化剂上首先吸附后形成中间物种而解离的，即：$CO(g)+s=COg$，$s=Cs+Os$。计算表明，CH_2 插入碳金属键（C—M）中的能垒小于 CO 插入 C—M 链中的能垒，因而 CH_2 插入碳金属链（C—M）中是形成 C_2 物种及烷基烃的重要途径；同时作者从理论计算得到链终止时 H 在 β 位消去的能垒小于 α 位加 H 的能垒，从而一定程度上解释了费托产物中烯烃多于烷烃的可能性。另外，作者也从初步估算得到 CO 插入碳金属链（C—M）形成酰基（RCO）中间体的结论，说明了含氧化合物形成的原因。

2. 烯烃重吸附的碳化物理论

近年来，基于催化剂表面科学技术和实验现象，学者们发现了费托反应中烯烃对产物分布的影响效应。从烯烃在费托反应中的插入、异构化、及烯烃的再吸附等方面进行了研究，但对于烯烃再吸附的研究在 80 年代前一直没有受到学者们足够的重视。事实上对于烯烃作为链引发物种重吸附到催化剂表面的现象早在 1930 年 Smith 等在 Co—Cu—Mg 催化剂上进行费托合成反应时就已发现了，他们将组成 $H_2：CO：C_2H_4=1：1：1$ 的混合气加入反应器进行反应，结果较高碳数的碳氢化合物和氧化物的速率都有一定的增加；而 Craxford 等人用 $H_2：CO：C_2H_4=2：1：1$ 的混合气在 $100Co：18ThO_2：100Kieselguhr$ 催化剂上进行的费托反应研究中亦发现，C_2H_4 的再吸附和强反应性使油和氧化物含量增加。这些实验结果已表明，烯烃作为费托合成反应产物会重新在催化剂表面上吸附，并再次参与费托合成反应。目前，对于烯烃重吸附的研究，已引起众多学者广泛的兴趣。Ekerdt 和 Bell 在 Ru 催化剂上证实了费托反应中烯烃同亚烷基（RCH=C）或烷基（RCH_3）吸附反应的情况。他们在 $H_2：CO=2$ 的反应体系中加入 C_2H_4，并在 80min 后取消乙烯的加入来观察加入乙烯前后产物组成浓度的变化，结果发现，当加入乙烯之后，费托合成产物的组成发生改变，C_3^+ 碳氢化合物的浓度较加入 C_2H_4 前，之后是有明显的增加，并得出有 17% 的 C_2H_4 进行了转化；而在添加 C_2H_4 的前后，产物的组成几乎没有发生改变，这与 Pichler 和 Emmet 得到的结论是一致的。之后 Kellner 和 Bell 也考察了乙烯在 Ru/Al_2O_3 催化剂上吸附效应，同样证实了烯烃的再吸附现象。

接着，不少学者对费托反应中烯烃再吸附现象也进行了验证，Boelee 等验证了铁基催化剂上 C_2H_4 对合成反应的影响，结果表明 C_3^+ 碳氢化合物产物速率提高，A. A desina 在研究费托反应中乙烯的添加效应时得到了同样的结论，同时指出 C_2H_4 可作为链引发物又重新链入碳链中是 C_3^+ 化合物速率增加的原因。但其是否影响 CH_4 的生成则有不同的认识。Craxford 认为乙烯的加入亦可增加 CH_4 的生成速率，而 Kibbg 的结论恰恰相反，Bell 近期根据众多学者对烯烃在 FT 反应中的影响推荐如下机理假定：①C_2H_4 既不吸附也不裂化为 CH_4 产物；②表面 C_2 物种作为链引发物种，C_2H_4 的加入会链入反应碳链中，使 C_3^+ 反应速率增加；③C_2H_4 的加入不妨碍 CO 氢化和表面的聚合步骤；④CH_2 是 CO 解离吸附后表面碳化物中氢化形成的。

Morris 等在 Ru/SiO_2、$Ru/Bx-Zeolite$ 催化剂上同时研究了乙烯与丙烯的添加效应，结果发现，在相同条件下当将 C_2H_4 和 C_3H_6 分别加入费托反应体系时，较高碳氢化合物的产量有不同程度的增加，而 CH_4 的形成速率没有任何变化。Morris 的研究说明在费托反应体系中烯烃作为费托合成产物之一，在反应条件下可继续聚合或再吸附。而 Dwyer 等从乙烯与丙烯在费托反应中的二次反应研究中同样表明费托反应产生的 α-烯烃可再吸附到催化剂上，生成较高碳数的碳氢化合物，Ruud 的研究结果是烯烃再吸附理论更为有力的支持。他考察了费托合成的初始产物 C_3H_6 和 C_4H_8 在费托合成反应中的二次反应情况。在对这两种物质的研究中都发现 C_3H_6 和 C_4H_8 作为链引发物种或链增长物种，通过同时进行的链分裂、链形成过程发生氢解、插入和再吸附反应，这在一定程度上改变了碳氢产物的分布。同时，该作者根据可靠的实验数据提出如下费托机理：在正常情况下，形成的初始产物烯烃在合成体系中会再吸附或重新参与反应，而烯烃再吸附到活性中间体上的速率随烯烃中碳数的增加而减小。

因此，对于费托反应中基于碳化物机理上的烯烃再吸附理论，得到了大量实验事实的支持，目前众多学者在该方面得到了一致结论：烯烃的重吸附部分在催化剂表面上参与链引发和链增长，而一部分将和吸附的 CO 和 H_2 反应，形成更多碳数的烃类物质。至于烯烃是否影响 CH_4 的生成速率，目前仍无定论。

3. 含氧化合物形成机理

众所周知，费托合成产物中总含有少量含氧化合物，但多数学者过去在费托合成反应机理研究中对含氧化合物的形成研究甚少。Anderson 与 Pichler 提出的含氧中间体缩聚机理与 CO 插入机理中包括了羟基碳烯（M═CHOH）中间体，该中间体通过氢化形成各类含氧化合物。之后，Joachim Hacken-bruch 从 CO 插入金属链入手解释了费托产物中含氧有机物的生成，其形成过程表示为：

$$(3-50)$$

多数醇、醛、酮的形成途径与此相同。

目前，Dry 报道了费托反应体系中含氧化合物形成的两种途径。一种含氧化合物的形成是在链终止时插入不同氧化合物种而实现，如：

$$RCH_2CHM \xrightarrow{O} RCH_2CHO \xrightarrow{OH} RCH_2COOH \tag{3-51}$$

另一种途径则是通过 CO 插入金属环丙烷中间体中，形成各类含氧有机化合物如：

$$(3-52)$$

费托合成反应产物中有机氧化物的出现，说明含氧化合物的形成有一定的生成途径，但是目前对于费托产物中含氧化合物的形成机理的研究同碳氢化合物形成机理的研究一样仍未得到一致的结论。于是一些专家学者试图从催化剂的核心–活性中心来解释有机氧化物的形成，提出了碳氢化合物与含氧有机化合物在催化剂的不同活性中心上生成的机理和理论。

3.2.2.3 反应动力学

对 F–T 合成来说，催化剂的影响甚大，而且 CO 和 H_2 在催化剂金属表面的吸附，CO 在金属表面的解离，金属表面上碳与氢的作用等都是影响反应速率的因素，从反应动力学分析，多相催化反应过程可分为以下几个阶段：

(1) 反应物从气相主体向催化剂表面扩散和传递。

(2) 反应物在催化剂表面的吸附。

(3) 吸附反应物在催化剂表面上的反应。

(4) 反应生成物的脱附。

(5) 反应物从催化剂表面往气相主体的扩散和传递。

大量的试验数据表明，在一定的反应条件和一定的催化剂作用下，反应物在催化剂表面的吸附是全反应过程速率的控制因素。除此之外，由于反应复杂、大量变数，反应机理众说不一，现在还没有一个普通方程来描述 F–T 合成宏观动力学。只能提供一些专家学者在特定条件下的研究结果。

早在 1956 年 Anderson 就提出了固定床铁系催化剂的动力学方程：

$$r = aP_{H_2} \cdot P_{CO} / (P_{CO} + bP_{H_2O}) \tag{3-53}$$

当温度不变时，参数 a、b 仅与原料气的组成有关。或 (3–53) 分母的 P_{H_2O} 意味水的抑制作用，这是由于水与 CO 在催化剂表面有效活性中心上的竞争吸附所致。Anderson 还研究了合成气转化率对动力学行为的影响规律。他认为，当转化率低于 60% 时，方程式 (3–53) 可简化为：

$$r = aP_{H_2} \tag{3-54}$$

Dry 等人研究了 F–T 反应在 225～260℃ 使用 Fe—Cu—K 催化剂的动力学行为后指出反应速率与 P_{H_2} 成一级反应关系，与 P_{CO} 无关，活化能 $E = 70kJ/mol$，这实际上与 Anderson 简化式是相同的。

Vannice 在低压下研究了不含助剂的铁系催化剂的 F–T 合成反应结果表明，即使 CH_4 为主要反应产物时，仍能较好地显示出与 P_{H_2} 成一级动力学关系。

Feinin 等在固定床反应器中研究了沉淀铁型 (Fe/Cu/K) 催化剂的合成动力学，获得的方程式为：

$$r = a \cdot P_{H_2O} \cdot P_{CO}^{-0.25} \tag{3-55}$$

式 (3–55) 中 P_{CO} 呈较弱的负指数关系，表明 CO 在催化剂表面活性中心上可能存在强吸附的现象，还发现水对甲烷的生成有微弱的抑制作用。

关于 H_2O 与 CO_2 对 F–T 合成反应的抑制作用，一般地讲，H_2O 较 CO_2 和 CO 在催化剂表面上有较强的吸附能力，所以在通常条件下，H_2O 的抑制作用要比 CO_2 明显得多。但当催化剂具有较高的水汽变换活性或原料气中 H_2/CO 比较低时，合成反应生成的 H_2O 将大部分转化为 CO_2，致使体系中 P_{H_2O} 降低，而 P_{CO_2} 明显升高，此时 CO_2 的抑制作用变得显著得多了。

表 3-12　铁系催化剂 F-T 合成动力学研究结果汇总

催化剂	反应器	反应条件			速率表达式	活化能/(kJ/mol)
		T/℃	P/MPa	H₂/CO		
铁系	固定床	—	—	—	$r_{H_2}=aP_{H_2}^2 \cdot P_{CO}$	88
氮化铁	固定床	—	—	—	$aP_{H_2}^*$	84
氮化熔铁	固定床	225~255	2.2	0.25~2.0	$aP_{H_2}^{0.66} \cdot P_{CO}^{0.34}$	71~100
熔铁	微分固定床	225~265	1.0~1.8	1.2~7.2	aP_{H_2}	71
Fe/Al₂O₃	微分固定床	220~255	1.0	3.0	$r_{H_2}=aP_{H_2}^{1.1} \cdot P_{CO}^{0.1}$	88
铁系	固定床	—	—	—	$aP_{H_2}/(1+bP_{H_2O}/P_{CO})$	63
氮化熔铁	无梯度固定床	250~315	2.0	2.0	$aP_{H_2}/(1+bP_{H_2O}/P_{CO})$	84
铁系	循环固定床	250~300	0.77~3.1	1.5~3.9	$aP_{H_2}/(1+bP_{H_2O}/P_{CO})$	37
沉淀铁	固定床	220~270	1.0~2.0	1.0~6.0	$aP_{H_2}/P_{CO}^{0.25}$	79~92

表 3-12 针对固定床反应器 F-T 合成反应动力学研究的总结，不难看出，表中的动力学方程基本上是相似的；但应指出的是，利用固定床反应器进行动力学研究，存在不足之处。如传质与传热的影响和二次反应等，使得对动力学数据的分析变得复杂与困难。

固定床反应器动力学的行为与催化剂颗粒的大小有着密切的关系，一般以催化剂有效因子 η 来表征。所谓有效因子指的是在催化剂上实测的反应速度与当该催化剂颗粒内外具有相同温度和浓度时所表现的反应速度之比。一般情况下 $\eta \leqslant 1$，通常有效因子随催化剂颗粒的减小而增大，当粒径足够小时，$\eta \approx 1$。Atwood 和 Bennett 的计算结果表明，对于 $d_p = 2 \sim 6mm$ 的催化剂颗粒，其有效因子相当低，只有当 $d_p < 0.03mm$ 时，催化剂微孔中不存在传质阻力时，其有效因子为 1.0。

近年来，由于浆态床反应器良好的传质与传热性能，不少人采用浆态床研究 F-T 合成反应的动力学规律，这些研究成果详见表 3-13。

表 3-13　浆态床反应器 F-T 合成反应的动力学结果

催化剂	反应温度/℃	速率表达式	活化能/(kJ/mol)
熔铁（CCI）	250~315	$\dfrac{k_0 P_{CO} \cdot P_{H_2}}{P_{CO}+aP_{H_2O}}$	85
Fe/Cu/K	265	$\dfrac{k_0 P_{CO} \cdot P_{H_2}}{P_{CO}+aP_{H_2O}}$	—
沉淀铁	270	$\dfrac{k_0 P_{CO} \cdot P_{H_2}}{P_{CO}+aP_{H_2O}}$	89
熔铁（UCI）	232~263	$\dfrac{k_0 P_{CO} \cdot P_{H_2}^2}{P_{CO} \cdot P_{H_2}+bP_{H_2O}}$	83

催化剂	反应温度/℃	速率表达式	活化能/(kJ/mol)
熔铁（BASF）	240	$\dfrac{k_0 P_{CO} \cdot P_{H_2}}{P_{CO} + c P_{CO_2}}$	81
沉淀铁/钾	220~260	$\dfrac{k_0 P_{CO} \cdot P_{H_2}}{P_{CO} + a P_{CO_2}}$	103

3.2.2.4 产物分布机理模型

由于 F-T 合成反应产物的复杂性，因此对其产物分布研究的主要目的是提高催化剂的选择性，以期获得高选择性的目的产物。开发高选择性的催化剂的关键在于对催化剂表面上碳物种的链增长过程的了解，而产物分布又是这一链增长过程的宏观体现，如何由产物分布来推知催化剂表面上的链增长过程一直是人们多年来不断探索的问题。人们在对 F-T 合成产物分布的不断研究提出了几种不同的分布模型。本文主要介绍具有代表性的"ASF 分布模型""双-分布模型"和"T-W 模型"三种模型。

1. ASF 分布模型（Anderson-Schulz-Flory——Model）

F-T 合成反应可以看作是一种简单的聚合反应，其单体可认为是 CO 形成的表面活性炭物种。在合成反应中碳链增长可表示为式（3-56）：

$$ \tag{3-56} $$

A_n 为链增长中碳原子数为 n 的碳链，G_n 为链终止生成碳原子数为 n 的烃类或含氧有机化合物，k_p 和 k_t 分别为链增长和链终止速率常数，并假定与链增长和链结构无关。以 A_{n+1} 为例导出 A_{n+1} 的平衡方程式如式（3-57）所示：

$$k_p A_n = (k_p + k_t) A_{n+1} \tag{3-57}$$

$$A_{n+1}/A_n = \frac{k_p}{k_p + k_t} = \alpha \tag{3-58}$$

这里的 α 定义为链增长概率，同样也可导出链终止几率 β：

$$\beta = \frac{k_t}{k_p + k_t} = 1 - \alpha \tag{3-59}$$

如果链增长在 $n+1$ 停止，则碳数为 $n+1$ 的产物应遵守式（3-60）：

$$\varphi n_{+1}/\varphi n = \alpha(1 - \alpha) \tag{3-60}$$

这里的 φ_n 是碳数为 n 的烃类的摩尔数。进一步可推导出不同碳数产物占全部产物的摩尔百分数：

$$W_n/n = \alpha^{n-1}(1 - \alpha) \tag{3-61}$$

其中 W_n——碳原子数为 n 的烃类的质量百分数。

对方程式（3-61）取自然对数则有：

$$\ln(W_n/n) = n\ln\alpha + \ln\frac{(1-\alpha)^2}{\alpha} \tag{3-62}$$

以 $\ln(W_n/n)$ 对 n 作图，由截距和斜率可求得 α 值。

许多实验结果表明，在整个 n 值范围内，$\ln(W_n/n)$ 对 n 并非一条直线，因此计算的 α 值也只是近似的平均值。如铁系催化剂的合成产物一般在 $C_4 \sim C_{12}$ 范围内线性关系较好。但 C_1 值往往偏高，而 C_2、C_3 值偏低，C_{12}^+ 则常常出现 α 值的正负增长情况。这种现象的出现是由于在催化剂表面上发生二次反应引起的。

方程式（3-58）中 α 的含义对 F-T 合成产物的分布具有判断价值。如果 $k_p \ll k_t$，产物基本上为低分子烃类，如甲烷或 $C_2 \sim C_4$ 轻烃；如果 $k_p \approx k_t$，反应将生成分布较广泛的产物，如 $C_1 \sim C_{20}$；如果 $k_p \gg k_t$，则反应将生成高相对分子质量产物，如石蜡或其他高聚物。

α 值取决于催化剂组成、粒度以及反应条件。表 3-14 给出的是不同的研究者采用不同的催化剂、不同的条件下在浆态床反应得到的 α 值。

表 3-14 有关浆态床反应的 α 值

研究者	碳链增长概率 a	估算基准	反应条件			催化剂
kobel 等 1955	0.84~0.85	$C_1 \sim C_2$	温度：266~268℃ 压力：1.1~1.2MPa 空速：220~270h⁻¹			沉淀铁 无载体 助剂：K_2O，Cu
Hall 等 1952 年	0.64~0.71	C_1	温度：265~320℃ 压力：2.2~4.2MPa 空速：210h⁻¹			熔融铁 助剂：3%MgO 0.7%K_2O
Farley 等 1964 年	0.71~0.74	C_1	温度：234~259℃ 压力：1.1MPa 空速：210h⁻¹			熔融铁 助剂：1%K_2O 1%Cu，0.1%SO_3
Satler 和 Huff 1982 年	0.67~0.71	$C_1 \sim C_2$	温度：234~259℃ 压力：0.97MPa 空速：60~420h⁻¹			熔融铁 助剂：2%~3%Al_2O_3 0.5%~0.8%K_2O
Kobel 和 Ralek 1982 年	0.64 0.88 0.94	$C_3 \sim C_4$ $C_3 \sim C_4$ $C_3 \sim C_4$	温度/℃ 260~280 260 240~260	相对分子质量 低 中 高	压力/MPa 1.1 1.1 1.1	熔融铁 助剂：碱含量较低 助剂：碱含量较高

从表 3-14 可以看出，在浆态床反应器中，不同的 α 值对应不同的催化剂及反应条件，从而可以满足不同的产品要求。也就是说，根据不同的需求，只要设定不同的前提条件就能生产不同的产品。α 值低，可生产轻组分油品，如石脑油、汽油、柴油等；α 值高，可生产重组分产品，如 F-T 石蜡，其熔点可达到 100℃。

2. 双-分布模型（Double—Model）

近期的研究表明，铁系催化的 F-T 合成产物在 ASF 分布图上存在着两个值，一般在 C_{10} 组分左右 α 值发生变化，且 $\alpha_2 > \alpha_1$，即需用两个 α 值来描述产物的分布，故称为"双-α 分布"。关于双-α 分布的机理，有人试图用催化剂表面双活性中心的理论给以解释。有人认为是由于助剂 K 在催化体系中的不均匀分布，以致在催化剂表面形成了两类不同的活性中心。这里所说的双活性中心是指一类活性中心与正在增长中的链相对吸附较强，因而增长的链不易脱附，形成了高碳的烃产物，这就是所谓双活性中心机理。

根据双活性中心机理，ASF 分布的表达式变为：

$$M_n = \chi(1-\alpha_1)\alpha_1^{n-1} + (1-\chi)(1-\alpha_2)\alpha_2^{n-1} \tag{3-63}$$

式中，M_n 为碳原子数为 n 的产物占总产物的摩尔分数；α_1、α_2 分别为活性中心 1 和 2 上的链增长概率；χ 为活性中心 1 上生成物的摩尔数；$1-\chi$ 为活性中心 2 上生成物的摩尔分数。

影响 α_1 和 α_2 值变化的主要因素有：原料气中 H_2/CO 比，合成反应温度和催化剂助剂等。但最主要因素还是原料气的组成，随原料气中 H_2/CO 比值的减小，α_1 值逐渐增加。在合成反应的适宜温度区间内，随反应温度的升高，α_1 值无明显变化，而 α_2 值却逐渐降低。关于助剂的影响，有人指出，铁系催化剂中钾助剂的存在可使 α_2 值增大，进而使产物中重组分比例提高，产物的平均碳原子数也随之增大。

值得指出的是双活性中心机理只是对部分实验结果的近似解释。这是因为该机理首先假设在催化剂表面上可形成两类活性中心，且不存在表面扩散和迁移，这在实际的反应条件下似乎是不可能。正因为如此，双活性中心理论也无法解释许多的实验事实，暴露出该理论的局限性。

3. T-W 分布模型（Taylor-Wojciechowsri Model）

在总结 ASF 分布和双 α 分布两个模型的基础上，Taylor 和 Wojciechowski 对 F-T 合成产物分布规律进行了大量的定量处理，通过引入一套分布参数，定量地描述了各种可能产物分布物性，称之为 T-W 分布模型。由于该模型与实际的实验结果更为接近，因此它很快得到了众多学者的承认和应用，该模型的基本模式可表示如下式(3-64)：

$$\begin{array}{c} \text{R1} \xrightarrow{\alpha} \text{R11} \begin{array}{l} \xrightarrow{\alpha} \text{R111} \xrightarrow{\delta} \text{R211} \\ \xrightarrow{\beta} \text{R21} \searrow \\ \xrightarrow{\gamma} \Phi \quad \xrightarrow{\gamma} \Phi \end{array} \\ \searrow_{\gamma} \Phi \end{array} \tag{3-64}$$

图中，R 为碳氢化合物取代基，R1 表示甲基 CH_3—，R11 表示乙基 CH_3CH_2—，R111 表示直链丙基 $CH_3CH_2CH_2$—，R21 表示支链丙基，R211 表示支链丁基，Φ 表示链终止后的烃类产物，α、β、γ 则分别表示链增长、支化和终止的反应速率，δ 表示支链的链增长速率。如以—CH_3 表示 R1，则可直观地描述为：

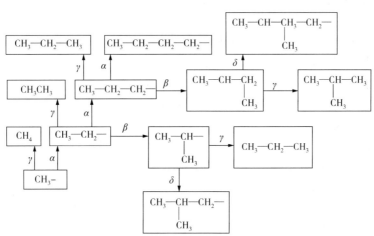

为了数学处理和描述的方便，引入以下几个参数

直链增长参数
$$a = \frac{\alpha}{\alpha+\beta+\gamma}$$

支链增长参数
$$b = \frac{\beta}{\delta+\gamma}$$

链终止参数
$$c = \frac{\gamma}{\alpha+\gamma}$$

支链二次增长参数
$$d = \frac{\delta}{\alpha+\beta+\gamma}$$

以及相对反应速率常数的概念，如：$\alpha' = \alpha/\gamma$，$\beta' = \beta/\gamma$，$\gamma' = \gamma/\alpha$，$\delta' = \delta/\gamma$，$\beta'' = \beta/\alpha$，$\delta'' = \delta/\alpha$ 等。

参数 a、b、c、d 可直接由实验求得，进而求出 α、β、γ 等数值，获得合成产物分布规律。

分析一下 T-W 模型中各参数的取值范围，便可预测产物分布情况：

$\alpha=0$、$\beta\neq0$、$\delta\neq0$ 时，产物将全部为甲基支链化物；

$\beta=0$、$\alpha\neq0$、$\delta\neq0$ 时，没有链的支化过程，全部产物为直链物；

$\delta=0$、$\alpha\neq0$、$\beta\neq0$ 时，产物为直链烃和 2-甲基烃类。

如果以 γ_1、γ_2 和 γ_3 分别表示生成烷烃、烯烃和醇类的链终止反应速率，而 γ 为 γ_1、γ_2 和 γ_3 的加合，可得以下几种可能：

$\gamma_1\neq0$，$\gamma_2=0$，$\gamma_3=0$，产物将全部为烷烃，$\alpha=0$ 时全部为甲烷；

$\gamma_2\neq0$，$\gamma_1=0$，$\gamma_3=0$，产物将全部为烯烃；

$\gamma_3\neq0$，$\gamma_1=0$，$\gamma_2=0$，产物将全部为醇类，$\alpha=0$ 时全部为甲醇。

近年来 Wojciechowski 对 T-W 模型进行了更深入的研究，基于以下三点假设：

（1）表面活性物种在合成反应中既不能相互转变，又不能发生迁移；

（2）链增长对所有的物种是均等的；

（3）链增长和终止均为双分子反应，即只有相邻两种才能发生反应。

为此提出了催化剂表面上可能存在的六种活性物种：

类型 1：链增长活性物种 ∗R11。

类型 2：活性物种 ∗CH$_2$ 可作为链增长单体或进一步加氢。

类型 3：活性物种 ∗H 可进行加氢或链终止。

类型 4：活性物种 ∗CH$_3$ 可进行链终止生成甲烷或烃类。

类型 5：活性物种 ∗CH 可加氢终止链增长生成烯烃。

类型 6：活性物种 ∗OH 可进行链终止生成醇类。

根据只有两种物种处于邻位时才能发生反应的假设，上述六种不同物种的不同组合可生成以下几种主要产物：类型 1、类型 2、类型 3 或类型 1、类型 2、类型 4 组合，可生成烷烃；类型 1、类型 2、类型 5 组合，生成烯烃；类型 1、类型 2、类型 6 组合，生成醇类。

尽管类型 1、类型 2、类型 3 和类型 1、类型 2、类型 4 的组合都生成烷烃，但由于类型 3 活性物种（∗H）的终止速度较类型 4 活性物种（∗CH$_3$）要快得多，因此实际产物中低碳烷烃要比高碳烷烃高，这就是 ASF 分布图上的双 α 值出现的原因。

综上所述，T-W 分布模型运用统计概率的概念，描述 F-T 合成过程的产物分布规律，较好地解释了产物中烷烃、烯烃和醇类的生成与分布规律，并得到了实验结果的验证。但是不少学者对 T-W 理论的几点假设提出进一步思考和疑问，如：

（1）链终止过程中是否会伴随其他反应，如插入烯醇二次反应等。

（2）催化剂表面上六种活性物种的稳定、分布、迁移和扩散问题。

（3）增长中的两个链段是否会相互结合形成稳定产物等。

这些问题与疑问都有待于人们用数理统计方法去进一步研究，尤其是催化剂表面上活性物种的分布和扩散情况，正如 Wojciechowski 所指出的那样，T-W 模型的下一个主要问题是确定影响分布参数的因素、活性物种分布与表面迁移或流动性等。相信经过广大研究者的努力，T-W 分布模型将发展成为更系统和更合理地描述 F-T 合成产物分布的理论模型。

3.2.3 煤间接液化反应器

F-T 合成反应是在催化剂作用下的强放热反应，费托合成反应器是合成过程中的关键设备。目前用于工业生产的费托合成反应器大致有归纳为三类，固定床反应器、流化床反应器和浆态床反应器，其中，流化床反应器又可分为循环流化床反应器(CFB)和固定流化床反应器(FFLB)。低温费托合成工艺采用固定床反应器或浆态床反应器，高温费托合成工艺采用流化床反应器。

Sasol 公司的费托合成反应器的开发及工程化经历了固定床反应器技术阶段(1950—1980年)、循环流化床反应器阶段(1970—1990年)、固定流化床反应器阶段(1990年至今)、浆态床反应器阶段(1993年至今)，这也是目前煤间接液化制油工艺技术中最主要的合成反应器形式。

费托合成反应器的设计应根据催化剂的特点和对目标产物的要求，且以反应动力学、热力学、传递过程和流体力学的深入研究为基础，真正实现设计合理、控制可靠、运行安全稳定。无论选用何种煤间接液化工艺流程，合成反应器的设计和选择都需要考虑以下几个问题：

（1）反应热的移出。F-T 合成反应是强放热反应，平均放热约 170kJ/mol 碳原子，热效应较大，常发生催化剂局部过热现象，导致理想产物选择性降低，容易引起催化剂结炭甚至堵塞床层。所以有效地移出反应热，对保持催化剂的活性、稳定性及产物的选择性至关重要，也是反应器设计中首先需要考虑的问题。

（2）催化剂的更换和分离。费托合成催化剂和其他化学反应催化剂一样，有一定的活性周期，需要定期更换，因此反应器的设计需要考虑催化剂和液体产物的分离问题。

（3）原料气分布均匀，反应器容易制造维护，制造成本低。

接下来对三种 F-T 合成反应器的特点做简要介绍，限于篇幅仅介绍其一般特点，需要时请查阅有关资料。

3.2.3.1 固定床反应器

流体通过静止不同的固体催化剂或固体反应物形成的床层而进行反应的装置称为固定床反应器。固定床反应器是较常见的一种煤间接液化反应器，也是费托合成最早采用的反应器形式。工业上曾应用或正在应用的固定床反应器主要有常压平行薄层反应器、套管式反应器及列管式反应器。常压薄层反应器是 20 世纪德国开发的固定床反应器，也是最早的 F-T 合成工业反应器，用于常压钴催化剂合成。反应器内，催化剂呈薄层铺在多层排列的多孔钢板上，其上有许多冷却水管穿过，用于移出反应热，这种反应器笨重、效率低，已经被淘汰。套管式反应器曾用于中压钴催化剂和中压铁催化剂合成，壳体内部装有多根同心套管，催化剂置于管间环隙内，恒温散热压力水在内管的内侧及外管的外侧循环，将反应热带出。与薄层反应器相比，套管式反应器热传递和生产能力有一定提高，但是由于不能满足现代化工业的需求，也已经被弃之不用。

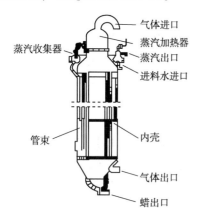

气体进口
蒸汽加热器
蒸汽收集器
蒸汽出口
进料水进口

管束
内壳

气体出口
蜡出口

图3-24　固定床反应器示意图

列管式固定床反应器是在上述两种反应器的基础上研究开发而成的高速固定床反应器。类似于一个管壳式换热器，由圆筒形壳体和内部竖置的管束组成。管内填充催化剂，管间为加压饱和水，利用水的沸腾蒸发移走F-T合成反应热；管内反应温度可由管间蒸汽压力来控制和调节。反应器顶部装有一个蒸汽加热器加热入料气体，底部设有反应后油气和残余气出口管、石蜡出口管和二氧化碳入口管。关于列管结构未见报道，资料只称管内部分填充催化剂。固定床反应器结构见图3-24。

德国二次大战末期开发的中压固定床合成列管反应器，称为Arge反应器。当时该反应器采用了具有内冷却管的套管作反应列管，催化剂填充在套管的环隙内，内冷却管的上端和下端都有一垂直短管，通过环隙连接于外管壁，与套管外的冷却介质相通。1953年，Sasol公司建煤间接液化厂初期选择了德国的Arge固定床和美国Kelloge公司的Synthol流化床反应器。目前，在南非Sasol-I厂仍有6台Arge固定床反应器。反应器直径为2.95m，高12.8m，反应器内有2052根内径为50mm、长12m的钢管，可充填40m³催化剂。反应器中的催化剂用栅板承托，栅板安装在底部管板下，由几块扇形栅板组成，更换催化剂时可用器外机构将栅板打开，将催化剂卸出。

研究表明，由于反应热依靠管子的径向传热导出，因此，增加管子直径或增大反应器直径都将受到限制。因此希望大规模放大固定床反应器是困难的。固定床反应器使用沉淀铁催化剂，反应温度较低，一般为220～245℃，压力2.5MPa，设计新鲜原料气空速为500h⁻¹，循环比1.5～2.5。Sasol-I厂的固定床反应器每台年产量为1.8万t。产品主要是汽、柴油和蜡，其中蜡的产量占总产量50%～60%。

固定床反应器的优点是形式灵活多样，操作简单，合成气中微量硫化物可由反应器顶部床层催化剂吸附，故整个装置受硫化物影响有限，而且不存在催化剂与液态产品的分离问题。但由于反应放热量大，管中存在温度梯度，以此控制床层温度，管径较小容易积炭造成催化剂破裂和堵塞，需要频繁更换催化剂。装置结构复杂，操作和维修十分困难，造成工厂长时间停产和操作中的扰动，反应器产能低下。同时压降很高，压缩费用高，所以迫切需要有新的设计来代替它。后来Sasolburg公司又提出了一个新的固定床设计方案，但由于浆态床反应器的发展而未使用。

1990年，Shell公司成功开发了基于列管式固定床反应器的SMDS(Shell Middle Distillate Synthesis)工艺，1993年在马来西亚Binulu地区装置投产，是目前世界上第一个成功进行商业化运作的天然气合成油工厂。

3.2.3.2　流化床反应器

流化床反应器是合成气在反应器内达到较高的线速度，使催化剂悬浮在反应气流中。煤间接液化制油工艺使用的流化床 F-T 合成反应器分为循环流化床（CFB）和固定流化床（FFB）两种。

1. 循环流化床反应器

循环流化床反应器最初是美国 Kelloge 公司根据有限的中试装置数据设计的，Sasol 公司在 20 世纪 50 年代采用后操作一直不正常。经 Sasol 公司多次技术改进及放大，现在称为"Sasol Synthol"反应器。循环流化床反应器由反应器和催化剂沉降器两大部分构成，上下分别用管道连接，其结构如图 3-25 所示。

原料气从反应器底部进入，与立管中经滑阀下降的热催化剂流汇合，将气体预热到反应温度，进入反应区。大部分反应热由反应器内的两组换热器带走，其余部分被原料气和产品气吸收。催化剂在较宽的沉降漏斗中，经旋风分离器与气体分离，由立管向下流动而继续使用，而未反应的气体和产品蒸汽一起离开反应器。

Kelloge 公司设计的反应器尺寸：高 36m，直径为 2.2m，分离沉降器直径为 5m。经 Sasol 公司改进放大后，Sasol-Ⅱ 和 Sasol-Ⅲ 厂曾使用 φ3.6m，高

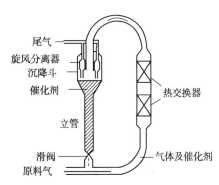

图 3-25　循环流化床反应器示意图

75m 的大型循环流化床反应器。该反应器使用的是约 74μm 熔铁粉末催化剂，催化剂悬浮在反应气流中，并被气流夹带至沉降器，进行分离循环使用。反应器操作温度 350℃，压力 2.5MPa，催化剂装填量 450t，循环量 8000t/h，每台反应器生产能力 26 万 t/a。运转时新鲜原料气与循环气混合后在进入反应系统前先预热至 160℃，混合气被返回的热催化剂，在水平输送管道部分被很快加热至 315℃。F-T 反应在提升管及反应器内进行。反应器内装有换热装置，移出反应热的 30%~40%，反应器顶部维持在 340℃，生成气与催化剂经沉降室内的旋风分离器进行分离。Synthol 反应器由于操作温度较高，生成的气态和低沸点的产品较多，不生成蜡。

循环流化床反应器的优点是传热效率高，温度易于控制，催化剂可连续再生，在线装卸催化剂容易，单元设备具有生产能力大、结构比较简单和装置运转时间长的优点。循环流化床反应器的缺点是装置投资高，操作复杂，进一步放大困难，旋风分离器容易被催化剂堵塞，同时有大量催化剂损失，因而滑阀间的压力平衡需要很好的控制；此外，高温操作可能导致积炭和催化剂破裂，使催化剂的耗量增加。

Synthol 循环流化床反应器比 Arge 固定床反应器在传热性能、反应温度控制等方面都有许多显著的优点，但该反应器还有许多不足之处。

2. 固定流化床反应器

由于循环流化床反应器有许多不足之处，因此 Sasol 公司与美国 Badger 公司合作开发了称为固定流化床的 F-T 合成反应器，简称为 SAS（Sasol Advanced Synthol）反应器。固定流化床反应器结构如图 3-26 所示，它是一个底部带有气体分布器的塔，中部流化床床层内置冷却盘管；顶部设有多孔金属过滤器用于气固分离，尽量不让催化剂带至塔外。床层上方有足够

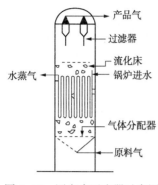

图 3-26　固定床反应器示意图

空间可分离出大部分催化剂，剩余催化剂则通过反应器顶部的多孔金属过滤器被全部分离出并送回床层。由于固定流化床反应器的直径远大于循环流化床，所以在固定流化床内安装冷却盘管的空间也相应增大，这使得转化率更高，产能也大大提高。

Sasol 公司在 1989 年建成了 8 台 SAS 反应器，该反应器直径 5m，高 22m。1995 年又设计了直径 8m，高 38m 的反应器，单台生产能力 1500t/d，1999 年末投产了直径 10.7m，高 38m 的 SAS 反应器，单台生产能力达到 2500t/d。SAS 反应器操作温度较高为 350℃ 左右，主要产品为汽、柴油和烯烃等化工产品。现 Sasol-Ⅱ 和 Sasol-Ⅲ 厂共有 4 台 8m 和 4 台 10.7m 的固定流化床反应器在运行，催化剂是 Sasol 开发的铁系催化剂。

SAS 反应器在许多方面要优于 Synthol 反应器。如 SAS 反应器在相同处理能力下体积较小。SAS 反应器的直径可以是 Synthol 反应器的 2 倍，而高度却只有后者的一半。SAS 反应器取消了催化剂循环系统，加入的催化剂能得到有效利用，而 Synthol 反应器内催化剂的数量仅占装入量的 1/3，因此决定反应器转化性能的气/剂比(合成气流量与催化剂装入量之比)，SAS 是 Synthol 的 2 倍。SAS 反应器的投资是相同生产能力 Synthol 反应器的一半左右。SAS 反应器操作费用较低，转化率较高，生产能力得到提高，操作简单。此外，SAS 反应器中的固、气分离效果也好于 Synthol 反应器。

3. 浆态床反应器

浆态床反应器是一种气、液、固三相反应器，反应器内充满惰性液体(高沸点蜡)，催化剂颗粒微小，分散在液体中，合成气以气泡的形式通过。合成气以鼓泡方式向上通过含有粉状催化剂的液相惰性介质进行反应的浆态床 F-T 合成技术，始于 1938 年德国 Kolbel 等人的研究，1953 年德国 Rheinpreussen 公司建成了日产 11.5 万 t 液体燃料的中试装置。

在早期的 F-T 合成研究中，人们发现铁催化和钴、镍催化有不同之处。钴催化时的反应为：

$$CO+2H_2 \Longrightarrow —CH_2—+H_2O \qquad \Delta H(227℃) = -165kJ \qquad (3-65)$$

铁催化时的反应为：

$$2CO+H_2 \Longrightarrow —CH_2—+CO_2 \qquad \Delta H(227℃) = -204.8kJ \qquad (3-66)$$

尽管 Fischer 考虑到水的二次反应，即水煤气变换反应：

$$CO+H_2O \Longrightarrow CO_2+H_2 \qquad \Delta H(227℃) = -39.8kJ \qquad (3-67)$$

但他并没有将这一概念扩展开来并坚持下去。根据 Fischer 的想法，烃的合成必须经过一个碳化中间体。这样，氧必然来自 CO 的解离，经过 CO 再和氢气生成水，或经过 Fe 催化与 CO 生成 CO_2，接下来就提出了两个反应机理，尽管两种催化剂合成烃都经过碳化物中间体的加氢生成相似的烃类。

CO 加氢对水蒸气的作用，直到 1948 年都是人们研究的重点，Co 催化的 F-T 合成和 Fe 在低空速和富 CO 气氛下的合成并没有什么区别。如果反应生成水从反应器移走的话，Fe 催化的 F-T 合成和 Co 是极其相似的。这就说明，反应方程式(3-65)是合成的初始反应，反应(3-66)是反应(3-65)和反应(3-67)的最终结果。

对水煤气反应的系统研究导致 1949 年提出了一个新的烃合成概念，定义为 Kolbel-Engelhardt(K-E)合成，反应式如(3-68)所示：

$$3CO+H_2O \Longrightarrow —CH_2—+2CO_2 \qquad \Delta H(227℃)=-244.5kJ \qquad (3-68)$$

反应可以在特定条件下操作，产物除烃类外，还有大约10%的含氧化合物。这一工艺使得合成反应可以在不直接生产氢气的情况下或富CO贫H_2的条件下，得以实现。如工业煤气和高炉煤气等等。

动力学研究表明，K-E反应经历了一个氢气产生的中间过程，这种中间氢从F-T合成生成的水经变换反应得到，如反应(3-69)所示：

$$CO+2H_2 \Longrightarrow —CH_2—+H_2O$$

$$2CO+2H_2O \Longrightarrow 2H_2+2CO_2 \qquad (3-69)$$

如此看来K-E反应包含了2个普通的化学反应过程，即F-T合成反应和CO变换反应。

理论上讲，在K-E反应条件下，所有对F-T合成具有活性并且阻止氧化反应发生的催化剂都是K-E合成反应的催化剂，但铁特别有效。Co和Ni也有一定的作用，Ru在高压下能催化生成长的链烃。对催化剂的研究主要是既要求高的催化活性和长的寿命又要求高的选择性。不希望生成甲烷及发生催化剂的氧化反应。过量的CO会导致碳沉积而过量的水则会导致氧化反应的发生。

使用沉淀铁催化剂时，反应温度最好控制在180~280℃，最佳温度的确定实际上由两个条件决定，一是温度必须足够高来获得较高的转化率，二是不要高到甲烷大量生成和催化剂表面产生炭沉积。CO变换、烃的生成和甲烷的生成都是温度的函数。低于220℃时，只发生水煤气变换反应，几乎看不到烃类的生成；但在220℃时，烃类的产率为186g/m^2(标准状态)CO，甲烷只占烃类的2%；240℃时CO转化率开始缓慢下降，甲烷急剧上升，较高的温度使催化剂的活性下降，对沉淀铁催化剂而言，最佳的反应温度为220~230℃，此时CO转化率能达到95%~98%，产生甲烷占2.5%~6.0%。不同的催化剂，温度影响也不同，但总的趋势是一样的。高空速有利于含氧化合物的生成。使用沉淀铁催化剂在2.1MPa压力下反应，空速45h^{-1}，CO转化率达到100%；含氧化合物只占2%，但空速为160h^{-1}时，CO转化率只有15%，含氧化合物却占12%。随空速的增加，带侧链的烃类数量减小。

表3-15给出了反应压力对产品组成的影响。随压力的升高含氧化合物含量的增加，尤其压力在3.0~10.0MPa之间更为突出。醇类由3%猛增至30%，但产品总量由163g/m^3(标准状态)CO升至216g/m^3(标准状态)CO，烯烃含量占全部产品的39%~56%。

表3-15 压力对产品产率和组成的影响

压力/MPa	CO转化率/%	产率/g/m³(标准状态)CO	醇类含量/%(m)
0.1	94.0	163.2	0.1
1.1	93.5	168.5	0.4
3.0	92.5	175.5	3.0
5.0	92.6	174.0	5.2
7.0	96.0	195.0	12.1
10.0	91.5	216.0	29.5

K-E 反应可以在固定床、流化床中进行，但随着浆态床反应器的开发，使 K-E 反应优越性得以充分发挥。这主要表现在：

（1）可以直接使用现代大型气化炉生产的低 H_2/CO 比值（0.6~0.8）的合成原料气，而不需要进行变换。

（2）反应器换热效率高，温度容易控制。

（3）合成气单程转化率高而无需尾气循环。

（4）生产操作弹性大。

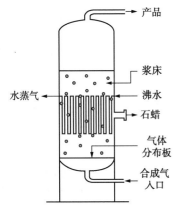

图 3-27　浆态床反应器示意图

由于上述优势，世界上许多研究机构和公司都致力于浆态床合成技术的研究。浆态床由于解决了列管式固定床的很多难题，是目前使用较广泛的工艺，也是 GTL 技术发展的方向。浆态床反应器结构如图 3-27 所示。

Sasol 公司尽管在流化床反应器上积累了丰富的经验，但也一直在对浆态床进行研究和开发。1980 年前后，Sasol 公司开始立项研究浆态床反应器，进展很快。1993 年，Sasol 公司设计的一台先进的浆态床反应器在 Sasol - Ⅰ 厂成功运转，其直径为 5m，生产能力为 2500bbl/d，该反应器称为 Sasol Slurry Phase Distillate（SSPD）反应器，其反应温度较低，为 250℃。

浆态床反应器比管式固定床反应器简单，易于制造，价格便宜，且易于放大。它有一个冷却盘管，合成气从反应器底部进入，通过气体分布板以气泡形式进入浆液反应器，通过液相扩散到悬浮的催化剂颗粒表面进行反应，生成烃和水。重质烃是形成浆态相的一部分，而轻质气态产品和水通过液相扩散到气流分离区。气态产品和未反应的合成气通过床层到达顶端的气体出口，热量从浆相传递到冷却盘管并产生蒸汽，气态轻烃和未转化的反应物被压缩到冷阱中，而重质液态烃与浆态相混合，通过专利分离工艺予以分离。

由于浆态相和气泡的剧烈作用，使反应热容易扩散，浆态相接近等温状态，温控更加容易与灵活。浆态床反应器的平均温度比管式固定床反应器高得多，从而具有较高的反应速率和产品的选择性。通过静态液压计对床层压降的检测，发现它比管式固定床反应器低得多，可降低大量的气体压缩费用，消除了停机和检修所带来的经济损失。另外反应器中催化剂负荷均匀不易破裂，且在线更换和添加催化剂非常方便，这与常常更换催化剂的管式固定床反应器相比，是一个重大的进步。

但是，对反应器硫中毒影响的研究表明，在同样条件下，浆态床反应器由于硫中毒而引起的转化率的下降是固定床反应器的 1.5~2 倍，因此在使用浆态床反应器时必须进行有效的脱硫处理。另外，浆态床反应器也有其传质阻力较大的局限性。在浆态相中，CO 的传递速率比 H_2 慢，存在着明显的浓度梯度，可能造成催化剂表面 CO 浓度较低，不利于链增长形成长链烃。因此，当前急需解决的是浆态床中的传质问题。

3.2.3.3　几种反应器的比较

由于不同反应器所用的催化剂和反应条件互有区别，反应器内传热、传质和停留时间等工艺条件不同，因此所得结果有很大差别，具体情况如表 3-16 和表 3-17 所示。

表 3-16　固定床流化床和浆态床反应器的特征

特　　征	固定床	循环流化床	固定流化床	浆态床
热交换速率或散热	慢	中到高	高	高
系统内的热传导	差	好	好	好
反应器直径限制	大约 8cm*	无	无	无
高气速下的压力降	小	中	高	中到高
气相停留时间分布	窄	窄	宽	窄到中
气相的轴向混合	小	小	大	小到中
催化剂的轴向混合	无	小	大	小到中
催化剂浓度	0.55~0.7	0.01~0.1	0.3~0.6	最大 0.6
固相的粒度/mm	1.5	0.01~0.5	0.003~1	0.1~1
催化剂的再生或更换	间歇合成	连续合成	连续合成	连续合成
催化剂损失	无	2%~4%	由于磨损不可回收	小

*注：指单根反应管。

表 3-17　三种反应器都使用熔铁催化剂时的反应条件和产物

项　　目		固定床	流化床	浆态床
反应温度/℃		265	305	265
反应压力/MPa		2.0	2.0	2.0
H_2/CO		2.05	2.11	2.10
CO		93	90	97
产物分布/%	C_1	22	27	8
	$C_2~C_4$	34	34	35
	$C_5-200℃$	32	32	22
	200~300℃	6	3	11
	≥300℃	4	1	17
	含氧化物	2	3	7
烯烃/总烃/%		49	82	59

由表 3-16、表 3-17 可以看出，尽管表中的数据看上去无严格的可比性，但可以看出不同反应器的特点。总的来说，从产品总产率来看，三者相差不大，但产品分布则完全不同。与流化床相比，固定床由于反应温度较低及其他原因，重质油和石蜡产率高，甲烷和烯烃产率低，流化床正好相反。流化床和浆态床比固定床能生成更多的烯烃。浆态床的明显特点是中间馏分的产率最高，操作条件和产品分布的弹性大，而且生成的丙烯比例很大，选择性较好。

3.2.4　煤间接液化工艺

煤间接液化技术是先将煤气化制合成气（CO 和 H_2），再通过催化合成获得液态烃为主要产品的技术，由德国 F. Fischer 和 H. Tropsch 发明，也称 F-T 合成或费托合成。该技术属于最早的碳一化工,随着碳一化工技术的发展,间接液化的范畴也在扩大,如合成气–甲醇–汽油的 MTG 技术,或合成气直接合成二甲醚和低碳醇燃料技术也归属于煤间接液化。煤间接液化技术包括煤气化工艺和 F–T 合成两部分。

3.2.4.1 煤气化工艺

高温条件下(900℃以上),煤与氧气和水蒸气反应生成 CO、CO_2、H_2 和甲烷等简单气体分子,经过一系列净化最后得到 CO 和 H_2,有时需要变换反应调节其比例,对于间接液化 CO 和 H_2 的最佳比例为 1:2。另外,合成气的原料不仅仅是煤,碳氢化合物均可作为气化原料,如天然气、焦炉气、渣油、石油焦、生物质和垃圾中的有机物等,目前工业上应用最多的是煤和天然气。

由于煤种、产品和建厂条件不同,及煤气化技术比较复杂等因素,煤气化工艺必然呈现多样化,世界上不存在适应任何原料和产品的煤气化技术,因此,不同的煤种和不同的产品采用不同的煤气化工艺。按照煤在气化炉中的流体力学行为,煤气化分为移动床(固定床)气化、流化床气化、气流床气化、熔融床气化、均已工业化或已建示范装置,前三种是现在比较成熟的工业技术。在此介绍几种对煤间接液化制合成气有现实意义的典型的气化工艺,包括 Lurgi 工艺、HTW 工艺、Shell 工艺、Texaco 工艺。

1. Lurgi 工艺

Lurgi 工艺属于移动床加压气化工艺。以 5~50mm 的块煤为原料,煤由气化炉顶部加入,气化剂由底部通入,煤与气化剂逆流接触,气化反应较为完全,灰渣中残炭少。气化煤气显热相当部分供给上层煤的干馏和干燥,煤气出口温度低,灰渣的显热预热了入炉的气化剂,因此,热量利用合理,气化效率高,是一种理想的完全气化方式。鲁奇加压气化工艺流程如图 3-28 所示。

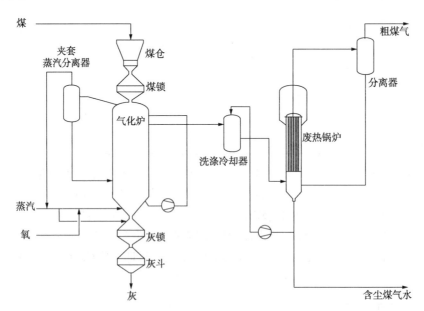

图 3-28 Lurgi 煤气化工艺流程简图

传统的鲁奇气化采用固态排渣,水蒸气用量大,分解率低,因此,现代鲁奇气化开发了液化排渣,英国煤气公司把工业鲁奇炉炉箅去掉,安装氧气和蒸汽风嘴,气化剂喷入床内燃烧层底部,喷入的气流能够形成足够大的速度扰动燃烧空间,灰渣形成流动的熔渣,通过炉体中央的排渣口排入激急室内水中。液态排渣技术煤气指标改进显著,气化炉生产能力提高3~4倍,水蒸气分解率提高,后续系统冷凝液大大减少,过程热效率提高6%。

鲁奇气化优点在于逆流气化,出口煤气温度低,能合成部分甲烷;氧耗低,煤气成本低,H_2/CO比例高,煤种适应性强,原料可选择灰分高达50%的煤,也可使用高灰熔点煤。鲁奇气化缺点在于原料煤的黏结性有要求,气化和煤气冷却过程产生含焦油和酚的水,水处理难度大,费用高。

鲁奇气化工艺是目前世界上用于生产合成气的主要方法之一。全世界在运行的鲁奇气化炉,其中南非Sasol公司就拥有97台。我国潞城、开远、哈尔滨、兰州和义马等地也采用鲁奇气化炉用于合成气或城市煤气的生产;新疆和内蒙古等地区采用鲁奇气化炉用于天然气制备。

2. HTW工艺

HTW工艺属于流化床加压气化技术,以碎煤为原料,气化剂经气化炉底部气体分布板入炉,向上通过煤料床层,通过调节和控制气化剂的流速,可使煤料在处于流化状态下与气化剂进行热量交换并发生气化反应。

在Winkler流化床常压气化工艺基础上,人们开发出了HTW工艺。与Winkler流化床常压气化工艺相比,HTW工艺压力提高到1MPa,气化温度提高到1000℃以上,粗煤气中甲烷含量降低,粗颗粒带出物循环回炉,碳转化率和煤气产量提高,气化强度可达$7700m^3/m^2 \cdot h$。流化床气化工艺的最大特点是气化炉内整个煤料床层的温度和固体中的碳浓度比较均匀。

HTW工艺优点在于气化强度高,单炉生产能力远高于移动床气化炉,投资省,运行灵活,氧耗低,不产生液态烃。HTW工艺对煤的气化活性要求高,适合褐煤与高活性烟煤。HTW煤气化工艺流程如图3-29所示。

3. Shell工艺

Shell工艺属于气流床加压气化技术。原料煤经粉碎、干燥至含水量低于2%,粒度90%通过90 μm(170目)筛孔,入常压煤仓和加压煤仓,煤粉用氮气浓相($400kg/m^3$)输入气化炉。气化炉内设置对称喷嘴,蒸汽、氧气、煤粉在气化炉内反应温度超过1400℃,高温下煤灰熔化,沿水冷耐火衬里内壁流入下面的水浴而固化,再通过锁斗排出。粗煤气含有少量的未燃碳和相当量的熔融灰,用循环冷煤气激冷到900~1100℃,以避免黏结性灰渣进入废热锅炉。废热锅炉包括辐射室和对流室,使煤气冷却到300℃,然后煤气进入后面的除尘和水洗系统。

Shell煤气化工艺的煤种适应性较广,从无烟煤、烟煤、褐煤到石油焦均可气化,对煤的灰熔点比其他气化工艺更为宽泛,对于较高灰分、较高水分、较高硫含量的煤种也同样适用。气化温度高达1400~1600℃,压力3~4MPa,碳转化率可以达到99%以上,产品气体洁净,煤气中的有效成分($CO+H_2$)可达90%以上。然而,Shell设计上保守,选材上苛刻,进口设备多,对配套工程,操作,设备检修设备性能要求高。Shell煤气化工艺流程如图3-30所示。

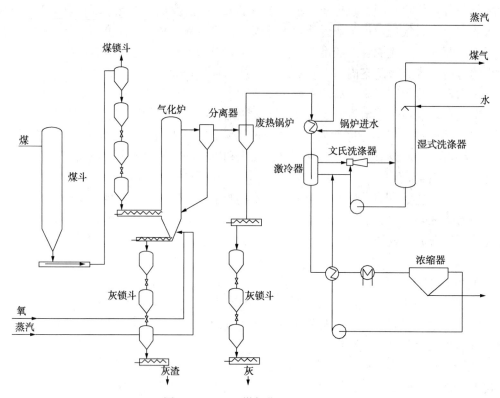

图 3-29 HTW 煤气化工艺流程图

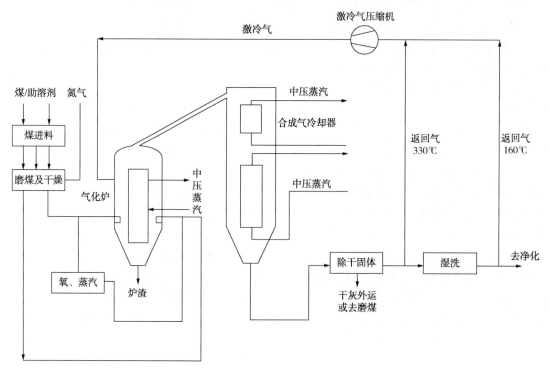

图 3-30 Shell 煤气化工艺流程图

4. Texaco 工艺

Texaco 工艺属于气流床加压气化技术。以水煤浆为原料，煤经湿磨后，与油或水制成煤浆，典型的煤浆浓度为 60%~70%，煤浆与氧气在燃烧器内混合。用油煤浆气化时，需加蒸汽或其他调温剂；而用水煤浆气化时，水就起调温作用。适当调节氧/煤浆，使炉内气化温度高于煤灰流动温度(FT)。

在 Texaco 中试装置及示范装置上已试烧了多种原料煤，包括无烟煤、烟煤、褐煤、石油焦等，它们遍及北美、欧洲、澳大利亚、南非、中国等。总体上讲，这种气化方法对煤种没有限制，如果说不适宜使用，主要是经济上的原因，而并非技术上的原因。Texaco 工艺也存在一些突出问题，主要是烧嘴与耐火砖，若这些问题得以解决，并大量采用国产设备，Texaco 工艺在我国将会成为节能、低耗、低投入的主流煤气化技术之一。Texaco 煤气化工艺流程如图 3-31 所示。

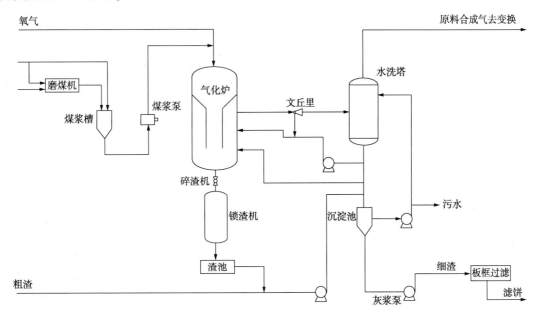

图 3-31　Texaco 煤气化工艺流程图

3.2.4.2　F-T 合成工艺

费托(F-T)合成是以合成气为原料，生产各种烃类以及含氧有机化合物的最主要的煤液化方法。目前，最具代表性的 F-T 合成工艺有南非 Sasol 的 F-T 合成技术、荷兰 Shell 公司的 SMDS 技术和美国 Mobil 公司的 MTG 合成技术。

1. 南非 Sasol 的 F-T 合成技术

南非煤间接制油(F-T 合成)技术分为高温(约 300℃)F-T 合成和低温(约 220~270℃)F-T 合成两种，均使用铁催化剂。

高温 F-T 合成采用的反应器有循环流化床(CFB)和 SAS 固定流化床(FFB)，采用熔铁催化剂，主要产品是汽油和轻烯烃。CFB 反应器由 4 部分组成，即反应器、沉降漏斗、旋风分离器和多孔金属过滤器。原料气从反应器底部进入，与立管中经滑阀下降的热催化剂流混，将气体预热到反应温度进入反应区。催化剂在较宽的沉降漏斗中，经旋风分离器与气体分离,由立管向下流动继续使用。CFB 反应器初级产物烯烃含量高、相对固定床反应器产量高、在线装填催化剂容易、运转时间长、热效率高、压降低、反应器径向温差小,但装置结构复杂、投资高、操作烦琐、维修费用高、反应器进一步放大困难、对原料气硫含量要求高。与 CFB 反应器相比,同样的产能,固定流化床(FFB)反应器更小、结构更简单。FFB 反应器上方提供了足够的自由空间以分离出大部分催化剂,剩余的部分催化剂通过反应器顶部的多孔金属过滤器被全部分离出并返回床层,可取消催化剂回收系统,节省了投资,冷却更有效,增加了总热效率。南非 Sasol 高温固定流化床工艺流程如图 3-32 所示。

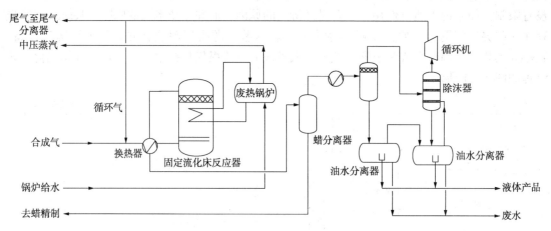

图 3-32　南非 Sasol 高温固定流化床工艺流程图

低温 F-T 合成技术主要为列管式固定床 Arge 反应器技术,主产品是柴油、煤油和蜡。列管式固定床 Arge 反应器操作简单,无论 F-T 产物是何种状态,可在宽的温度范围内使用,不存在催化剂上分离液体产品的问题,液态产物易于从出口气流中分离,适宜 F-T 蜡的生产,床层上部可吸附大部分硫,从而保护下部床层,降低催化剂活性损失,受合成气净化装置波动影响小。由于列管式固定床反应器单台产能增加有限,开工率低,后因浆态床反应器开发成功而没有实施。南非 Sasol 低温浆态床工艺流程如图 3-33 所示。

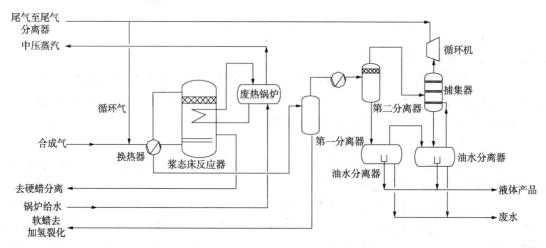

图 3-33　南非 Sasol 低温浆态床工艺流程图

2. 荷兰 Shell 公司的 SMDS 技术

Shell 公司的 SMDS 技术，采用列管式固定床反应器和 F-T 合成钴系催化剂，在反应温度 200~250℃和压力 3~50MPa 条件下，将天然气转化制取中间馏分油。采用的钴基催化剂具有高的烃选择性、碳利用率和长寿命（大于两年），钴基催化剂尤其适合于由天然气部分氧化得到的 H_2/CO 约为 2 的合成气，钴基催化剂物理性质与铁基催化剂不同，不易粘壁，容易装卸，能够回收，成本不是太大问题，因此，采用固定床反应器的钴基催化剂技术仍有优势，Shell 在马来西亚的固定床反应器单台产能约为 4000bbl/d，比 Sasol 铁基催化剂固定床反应器单台产能更大。Shell 固定床 SMDS 工艺流程见图 3-34。

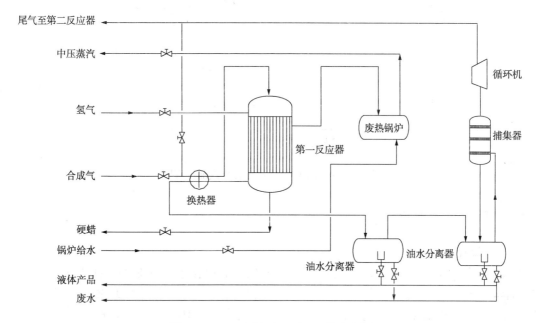

图 3-34　Shell 固定床 SMDS 工艺流程图

3. 美国 Mobil 公司的 MTG 技术

MTG 指的是由甲醇转化成汽油的间接液化合成技术。煤气化制合成气，由合成气合成甲醇或由天然气制甲醇都是成熟且已实现大工业生产的技术。美国 Mobil 公司开发了固定床和流化床两类甲醇转化汽油工艺路线，另外，Mobil 公司开发的沸石催化剂 ZSM-5 可高效地将甲醇转化成汽油，是煤间接液化的另一条途径。由于流化床反应器一步放大至工业规模风险太大，因此，Mobil 公司采用固定床工艺，于 1986 年初在新西兰实现工业化，年产合成汽油 57 万 t，辛烷值 93.7，后因经济原因停产。Mobil 固定床甲醇转化汽油的工艺流程见图 3-35 所示。

甲醇本身可用作发动机燃料或混掺入汽油中使用。之所以还要将甲醇转化为汽油是基于如下原因。首先是甲醇能量比值小，溶水能力大，单位容积甲醇能量只相当于汽油的一半。二是因为甲醇作燃料使用时能从空气中吸收水分，这会导致醇水不溶的液相由燃料中分出，致使发动机停止工作。第三是因为甲醇对金属有腐蚀作用，对橡胶有溶浸作用。

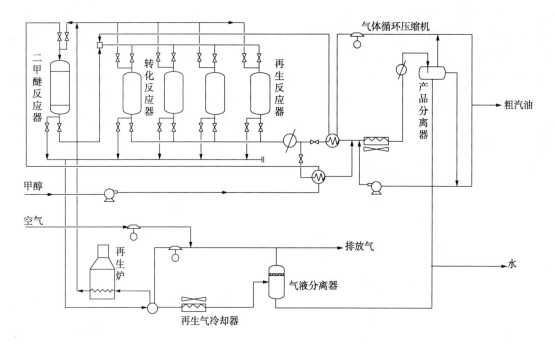

图 3-35　Mobil 固定床甲醇转化汽油流程图

3.2.5　国内外工业化现状

3.2.5.1　国外工业化现状

国外仅有南非 Sasol 公司以煤为原料进行大规模商业化生产煤制油，耗煤 4600 万 t/a，产油品 460 万 t/a，其他化学品 308 万 t，年产量相当于南非石油消费量的 40%，萨索尔公司成为了全球最大的煤化工联合企业。荷兰 Shell 公司利用 SMDS 技术在马来西亚建设了以天然气为气头的合成油厂，经扩能后产量达到 70 万 t/a；Shell 公司采用其开发的二代钴系催化剂及其配套工艺，在卡塔尔合资建立以生产轻质燃料为主的合成油工厂已正式投产。

由于石油和天然气的广泛应用，国外（除了南非外）没有大规模发展煤气化技术，只是在 IGCC 中采用了 4 种成熟的大型煤气化技术，以及在合成烃类中使用 Lurgi 炉（南非和美国），其他技术（如 GSP）还谈不上规模发展。IGCC 中采用了 4 种煤炭气化工艺各有技术优势，同时也均有各自的局限性，具体对比情况见表 3-18。

表 3-18　各种煤炭气化工艺对比

煤气化工艺	Lurgi 工艺	HTW 工艺	Texaco 工艺	Shell 工艺
床层类型	固定床	流化床	气流床	气流床
原料煤适应范围	褐煤、次烟煤及无烟煤	次烟煤等	次烟煤、烟煤及无烟煤等	次烟煤、烟煤及无烟煤等
原料煤形态	块煤	碎煤	水煤浆	干煤粉
原料煤入炉部位	炉顶	底部侧面	炉顶	炉底侧面
排渣方式	固态排渣	固态排渣	液态排渣	液态排渣

续表

煤气化工艺	Lurgi 工艺	HTW 工艺	Texaco 工艺	Shell 工艺
气化压力/MPa	2.0~3.0	1.0~2.5	4.0~6.5	2.0~4.0
气化温度/℃	900~1100	950~1100	1300~1400	1400~1600
最大耗煤量/(t/d)	1000~1300	2000	2000	2600
氧耗/m³/1000m³(标准状态)(H₂+CO)	267~350	260~340	380~430	330~360
煤气中(H+CO)含量/%	65	70~80	80	90~94
碳转化率/%	88~95	90~95	96~98	≥99
冷煤气效率/%	65~75	68~75	70~76	80~85
总热效率/%	80~90	95	90~95	98
操作弹性/%	30~110	70~110	70~110	50~130
技术成熟性	成熟	成熟	成熟	成熟
建厂投资	较低	较低	较高	较高

3.2.5.2　国内工业化现状

目前全国已建和在建的用于化工的大中型气化炉有 100 台,其中国内开发的不足一半。20 世纪以来,由于石油价格上涨和国内对石油制品需求的快速增长,煤化工被国内业界逐渐认识,国家和一些煤炭企业对煤气化技术开发的扶持,步入正常的发展渠道,取得了一定的进展。这些技术从工业化试验装置,稳步进入示范厂建设,有的已投产。目前研究的技术有 6 种,四喷嘴水煤浆气化技术、两段炉干煤粉气化技术、灰融聚流化床气化技术、非熔渣-熔渣分级水煤浆气化技术、干煤粉气流床气化技术、多元料浆气化技术(表 3-19)。其中有两项技术在国际上可能存在知识产权的争议。正在云南进行的 BGL 炉的改进研究,知识产权不属于中国。在引进 Texaco 水煤浆气化技术的基础上,国内做了改进,产生了四喷嘴水煤浆气化技术、非熔渣-熔渣分级水煤浆气化技术,取得了一定的生产经验。两段炉干煤粉气化技术很有前景,现在分别在日投千吨煤的甲醇装置和日投 2000t 煤的 IGCC 装置上示范,前者是激冷流程,后者是废锅流程,与 shell 技术相比,相对简单。

表 3-19　国内开发的煤气化技术

技　术	原　料	现有规模 (投煤量)/(t/d)	在建规模 (投煤量)/(t/d)	开发单位
两段炉气化	干煤粉	36	2000/1000	西安热工研究院
干煤粉气流床气化	干煤粉	0	500	航天部
非熔渣-熔渣分级气化	水煤浆	550	700	清华大学
四喷嘴气化	水煤浆	700	1150	华东理工大学
多元料浆气化	水煤浆	500	500	西北化工研究院
灰融聚流化床气化	碎煤	50	300	山西煤化所

国内潞安集团、伊泰集团、神华集团等企业利用中科合成油公司专利技术建设了 3 个 20 万 t 级的工业示范厂,均已投产并稳定运行。目前,神华宁煤的 400 万 t/a 煤间接液化项目已建成投产,核心技术是中科合成油的"高温浆态床合成成套工艺技术",是全球单套装

置规模最大的煤制油项目。耗煤 2046 万 t/a，年产油品 405.2 万 t，其中柴油 273.3 万 t、石脑油 98.3 万 t、液化气 33.6 万 t，副产硫黄、混醇、硫酸铵等。项目生产的柴油为无硫、无芳的优质柴油组分，十六烷值超过 70，尾气排放达到欧 V 标准。

兖矿集团自主研发了低温煤间接液化工艺，该工艺采用铁基催化剂及三相浆态床反应器，兖矿榆林 100 万 t/a 低温煤间接液化工业示范项目，目前催化剂制备联动试车成功。该项目开发的费托合成反应器，为我国的煤间接液化技术工程规模化、大型化的实现创造了条件。

3.3 煤油共炼制油技术

煤油共炼是将煤和石油行业中的稠油、渣油及催化裂化油浆等重质油共同加氢的过程，该过程既可以使煤得到液化，也可以使重质油得到提质，是高效合理利用煤炭和石油资源生产液体燃料的新方法。目前煤油共炼中的溶剂已不局限于石油渣油及催化裂化油浆等，煤焦油、页岩油等其他重质油及废塑料、废橡胶轮胎等物质也已经用于煤油共炼的研究。

3.3.1 煤油共炼技术发展历程

煤油共处理是在煤炭直接液化技术上发展起来的一种煤与重质油共加工的技术。自 1913 年柏吉乌斯发现煤直接液化以来，国外先后开发了多种煤直接液化技术，其中已经完成中试阶段技术开发的煤直接液化技术有：德国鲁尔公司的 IGOR 技术、美国埃克森公司的 EDS 技术、美国碳氢化合物公司的 H-Coal 技术及日本的 NEDO 技术。这些技术虽然工艺各不相同，但仍有一些共同特点：①装置启动过程中用于配制油煤浆的起始溶剂油需要外购，溶剂油在循环使用过程中会部分发生裂解，造成溶剂轻质化，再加上装置出现波动等情况，很容易出现溶剂油不平衡现象，需要外购溶剂油补充。②煤直接液化得到的柴油产品十六烷值偏低，一般在 40 左右，而普通柴油（GB 252—2015）要求的十六烷值不低于 45，车用柴油（GB 19147—2016）要求的十六烷值更高，需不低于 49，与现有柴油标准要求仍有明显差距。新 IGOR 和 NEDO 技术曾研究提高柴油十六烷值的方法，结果表明，若采用加氢裂化技术进一步提高煤直接液化柴油的十六烷值，当柴油十六烷值提高到 45 时，柴油产品的收率将降低一半以上，经济上不可行。

为了提高煤直接液化的经济性，提高氢利用效率，自 20 世纪 70 年代以来，研究人员尝试将煤直接液化与石油加工结合起来，把煤直接液化所需的溶剂油用石油重油替代。美国碳氢化合物公司（HRI）从 1974 年开始从事煤油共炼的研究，1985 在美国能源部及电力研究院、俄亥俄安大略合成燃料公司、加拿大阿尔伯塔研究院的资助下，合作开发两段煤油共炼工艺。1987 年德国煤炭液化公司和三井造船公司也参与了 HRI 煤油共炼技术的开发，并建立了 1.5t/d 级的中试装置，该工艺采用独特的流化床反应器和高活性的 Co-Mo 催化剂，且配有催化剂再生装置保持反应器内催化剂的高活性，研究发现，采用得克萨斯褐煤和玛雅常压重油进行共炼试验，煤的转化率达到 90%，渣油（>525℃）转化率接近 90%，渣油脱金属率 98%，十分明显的表现出了煤油共炼技术的优点。加拿大矿产和能源技术中心（Canmet）于 1981 年开始研究煤油共炼技术，并先后建立了 0.5t/d 小型试验装置和 25t/d 中试装置，对加拿大褐煤、次烟煤和高挥发分烟煤与渣油共炼进行了详细研究，开发出了单段煤油共处理技术，油煤浆浓度一般可达 30%~35%，煤的转过率超过 80%。加拿大能源开发公司（CEI）开发了两段煤油共炼工艺，其最好的试验结果为：转化率 90%，蒸馏油收率 75%（无水无灰基），最大的中试装置规模为 6t/d。此外与德国煤炭液化公司（GFK）合作，在煤炭两段液化基础上开发出由煤的热熔解、轻度加氢和加氢焦化组成的 Pyrosol 三段煤油共炼工艺，研究结果表明，其经济性优于两段煤油共炼工艺。

国内对煤油共炼技术的研究起步较晚，煤炭科学研究总院（2014 年 3 月更改为煤炭科学技术研究院有限公司）于 1989 开始进行煤油共炼的研究，对液化性能较好的兖州北宿煤、天祝煤、宝日希勒煤和辽河渣油进行了高压釜共炼试验，试验结果表明，辽河渣油和上述 3 种煤共炼时，油收率均高于渣油单独加氢裂化。采用芳香度较高的蒽油（$f_a = 0.71$）和渣油（$f_a = 0.25$）混合溶剂比单独采用渣油效果好。1991—1993 年，煤炭科学研究总院与美国 HRI 公司合作完成了在中国兴建煤油共炼示范厂的可行性研究，双方一致认为在中国兴建煤油共炼厂是可行的。

"十一五"期间，中国石化将煤油共炼作为重要前瞻性科研课题和储备技术，交付给技术开发实力雄厚的中国石化石油化工科学研究院进行攻关。2010 年，石科院、胜利油田联手国外单位，设计建设了煤油共炼工业化中试装置，分别以煤、渣油、煤焦油作原料，进行了大量工业化试验。

2011 年，延长石油引进国外先进悬浮床加氢裂化技术，借鉴单一煤直接液化技术和重质油悬浮床加氢裂化技术特点，开始开展煤油共炼技术的研发工作，先后建成了 150kg/d 中试装置及 45 万 t/a 工业示范装置。这是全球首个此类工业化示范项目。该项目利用榆林炼油厂炼油过程副产的渣油，与当地丰富的低阶煤加氢混炼，制取柴油（年产 26.24 万 t）、汽油调和组分（年产 7.77 万 t）、液化气以及石脑油等（年产 4 万 t）高附加值产品。

普遍认为煤油共炼是比煤直接液化更有发展前景的加工过程。此类技术主要优点如下：

1. 生产效率高

煤与重质油加氢转化过程同时加工煤与重质油，免去了煤液化过程中大量中间产物作为溶剂再循环处理，充分利用了反应器的有效容积，装置处理能力得到大大提高，工艺过程的生产效率也得到了改善。同时氢耗降低，氢利用率大幅度提高，由于是一次通过，生产装置的油品产量大大增加。

2. 煤与重质油具有协同效应

从重质油加工角度来看，重质油中一般都含有较多的 Ni、V 及 S，这些物质在进行深加工前需要脱除，否则会导致催化裂化催化剂中毒。在煤与重质油加氢转化过程中，煤可以吸附重质油中的重金属，同时还可以吸附重质油裂解过程中生成的焦炭，减少重金属和焦炭在渣油裂解催化剂上的吸附，从而延长了催化剂的活性。并且 Ni、S 等元素还可以对煤液化起到催化剂的作用，这种协同作用使煤与重质油加氢反应可处理重金属含量高的劣质渣油，从而大大提高了轻质油的产量。

3. 产物油品质较高

大多数煤与重质油加氢反应得到的馏分油 H/C 原子比高，而芳香度则较低。比煤直接液化油更容易精制成汽油和柴油等轻质油品。当然，煤与重质油加氢反应的这些优点要取决于对煤种、重质油和反应条件等的选择，并不是所有的煤与重质油加氢转化过程都会取得较好反应效果，有些煤与重质油之间甚至存在负协同效应。

3.3.2 煤油共炼反应机理

煤与重质油都是复杂的有机大分子物质。因此,煤油共炼的反应过程十分复杂(图3-36)。目前学者认为煤是以缩合芳环组成的结构单元为主体,通过各种桥键连接而形成的立体网状大分子,桥键主要有次甲基键、次乙基键、醚键等,此外,煤中还存在一定量的非化学键力结合的低分子化合物,在低阶煤中,非化学键力主要是氢键和离子键;在高阶煤中,π-π电子相互作用和电荷转移力占大多数。重质油按族组成可分成饱和烃、芳香烃、胶质、沥青质,饱和烃主要是烷烃和环烷烃组成,环烷烃环数以 1~3 个为主,芳香烃的芳环数也以 1~3 个为主,芳环上带有不同长度的侧链,胶质的芳环数在 4~8 之间,沥青质的芳环数在 6~10 之间。当煤和重质油进行共处理时,随着温度升高,煤中氢键等非化学键开始断裂,小分子物质从大分子结构中溢出,此为物理过程,随着反应温度的升高,当温度为360~500℃时,煤和重质油都会发生裂解,产生自由基,煤的热解主要是桥键的断裂,桥键两端芳香团数目越多,桥键越容易断裂。重质油的热解主要是大分子烷烃和芳环上烷烃侧链的断裂。自由基有未配对电子,因此非常不稳定。在有活性氢的条件下,煤的自由基可以进一步裂解生成前沥青烯、沥青烯、油、水、气等;重质油产生的侧链自由基经过加氢生成轻质油,稠环芳烃自由基分子尺寸较大,其键能也较大,很难发生裂解,一般需要先加氢,形成氢化芳烃或环烷烃后才能发生开环反应;煤的自由基与重质油的自由基也可能会发生结合,若重质油中胶质、沥青质含量较高,则生成重馏分油的可能性也会加大。煤油共炼反应过程中还可能会发生逆反应(缩聚反应),煤的自由基及稠环芳烃自由基由于缺少活性氢而相互结合生成大分子,这对煤油共炼是不利的。研究表明,添加供氢体可以显著地抑制逆反应。

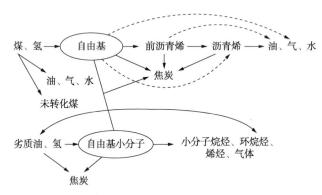

图 3-36 煤油共炼反应途径示意图

虽然煤油共炼反应过程十分复杂,但大量研究表明,煤与重油发生反应转化成小分子油品和气体时,主要会发生热解、氢传递、加氢和逆反应等化学过程。

1. 热解

煤的热解是煤液化的理论基础。目前普遍认为煤的热解过程是一个自由基过程。对煤进行加热,煤中的化学键可获得能量,当所获热能足够高时,化学键便难以保持稳定,煤结构中次甲基、次乙基、醚键等较弱的化学键开始发生断裂,进一步增加温度,煤中较强的化学键也开始发生断裂，从而生成大量自由基碎片。模型化合物实验表明桥键两端所在的芳香团数目越多，桥键断裂越容易。表3-20是煤中存在的一些可能裂解的化学键的键能数据，键能越小越容易断裂。由于煤中桥键两端连接的结构比表1中所列物质的结构要复杂得多，因此连接它们的桥键强度会被进一步削弱，因而更容易裂解，同时根据热解自由基学说，一部分自由基的生成会引发其他一些化学键的裂解，从而使较强化学键的裂解速率增加。重油在煤油共炼过程中的裂解一般也按照自由基反应机理进行，但重油的热解一般以大分子烷烃和芳烃上的烷烃侧链断裂为主，而煤的热解则以连接芳环的桥键断裂为主。总的来说，反应温度是影响煤和重油中键裂解的最主要因素，不同强度的键的断裂需要不同的活化能，所以在较低的反应温度下，那些较弱的键首先断裂，在足够高的反应温度下，各种不同强度的键才可同时断裂，但裂解速率有很大差异，选择合适的催化剂可以降低某些较强键断裂的活化能，从而降低反应温度。

表3-20　煤中一些化学键(模型化合物)的键能数据(298K)

键型	模型化合物结构式	键能/(kJ/mol)	键型	模型化合物结构式	键能/(kJ/mol)
羰基键	$C_6H_5CH_2-COCH_2C_6H_5$	273.6	硫醚键	$CH_3-SC_6H_5$	290.4
羧基键	$C_6H_5CH_2-COOH$	280	硫醚键	$CH_3-SCH_2C_6H_5$	256.9
羧基键	$(C_6H_5)_2CH-COOH$	248.5	甲基键	$CH_3-9-蒽甲基$	282.8
醚键	$CH_3-OC_6H_5$	238	亚甲基键	$CHCCH_2-CH_2C_6H_5$	256.9
醚键	$CH_3-OCH_2C_6H_5$	280.3	氢碳键	H-蒽(9, 10-二氢蒽)	315.1

2. 氢转移

在煤油共炼过程中，氢转移是一个包含气液固三相的非常复杂的过程，氢转移的影响因素主要有溶剂、压力、催化剂、温度及停留时间等。一种好的溶剂在煤液化中除了充当溶解和传热介质外，更重要的是能够提供和转移活性氢，从而使煤大分子断裂所产生的自由基与来自气相或者重油的活性氢结合，从而减少自由基的缩聚，使体系向更有利于加氢的方向反应。

煤油共炼中所用溶剂通常是常压或减压蒸馏得到的石油渣油或煤化工副产的煤焦油或其他来源的重质油，最新发展研究的还有废塑料、废橡胶轮胎热解油等。与煤直接液化的循环溶剂相比，石油渣油中烷烃或环烷烃的含量较多，正构烷烃、异构烷烃对煤来说，都不是溶解煤的良好溶剂或供氢溶剂，因为饱和烷烃的化学结构特点与煤基本单元的分子结构化学属性差别较大，不符合相似相溶的原理。许多模型化合物和示踪原子的实验也证实了这一点。环烷烃用作煤液化溶剂时效果稍好于长链烷烃，但其也不具有供氢能力，煤在其中的转化率也不高。氢化芳烃的供氢性比环烷烃高得多，但不同氢化芳烃的供氢能力差别很大。例如氢化菲、氢化芘等具有较高的供氢能力，而十氢萘的供氢能力就非常弱，甚至比甲基萘还弱，在含有甲基萘的煤液化系统中氢气通过甲基萘转移到煤中的速度较快，而且是完全按照自由基链机理进行。

部分氢化芳香烃由于具有和煤相似的结构和良好的供氢性能，是煤液化的良好溶剂。除四氢萘外，二氢蒽和二氢菲是研究较多的化合物，Kidena等研究二氢菲和二氢蒽混合物的催化脱氢反应的结果表明，前者优先转移氢到氢接收体，而后者更易释放氢到气相，因此在直接液化的条件下，二氢菲可得到更高的煤转化率和油产率，此结果表明一个好的氢转移剂应该优先转移氢到煤而不是释放到气相。

芳香物单独存在时，通常煤转化率不高，但是与氢化芳香物混合后加入煤与重油反应系统中时，往往能促进氢转移，从而提高煤的转化率。Mcmillen 提出一个理论叫作溶剂促进氢解（SMH）理论，解释了几个煤液化溶剂氢供体和接收体组分之间协同效应的例子。Bedell M W 等和 Wang 等用模型化合物研究表明氢转移能力为：环烯烃>氢化芳香物>环烷烃。

但也有许多模型化合物的试验表明，系统供氢能力过强会抑制桥键的断裂，有的归因于桥键化合物自由基吸收了活性氢而进一步稳定，从而减慢了裂解速度；有的归因于模型化合物和氢供体溶剂在催化剂表面竞争吸附，氢供体占据了大量的活性吸附位。魏贤勇等认为供氢溶剂通过在催化剂表面的强吸附作用和清除由催化反应产生的活性氢，而抑制了 FeS 作催化剂催化二芳基甲烷的加氢裂解过程。

总之，溶剂对煤油共炼过程中氢转移的影响是复杂的、综合的，有时溶剂的黏度也会影响自由基的化学行为，裂解自由基的空间位阻也可能会抑制供氢提的氢转移。

关于煤油共炼反应体系中的氢转移途径，目前认为有自由基氢转移（RHT）、逆向的自由基歧化（RRD）和自由基氢原子的增加（RD）等途径。反应条件不同时，各种氢转移所占的比例也不同。Arends 等以蒽和二氢蒽混合物为溶剂研究了从萘取代物中脱取代基中的氢转移途径，试验结果表明不同的萘取代物的氢转移途径是有差异的，对于氯萘和溴萘来说由于脱除取代基速率较快，其主要的反应路线是 9-AnH-的自由基取代（RD），得到蒽和萘基的缩合物。而在其他萘取代物中 RHT 和 RRD 是主要的脱取代基途径。

催化剂在煤油共处理中对于氢的转移途径也有一定的影响，不同的催化剂促使氢转移的途径也不同。Ni、Mo/Al$_2$O$_3$ 类催化剂能通过气相氢转化成活性氢来实现煤的液化，硫化铁类催化剂可以更有效地使液相供氢溶剂中的氢转移到煤中，催化剂 MoS$_2$ 对四氢萘非常有效的脱氢效果，表明自由基取代途径是煤加氢的主要途径。

3. 加氢反应

在煤油共炼过程中，在氢气气氛和催化剂存在下，氢气分子会被催化剂活化，活化后的氢分子通过氢转移可以与自由基或稳定后的中间产物分子反应，这种反应称为加氢。加氢反应可以进一步再细分为芳烃加氢饱和，加氢脱硫、氮、氧等杂原子和加氢裂化等反应。举例如下：

（1）较强化学交联键的裂解反应，例如：

（2）芳香环加氢及杂环开环脱除杂原子反应，例如：

$$R_1 - \underset{S}{\overset{S}{\bigcirc}} - R_2 \xrightarrow{H_2} R_1 - \underset{S}{\bigcirc} - R_2 + H_2S$$

$$R_1 - \underset{S}{\bigcirc} - R_2 \xrightarrow{H_2} R_1 - \bigcirc\bigcirc - R_2 + H_2S$$

$$R_1 - \underset{N}{\bigcirc} \xrightarrow{H_2} R_1 - \underset{N}{\bigcirc} \xrightarrow{H_2}$$

$$R_1 - \underset{NH_2}{\overset{C_3H_7}{\bigcirc}} \xrightarrow{H_2} R_1 - \bigcirc - C_3H_7 + NH_3$$

（3）脱水反应，例如：

$$R_1 - \bigcirc - CH_2 - O - CH_2 - \bigcirc - R_2 \longrightarrow$$

$$R_1 - \bigcirc - CH_3 + R_2 - \bigcirc - \underset{O}{\overset{}{C}} - H$$

$$R_2 - \bigcirc - \underset{O}{\overset{}{C}} - H \xrightarrow{H_2} R_2 - \bigcirc - CH_3 + H_2O$$

4. 逆反应

煤油共炼中的逆反应（缩聚反应）也是不可忽视的。一些研究学者认为逆反应与煤中羟基含量的多少有关，特别是在羟基含量较高的低阶煤中，逆反应的程度比较明显。二羟基萘、二羟基苯、萘酚等模型化合物在直接液化条件下的实验结果表明，它们可以形成高度难溶的呋喃型结构产物。Saini 等以苯甲醇和苯二甲醇为溶剂，在 400℃下进行煤液化实验，实验结果表明，苯甲醇、苯二甲醇和煤发生了交联反应，分析表明这种交联反应类似于煤结构的苯基化，因此认为该反应可以作为煤液化时发生交联逆反应的模型反应。

还有一些学者认为低阶煤中的脱羧基反应也能促使煤发生交联反应，从而导致逆反应的发生，但是 Eskay 等的实验结果表明，含羧基化合物中的脱羧反应只能产生极少的交联产品；Manion 等也表明无羟基活化的苯羧酸脱羧基后，交联很少。

大量研究表明，在煤油共炼体系中加入供氢剂可以显著地抑制逆反应。Owens 和 Curtis 在煤和萘的反应体系中，添加过氢菲（PHP）使煤的转化率由 13%提高至 73%，同时蒽发生了明显的加氢反应，生成 19.2%的二氢蒽。申峻等在煤油共炼体系中加入四氢萘后，也有效地抑制了高温缩聚反应，且四氢萘的添加量越大，抑制效果越明显。这说明活性氢供应不足是导致煤油共炼中出现缩聚反应的一个重要原因。

3.3.3 煤油共处理的影响因素

煤油共处理的影响因素较多，主要影响因素包括煤种、溶剂、催化剂及反应条件。下面分别具体阐述一下。

3.3.3.1 原料煤的影响

煤是一种复杂的有机大分子混合物，它的结构随煤种的不同存在着很大的差异。目前的煤化学理论认为煤是由彼此相似的结构单元，通过各种桥键连接组成的立体网状大分子，煤的结构单元主要是由缩合芳香环组成，外围有烷基侧链和官能团，烷基主要是甲基、乙基等，官能团主要是酚羟基和羰基等，结构单元内部由次甲基、次乙基、醚键等桥键连接；此外，煤中还存在一定量的以非化学键力结合的低分子化合物，在低阶煤中，大多数非化学键力主要是氢键和离子键；在高阶煤中，π-π电子相互作用和电荷转移力占大多数。

煤液化的第一步是煤粒在溶剂中受热后逐渐变软和溶解，这主要是非共价键的断裂和破坏，煤中的一部分小分子物质摆脱氢键或其他非共价键作用力的束缚从大分子结构中逸出，这一行为的发生主要是物理过程。而随反应温度的升高，煤中的弱化学键开始裂解，生成大量的自由基碎片。模型化合物实验表明桥键两端所连的芳香环数目越多，桥键断裂越容易。实验表明，桥键两端芳香环上带有酚羟基官能团的化合物裂解活性远高于无酚羟基的化合物，而且发生裂解的键是紧邻芳环的键，无酚羟基官能团或有烷烃取代基的化合物裂解发生在桥键的C—C键中间。

煤与重油加氢反应过程中的缩聚反应在某些情况下是非常显著的，许多研究表明这和煤中羟基的多少有关，特别是在羟基含量比较高的低阶煤中。一些含羟基的模型化合物如二羟基苯、二羟基萘、萘酚等的液化条件实验表明：它们可形成高度难溶的呋喃型结构的产物。有人指出低阶煤中的脱羧基反应也能引发煤中的交联反应，并把二者关联起来，但是Eskay等实验表明，含羧基化合物的脱羧反应只能导致极少量的交联产品生成，他提出纯模型化合物脱羧基反应主要是通过酸促进的阳离子历程进行的，酸的来源是另外一个羧酸。但是用萘稀释10倍以后，通过在有羧酸的环位置形成芳基自由基可导致一定的交联，但这种交联可用50%的四氢萘或水稀释，因而表明其原因是酸酐的形成和降解。

Manion等研究也表明无羟基活化的苯羧酸脱羧基后，偶联很少，而芳香环上有羟基活化的苯羧酸的脱羧基可能发生亲电子偶联反应，生成大分子产物，在强氧化条件下，即缺乏自由基捕捉剂和有氧化剂时，非活化酸的偶联也能达到50%的羧基脱除。

Fisher C H研究结果表明：C含量<81%的煤，油收率随C含量的增加而提高，当C含量为83%时，油收率达到最大值；而当煤的C含量超过89%时，油收率降低，不宜作液化原料。褐煤、年轻烟煤等H/C原子比相对较高，易于加氢液化，而H/C原子比越高，液化时消耗的氢越少。中等变质程度以上的煤由于C含量很高不适宜于液化。

同一煤化程度的煤，由于成煤时原始植物的种类和成分不同，且成煤阶段地质条件和沉积环境的不同，也可导致煤岩组成特别是煤的显微组分有所不同，从而加氢液化的难易程度也不相同。Cerny J等研究表明：煤中少量的灰分以及孔隙率能够提高煤的液化性能。

煤在加氢液化过程中主要发生变化的是煤中的壳质组和镜质组，而惰性组则难以液化。许志华研究表明：各种煤岩组分的加氢液化难易程度不同，惰性组最难加氢，镜质组次之，壳质组最易，并且丝炭含量高的煤不易作加氢液化的原料。

3.3.3.2　溶剂的影响

由于煤是固体燃料，要使其在连续的反应器中移动、反应并且做到液化油和残渣分离，必须有溶剂的存在。溶剂可以溶解一部分的煤，并且对煤具有溶胀分散作用；还对煤裂解生成的自由基起到稳定和保护的作用；同时液化反应中对活性氢能够进行传递和转移，并对产物进行稀释。一种好的煤液化溶剂除了充当溶解和传热介质外，还能在液化过程中使煤的大分子结构与活性氢以及催化剂充分接触，从而使液化过程中煤裂解产生的自由基与活性氢充分结合且稳定下来，进而提高煤液化的反应性，增加液化油收率。目前实验研究中常用的溶剂有四氢萘、蒽、甲酚、菲、苯酚和醇类等。在煤直接液化过程中还有许多其他可以作为供氢溶剂的选择，煤与重油加氢反应中所用溶剂通常是常压或减压蒸馏得到的石油渣油、煤焦油或其他重质油，新发展的还有废塑料、废橡胶轮胎等。

MeMillen D F，Malhotra R 等的研究最早提出供氢溶剂在促进煤结构中如 C—C 键等热力学稳定的强键断裂过程起着至关重要的作用。Savage P E 和 Billmers R 等还提出了反应机理、模型以及实验数据的解释。Autrey T 等认为加入溶剂可增强催化剂的活性（可通过增大催化剂的分散度或许改变了反应机理）。Ouehi K 和 Wei 等认为煤液化过程中涉及的氢转移反应主要是分子氢向煤的直接氢转移，而并不借助于供氢溶剂。但是在研究供氢溶剂、煤直接液化过程中起积极作用的同时也有学者提出了不同的看法，Masanumi G 和 Artok L 等学者认为供氢溶剂阻碍煤液化反应，供氢溶剂的供氢能力越强，对模型化合物加氢裂解的阻碍作用越大。供氢溶剂的阻碍作用不仅是因为其在催化剂表面的强吸附，而且与它直接消除催化反应产生的氢原子有关。

许多石油渣油主要包含长链烷烃或环烷烃，长链烷烃不论其是否带支链都被表明不具有良好的溶煤能力和供氢性能，这从相似相溶原则及饱和烷烃的结构上可以得到解释，同时许多模型化合物和示踪原子的实验也证实了这一点。环烷烃用作煤液化溶剂时比长链烷烃效果要好一点，但也不具有供氢能力，煤在其中的转化率也不高。氢化芳烃的供氢性比环烷烃高得多，但不同的芳烃供氢能力差别很大。例如氢化菲、氢化芘等具有较高的供氢能力，而十氢萘的供氢能力就非常弱，甚至比甲基萘还弱；在含有甲基萘的煤液化系统中氢气通过甲基萘转移到煤中的速度较快，而且是完全按照自由基链机理进行的。

部分氢化芳香烃由于具有和煤相似的结构和良好的供氢性能，是煤液化的良好溶剂。除四氢萘外，二氢蒽和二氢菲是研究较多的化合物，Kidena 等研究二氢菲和二氢蒽混合物的催化脱氢反应的结果表明，前者优先转移氢到氢接收体，而后者更易释放氢到气相，因此在直接液化的条件下，9，10-二氢菲可得到更高的煤转化率和油产率，此结果表明一个好的氢转移剂应该优先转移氢到煤而不是释放到气相。

然而芳香物单独存在时，通常煤转化率不高，但是与氢化芳香物混合后加入煤与重油反应系统中时，往往能促进氢转移，从而提高煤的转化率。Mcmillen 提出一个理论叫作溶剂促进氢解（SMH）理论，解释了几个煤液化溶剂氢供体和接收体组分之间协同效应的例子。Bedell M W 等和 Wang 等用模型化合物研究表明氢转移能力为：环烯烃＞氢化芳香物＞环烷烃。

如果重油中芳烃含量较高，可以通过加氢处理，使其氢化芳烃含量增加，如 Paul E. HajduV等预加氢将 Citgo 减压渣油的 THF 可溶物增加了 30%左右；Inukai 也证实了对渣油加氢后，提高了供氢性，或者直接向渣油中加入与煤和渣油相容性都好得多环芳烃或氢化芳烃含量高的溶剂，如重质芳烃、沥青质等组分，以增加煤与渣油间的相容性，促进煤与渣油间的相互作用。Yanlong shi 等将真空热解轮胎油加氢处理后，成为富氢芳香环，与煤共处理，煤转化率提高。

添加供氢溶剂可以显著地抑制缩聚反应，申峻等在 470℃ 下进行的煤和石油渣油加氢反应中，添加四氢萘也有效地抑制了高温缩聚反应，添加量越大，抑制效果越明显，同时在重油加工过程中也通过添加供氢烃抑制焦炭的生成，这说明活性氢供应不足是加氢过程中产生高温缩聚反应的一个重要原因。

但也有许多模型化合物的实验表明，系统供氢能力过强会抑制桥键的断裂，有的归因于桥键化合物自由基吸收了活性氢而进一步稳定，从而减慢了裂解速度；有的归因于模型化合物和氢供体溶剂在催化剂表面竞争吸附，氢供体占据了大量的活性吸附位。魏贤勇等认为供氢溶剂通过在催化剂表面的强吸附作用和清除由催化反应产生的活性氢，而抑制了 FeS_2 作催化剂催化二芳基甲烷的加氢裂解过程。

阎瑞萍等发现煤与重油反应过程中渣油对煤的作用主要表现在对煤供氢过程的影响，若石蜡基渣油不发生裂解，则不可能促进煤的转化，并且石蜡基渣油与煤的相互作用取决于渣油的裂解程度。当温度较低时，渣油裂解程度低，而且渣油的存在阻碍了煤和催化剂与氢的接触，因此降低了煤的转化率；在较高温度时，渣油裂解反应得到增强，促进了煤裂解自由基的稳定，从而提高了煤的转化率。

3.3.3.3　催化剂的影响

催化剂的研究一直是煤油共处理领域的核心研究内容，一种好的催化剂不仅可以使反应条件缓和，降低氢耗，还可以促进煤和重质油的热解，提高煤和重质油的转化率，改善液体产物的质量。目前煤油共处理催化剂主要分为 3 类：

（1）主要为 Co、Mo、W、Ni 等过渡金属氧化物催化剂，一般以活性氧化铝或分子筛为载体，活性组分分散其中。这类催化剂经过硫化后，反应活性较高，但其抗毒性差，煤中的矿物质及杂原子易使催化剂活性降低，而且这类催化剂价格一般比较昂贵，最好能够回收重复使用，然而催化剂附着于残渣中，回收比较困难，因此会增加催化剂使用成本。

（2）金属卤化物催化剂，如 $ZnCl_2$、$SnCl_2$ 等。这类催化剂裂解能力较强，可以促进沥青烯和前沥青烯向小分子的转化，但由于此类催化剂添加量一般较大（催化剂与煤的比例可达 1∶1），不利于后期处理。而且催化剂中氯离子的存在，容易对设备造成腐蚀。

（3）可弃铁系催化剂，主要包括铁矿石类、含氧化铁的工业废渣、各种纯态铁的化合物及担载和离子交换铁催化剂等形式。这类催化剂具有相对较高的活性，而且价格低廉、来源广泛，对环境友好，因此一直是煤油共处理领域研究的重点。

不同催化剂的催化作用机理不同，硫化铁类催化剂能有效地从液相供氢溶剂转移氢，Ni、Mo/Al_2O_3 能更有效地利用气相氢，MoS_2 对四氢萘脱氢效果明显，表明它可以促进溶剂转移氢到煤上。Smith C M 等研究表明催化剂能促进氢气分子向供氢溶剂的氢转移和供氢溶剂向煤的氢转移，促进煤大分子中强键断裂。

Wang Z J 等研究表明：兖州煤与催化裂化油浆在担载 Fe/S 型催化剂作用下，协同效应显著，煤转化率显著提高，随着催化裂化油浆量的增加，转化率增加。霍卫东等研究表明，不同催化剂对煤油共处理过程中的中间反应有不同的选择性，其中 Fe_2O_3 利于煤向沥青质转化，但其向油、气等更小分子的转化能力弱于天然磁口黄铁矿。

3.3.3.4　反应条件的影响

煤油共处理过程中受影响较大的反应条件主要是温度、压力、停留时间。下面分别具体阐述一下。

1. 反应温度

温度是影响煤中键裂解的最主要因素。不同强度的键的断裂需要不同的活化能，所以在较低的反应温度下，那些较弱的键首先断裂，在足够高的反应温度下，各种不同强度的键才可同时断裂，但裂解速率有很大差异。选择合适的催化剂可以降低某些较强键断裂的活化能，从而降低反应温度。

煤加氢液化存在加氢裂解和缩聚两类反应。反应过程中存在一个最佳反应温度，当温度低于最佳温度时，转化率随加氢程度的提高而增大；而过高的温度在促进裂解的同时也会促进缩聚反应，裂解产生的自由基浓度逐渐增大，液化自由基之间的缩聚反应也越来越多，煤转化率呈下降趋势。Yoshida R 等研究表明：哥伦比亚 Titiribi 煤与 Morichal 原油共处理，在赤泥/S 催化剂作用下，400℃时 Titiribi 煤的最高转化率为 79%，450℃时转化率接近 93%，Moriechal 原油在 H_2S 作用下供氢性能很好。

2. 反应压力

煤与重油加氢反应中氢转移是一个包含气液固三相的非常复杂的过程，氢气分子可以直接参与自由基反应中，目前认为有自由基氢转移(RHT)、逆向的自由基歧化(RRD)和自由基氢原子的增加等途径，在不同的反应条件下，各种氢转移途径所占的比例不同。弄清氢转移的机理对反应过程的深入了解、提高氢的利用程度以及增加煤的转化率具有重要意义。

在反应条件适宜情况下，氢气分子能和一个良好的氢供体竞争，且稳定热裂解产生的自由基。Mulder 等以蒽和二氢蒽混合物为溶剂研究了萘取代物脱取代基中的氢转移途径，表明不同的萘取代物氢转移的途径不同，对于脱取代基相当快的溴萘和氯萘，9-AnH-的自由基取代(RD)是主要的反应路线，生成蒽和萘基的缩合物。其他萘取代物中 RHT 和 RRD 是主要的脱取代基途径。Harrison 等模拟了煤液化氢转移反应的供体-接收体系统，表明二芳基醚裂解的速率取决于醚键所连芳香环的数目和供体-接收体的组合，裂解的控速步骤可能是双分子反应机理，遵循二级动力学，并用自由基氢转移(RHT)机理解释了反应结果。

同时氢气分子能促使一些供氢溶剂，而不能发生的反应加氢裂解，因为反应系统中的氢气可以直接参与桥键的裂解，所以氢气压力越大，煤中桥键加氢裂解的反应速率也越快，高压氢可以导致一些仅靠热裂解不能断裂的 C—C 键加氢裂解，促进芳环开环和加速脱烷基反应，而且可控制氢气压力对于抑制缩聚反应也是一个必须考虑的问题。文献表明当压力升高，氢气在液相中的溶解度加大，增强了催化剂的稳定性，加快反应速率，而且可以有效地抑制逆反应，提高油收率。但压力的提高，对高压设备的投资、能量消耗和氢耗量的提高都有正相关作用，因此会提高产品成本。

3. 停留时间

申峻等研究表明，煤与重油加氢反应随反应时间的进行可分为初始高活性、转化率最高和转化率下降 3 个阶段，不同阶段下维持时间和反应速度不同，起点温度升高，缩聚反应时间提前，并且高温停留时间越长，缩聚反应越显著，直接影响煤的转化率。凌开成等研究发现，在体系保持较高活性氢浓度时，适当提高反应温度和缩短反应时间，在短时间内达到较高的煤转化率，即高温快速液化是可行的。而高温快速液化的最佳反应温度正是热重曲线反映的煤活泼热解温度范围的上限。

3.3.4　煤油共炼工艺

20世纪80年代，随着煤炭直接液化技术开发工作达到高峰，煤油共处理技术的开发工作也达到了高峰，几乎所有从事煤炭直接液化技术开发的国家或公司都提出了各自的煤油共处理技术和方法。这些技术都是建立在煤炭直接液化技术基础上，试图充分用煤和石油的特性、改变工艺条件和催化剂性能，最大限度地兼容煤和渣油的反应过程。从开发思路上来看，可以把目前已经公开的煤油共处理技术分为两大类：第一类：选用低品质的石油或重油与煤共同加工，尤其是高金属含量、高沥青质含量的石油或重油。这些石油或重油含有较多的金属和沥青质，它们在常规的渣油加氢裂化过程中容易出现沉积和结焦倾向，对石油加工过程中的催化剂使用寿命和产品质量造成不同程度的影响。但是，这类石油或重油在设备、工艺条件要求更苛刻的煤直接液化过程中进行加工，其中所含的金属和沥青质不再是问题，并且石油或重油中所含的某些金属（如镍、钒、铁）对煤炭直接液化反应还有催化作用，可以减少煤直接液化催化剂的使用量，甚至可以不添加催化剂。提出此类技术的公司包括Chevron、Gulf等。第二类：基于石油馏分中含有供氢性能良好的环烷基芳烃，这些环烷基芳烃是煤液化反应过程中理想的活性氢源。由于渣油的氢含量高于煤炭直接液化循环溶剂油，因此，氢原子的传递速度和传递量得到提高，而且，渣油中一般含有一定量的催化剂活性金属组分，可以促进煤炭直接液化过程中催化剂活性组分的作用，从而使共同加工时的转化率高于单独加工时的转化率。提出此类技术的公司包括：HRI、Exxon、KBR、神华集团及煤炭科学技术研究院有限公司等。

1. HRI共处理工艺

HRI公司于1986年提出了一种两段煤油共处理工艺，其流程为：原料煤粉和溶剂油（来自石油的常压渣油或重馏分油）配制成煤浆，经升压、混氢、加热后依次进入第一段反应器、第二段反应器，两段反应器均为含有催化剂颗粒的沸腾床反应器，反应后的流出物在分离器中分离，其中气相部分经冷却、氢气提浓后得到循环氢和部分轻馏分油，液相部分（含固体颗粒）经减压后进入常压分馏塔、减压塔分离出馏分油和固体残渣，在需要循环溶剂油的情况下，常压塔底渣油在进入减压塔之前先用过滤或离心分离等办法进行部分脱灰，之后，富灰部分进入减压塔，贫灰部分用作循环溶剂油。

该技术特点是所用催化剂均为高活性组分的加氢催化剂（以Co、Fe、Mo、Ni等为活性组分，Al_2O_3、SiO_2等为载体），目的在于提高加氢反应速度，抑制反应过程中的结焦倾向。第一段反应器条件相对缓和（反应温度为371~416℃），第二段反应器条件相对苛刻（反应温度为416~460℃）。使用该工艺原料煤的转化率与煤炭直接液化工艺的转化率基本相同，但可以得到更多的液体产品，并且气体、重油产品的收率明显降低。

2. Chevron共处理工艺

Chevron公司于1979年提出了一种两段煤油共处理工艺。其具体流程为：用石油馏分或渣油（含有金属污染物）作为煤直接液化的供氢溶剂油，与原料煤粉配制成煤浆，煤浆浓度在33%~50%范围内，在不外加催化剂、仅依靠原料煤和溶剂油中自身携带的催化剂活性组分的情况下，加热煤浆至425~480℃使原料煤实现临氢热解液化；然后将全部或部分的热解液化生成物(可以将热解液化生成物脱除气体、水、轻油后再进入第二段加氢裂化反应器)降温至425℃以下，进入上流式加氢裂化反应器，使煤热解液化生成的以及重油中的大分子烃加氢裂化成小分子烃，最后将液化生成物用常减压分馏的办法脱除固体残渣。

该技术特点是在第一段反应器内主要发生煤的热解液化反应，在第二段反应器内主要发生大分子烃的加氢裂化反应；而且由于在第二段反应器采用了低温加氢技术，所得产品中液体产率较高，气产率较低。

3. KBR 煤油共处理工艺

KBR 技术的发明者为德国 VEBA 公司，其煤油共处理技术简称为 VCC 技术，2010 年起，KBR 买断了 VCC 技术的专利，成为 VCC 技术的拥有者。其工艺流程：原料与添加剂和氢气混合后进入悬浮床反应器，发生热裂化反应，并在高压临氢状态下加氢。其中进料中的胶质、沥青质在添加剂作用下发生热裂化和加氢反应，悬浮床热裂化的产物进入热高压分离器中分离，清洁的气体产物直接去固定床反应器再进一步加氢精制和加氢裂化，生产出石脑油和轻柴油。热高压分离器底部分离出的固体物质用作燃料使用。

该技术的特点是悬浮床裂化反应过程中原料中的沥青质、金属等在添加剂上发生裂化等反应，重金属和生成的焦炭最终沉积到添加剂上，添加剂随后在热高压分离器底部分离，气体产物从热高压分离器顶部分离，直接进入常规的固定床反应器进一步加氢精制和裂化。

4. 神华集团共处理工艺

神华集团于 2007 年提出了一种煤油共处理工艺，其目的是为了调整煤直接液化工艺中所用溶剂油的组成，即把煤直接液化循环溶剂油中<350℃的馏分油作为液化单元的产品送出装置，>350℃的馏分油用于循环溶剂配制煤浆，循环溶剂油不足部分由石油馏分油补充。该技术采用两段工艺流程，第一段进行煤和石油馏分油的加氢、裂解反应，最大限度地多生产液体产品，第二段进行液体油品加氢反应，生产性能适宜循环供氢溶剂油。

该技术特点是以煤和石油为原料生产高质量的车用发动机液体燃料产品或化工原料，根据煤直接液化过程和石油加工过程各自的特点，通过物料互供实现过程优化、降低生产成本、改善产品质量、提高轻质馏分油产率的目标。

5. 煤炭科学技术研究院有限公司共处理工艺

煤炭科学技术研究院有限公司于 2007 年开发了一种煤油共处理工艺。用煤焦油、石油或石油炼制过程的低附加值副产品(高金属含量、高沥青质含量的低品质石油、炼油厂催化裂化加工过程的回炼油、澄清油、油浆；炼油厂常减压蒸馏过程的渣油；炼油厂润滑油溶剂精制过程的抽出油、炼油厂催化裂化回炼油溶剂抽提过程的抽出芳烃、焦化重油、减黏裂化重油、加氢裂化重油等)来部分替代煤直接液化过程循环溶剂的工艺方法。该工艺包括三个部分：第一部分为煤浆制备过程，煤浆浓度为 20%~50%；第二部分为煤的直接液化过程，反应温度为 430~465℃；反应压力 15~19MPa；第三部分为液体油品的一次加氢提质和循环溶剂馏分的加氢过程，反应温度为 330~390℃，反应压力 10~15MPa。

该技术特点是替代溶剂的油料来源广泛，价格低廉，反应条件相对温和，煤液化轻、中质油的收率提高，并且油品质量得到改善。

3.3.5 煤油共炼面临的问题

1. 重油的选择

并不是任何组成的重油都适合于煤油共炼过程。在煤油共炼过程中，重油常以溶剂油的形式进入反应系统，所以选择重油的主要依据是其是否具备溶剂油的性能，即是否具有良好的供氢性或处理后是否具有良好的供氢性。实验结果表明，供氢性来自部分饱和的多环化合物，典型的供氢性组分有部分饱和的多环芳烃、苊系化合物、芴系化合物等，理想的溶剂油中供氢性组分的质量分数应不低于 50%，可供氢的质量分数应为 1.2%~3.0%。因此石蜡基的重油不适合直接用于煤油共炼过程，环烷基的重油或来自炼油厂的重芳烃是选择溶剂油的主要对象。如果选择供氢性能差的重油作为溶剂油，除了会影响原料煤的转化率和轻油收率外，还会影响原料煤浆的稳定性。

2. 反应兼容性

反应兼容性是指煤油共炼技术所选用的反应条件，应该包含原料煤和重油两种原料各自的裂化反应条件。由于煤炭和重油在形态、分子结构和分子大小等方面都不相同，所以它们发生裂化反应的条件也不一致。从反应机理看，煤炭分子裂解通常按照自由基反应机理进行，当加热到一定温度（380~450℃）后，煤炭分子中连接各基本结构单元的弱键就会发生断裂，生成相对较小的自由基碎片，但是在相同的温度下，重油的热解速度远远低于煤的热解速度，即需要更高温度（430~480℃）才能加快重油分子的裂化反应。然而，重油的裂化反应还有另一条途径可以选择，即在较低温度（300~400℃）下的正碳离子机理，但是正碳离子反应需要在酸性裂化催化剂存在的情况下才能发生。在现有的煤油共炼技术中，大多数技术都选择了原料煤和重油在较高的温度下按照自由基机理进行裂化反应，只有 Chevron Research Company 的两段煤油共炼工艺选择了原料煤在高温下按照自由基机理进行反应，而重油在较低温度下按照正碳离子机理进行反应。由此看来，完美的煤油共炼技术需要在较宽的温度范围内进行，并且温度范围将随原料煤和重油性能的不同而不同。在研发和应用煤油共炼技术的过程中，除了控制原料煤的转化率外，研究重油的最佳反应条件、提高重油的转化率也是追求的主要目标。在目前的原油价格水平情况下，重油的转化率最好能达到 95% 以上，如果低于 90%，则需要重新评估该技术的经济性。

3. 溶剂油的组成

在煤油共炼技术中，溶剂油通常由两部分组成：一部分是循环溶剂油；另一部分是重油。二者的比例决定了溶剂油的供氢性和黏度，一般情况下，随着溶剂油中重油比例的增加，溶剂油的供氢性能降低，黏度大幅度提高，这样，一定程度上影响了原料煤的转化率、轻油收率及配制煤浆的浓度，即影响装置的加工负荷。为了控制这些影响程度在可接受范围内，需要通过实验确定溶剂油中重油的最大比例。

3.3.6 工业化现状

2011 年 4 月，延长石油引进国外先进的悬浮床加氢裂化技术，借鉴单一煤直接液化技术和重质油悬浮床加氢裂化技术特点，开始了煤油共炼技术的研发，并建成了 150kg/d 中试装置，2014 年 7 月开始评价试验，2014 年 9 月，在榆林靖边建成了全球首套（也是目前唯一一套）45 万 t/a 煤油共炼工业示范装置，2015 年 1 月，一次打通全部工艺流程，油渣成型，产出了合格产品，已进入商业化运转。

3.4 煤焦油加氢制油技术

3.4.1 煤焦油来源及分类

煤焦油作为煤的炼焦、热解、干馏、气化等加工过程所产的副产品之一，是一种不可再生的化工、能源原料。长期以来煤焦油资源一直没有得到充分的利用，除部分高温煤焦油用于提取化工产品，少量中低温煤焦油的轻馏分油用于生产发动机燃料以外，剩余的大部分煤焦油都被用作重质燃料油和低端产品，造成资源浪费，直到21世纪初期，由于我国的炼焦工艺存在污染问题(主要污染物为煤焦油、焦炉煤气、熄焦废水等)，这一不可多得的资源才逐渐引起国人的重视。而随着首套煤焦油加氢生产合格燃料油装置的正式开车成功，国际原油价格的节节攀升，煤焦油正日益受到更广泛的关注。煤焦油分类不考虑煤种因素，主要是根据获取煤焦油时的热解温度。如此，煤焦油分类中便有了高温、中温、中低温、低温之别。目前国内各地区的煤焦油，按此原则分类，同类煤焦油性质相对较为一致。高温煤焦油主要来源于炼焦工艺(热解温度>1100℃)，中低温煤焦油是煤中低温热解的产物(热解温度<900℃，有直立炉生产兰炭、鲁奇炉气化、褐煤热解等中低温热解工艺)。不同类型煤焦油主要性质对比见表3-21。

表3-21 不同焦油的特性

焦油和特性		低温煤焦油(600℃)	中温煤焦油(800℃)	高温煤焦油(1000℃)
焦油产率/%		9~10	5~6	3.0~3.5
密度(20℃)/(kg/cm³)		0.9427	1.0293	1.1204
运动黏度(100℃)		59.6	124.3	159.4
总氮含量/%		0.69	0.75	0.72
总硫含量/%		0.29	0.32	0.36
总氧含量/%		8.31	7.43	6.99
烷烃含量/%		25.12	22.68	17.33
芳烃含量/%		28.43	27.96	27.34
胶质含量/%		28.49	27.12	31.41
沥青质含量/%		17.96	22.24	23.62
机械杂质/%		2.35	2.61	3.42
金属/ppm*	铁	37.42	64.42	52.72
	钠	4.04	3.96	4.21
	钙	86.7	90.58	88.41
	镁	4.12	3.64	3.94

注: * 1ppm = 10^{-6}。

3.4.2 煤焦油深加工工艺分类

目前国内外煤焦油深加工技术主要有三条工艺路线，传统煤焦油加工工艺、调和煤焦油生产燃料油工艺和煤焦油加氢制燃料油工艺。

1. 传统煤焦油加工工艺

将煤焦油先进行分馏，<350℃的煤焦油轻馏分提取苯、酚、萘、蒽、吡啶等化工产品，>350℃煤沥青作为沥青调和组分调和普通道路沥青。

工艺方案成熟，国内外现有多套装置正在运行，但是流程比较复杂，同时在生产过程中还会产生大量污水，处理比较困难，生产的单体化合物需进一步精制才能提高附加值，工艺路线冗长。如果加工深度不够，则焦油利用不充分；加工过程太深，则产品过多过细，单元装置选择较多，需要引进国外技术与装备，投资过大，实施困难。

2. 调和煤焦油生产燃料油工艺

中国科学院工程物理研究所开发的利用煤焦油生产轻型车用燃料的生产工艺路线，原料为煤焦油，通过脱硫、脱氮精制后，再经过萃取、降解、醚化、聚合、调和、稳定等过程生产车用汽油。

该工艺是全新开发技术，投资不高，产品性质优良，但工艺工程非常复杂，要大量购买轻烃、石油。煤焦油的掺炼比例最多40%。

3. 煤焦油加氢工艺

煤焦油加氢改质的目的是将其中所含的多环芳烃、含氮杂环化合物、含硫杂环化合物等，在高温、高压和催化剂作用下，转化为较低相对分子质量的液体燃料，如汽油、柴油和燃料油等。

煤焦油加氢制备发动机燃料油的技术始于20世纪30年代的德国，随后由于石油的发现和大量开采，煤焦油加氢技术的研发工作被迫停止。近些年，国外主要是对煤焦油馏分多环芳烃(如菲、萘、蒽、芴等)的加氢进行了一系列研究，但未见煤焦油加氢生产燃料油的工业化报道。

近十多年来，我国在中低温煤焦油加氢技术的开发方面取得了明显的进展，先后开发出了多种加氢技术，进入21世纪后，我国煤化工产业的快速发展再一次促进了国内中低温煤焦油加氢技术的研发工作。

3.4.3 煤焦油加氢技术分类

根据各种技术的特点，可以归纳为如下五类：第一类是煤焦油加氢精制/加氢处理技术，第二类是延迟焦化——加氢裂化联合工艺技术，第三类是煤焦油的固定床加氢裂化技术，第四类为沸腾床加氢技术，第五类是煤焦油的悬浮床/浆态床加氢裂化技术。

1. 煤焦油加氢精制/加氢处理技术

煤焦油加氢精制/加氢处理技术的特点是采用固定床加氢精制或加氢处理的方法，脱除煤焦油中的硫、氮、氧、金属等杂原子和杂质，以及饱和烯烃和芳烃，生产出石脑油、柴油、低硫低氮重质燃料油或炭材料的原料等目标产品。加氢精制尽管因原料和加工目的的不同而有所区别，但其基本原理相同，且都是采用固定床绝热反应器，因此，各种加氢精制的原理工艺流程原则上没有明显的区别。加氢精制工艺流程包括三部分：反应系统；生成油换热、冷却、分离系统；循环氢系统。操作条件上看：直馏馏分加氢精制操作条件比较缓和，重馏分和二次加工产品的操作条件要求比较苛刻；①反应压力：汽油馏分3~4MPa，柴油是4~8MPa，重质油一般在12MPa以上；②反应温度：综合考虑反应速率、液相产物比例和裂化生焦的影响，加氢精制一般在较低温度下进行，不超过 430℃；③空速：轻质油 2.0 ~ 4.0h^{-1}，柴油 1.0 ~ 2.0h^{-1}，重质油 1.0h^{-1} 左右；④氢油比（体积）：汽油 300 ~ 500；柴油 500 ~ 800，减压馏分 800 ~ 1000。

我国开发的煤焦油轻馏分油加氢精制技术，是以煤焦油中的轻馏分油为原料，通过固定床加氢，得到石脑油和轻柴油产品。这类技术的主要困难是：第一，原料油中含有较多的胶质和杂原子，容易形成焦炭沉积在催化剂表面，降低催化剂的活性；第二，原料油中含有大量的烯烃、芳烃等，加氢过程强放热反应影响反应器的操作稳定性。针对原料油的这些特点，现有加氢技术分别开发了多种催化剂级配装填和两段加氢工艺。另外，采用多段深度加氢精制的技术，最大限度地加氢饱和原料油中的芳烃，可以得到较高十六烷值的柴油产品。

煤焦油加氢精制/加氢处理技术的优点是：工艺流程相对比较简单、投资和操作费用相对较低，是目前最普遍的工业化技术；缺点是：大部分加氢精制/处理技术都是加工煤焦油 400℃ 以前馏分，石脑油和柴油的收率较低，主要取决于原料煤焦油中轻油的含量，煤焦油资源的利用率低。

2. 延迟焦化-加氢联合工艺技术

延迟焦化工艺工程是无催化剂参与的，也是一种石油二次加工技术。以贫氢的重质油为原料，在高温（约 500℃）进行深度的热裂化和缩合反应，生产气体、汽油、柴油、蜡油和焦炭的技术。延迟焦化原料可以是重油、渣油、甚至是沥青。延迟焦化产物分为气体、汽油、柴油、蜡油和焦炭。焦化汽油和焦化柴油是延迟焦化的主要产品，但其质量较差。焦化汽油的辛烷值很低，一般为 51 ~ 64（MON），柴油的十六烷值较高，一般为 50 ~ 58。但两种油品的烯烃含量高，硫、氮、氧等杂质含量高，安定性差，只能作半成品或中间产品，经过精制处理后，才能作为汽油和柴油的调和组分。焦化蜡油由于硫、氮化合物、胶质、残炭等含量高，是二次加工的劣质蜡油，目前通常掺炼到催化或加氢裂化作为原料。石油焦是延迟焦化过程的重要产品之一，根据质量不同可用作电极、冶金及燃料等。焦化气体经脱硫处理后可作为制氢原料或送燃料管网作燃料使用。所谓延迟是指将焦化油（原料油和循环油）经过加热炉加热迅速升温至焦化反应温度，但在反应炉管内不生焦，而进入焦炭塔再进行焦化反应，故有延迟作用，因此得名"延迟焦化"技术。

延迟焦化-加氢联合工艺技术的主要技术思路是将煤焦油中的重油部分通过延迟焦化生成轻馏分油和焦炭，然后把煤焦油的轻馏分油和延迟焦化生成的轻馏分油共同加氢精制或加氢精制/加氢改质，用来生产石脑油和柴油产品。

延迟焦化-加氢精制/加氢裂化组合工艺的基本工艺流程是：先把全馏分煤焦油进行延迟焦化，得到气体、焦炭、轻馏分油（石脑油和柴油馏分）和重馏分油（350 ~ 500℃），然后把轻馏分油进行加氢精制，把重馏分油作为加氢裂化的原料，最后得到石脑油和柴油产品。而延迟焦化-加氢精制组合工艺的基本流程是：先将煤焦油分馏成轻（<360℃）和重油（> 360℃）两部分，其中重油作为延迟焦化的原料，延迟焦化装置采用 >360℃ 馏分油全循环的流程，过程中所有的轻馏分油（<360℃）进行加氢精制，可得到石脑油和柴油产品。

延迟焦化-加氢联合工艺技术的优点是把一部分重质煤焦油转化成了轻油产品，缺点是工艺流程比较复杂，并且把一部分煤焦油转化成了焦炭（低碳转化为高碳），既没有充分利用好煤焦油资源，也不符合能源利用原则。

3. 煤焦油固定床催化加氢裂化技术

加氢裂化工艺是一种固体热载体、循环流化床工艺，是一种石油二次加工技术。其主要反应原理是通过热载体（同时也是催化剂）与油浆接触，在高温与催化剂活性条件下使油浆发生裂化反应。整个反应过程无其他原料加入，仅是原料油自身发生裂化反应，故而反应将副产大量干气。催化剂表面会附着结焦，通过再生（主要是烧炭）过程使催化剂恢复活性同时升温至反应温度，再次与原料接触反应，整个反应过程主要包括：加氢反应、裂化反应、异构化反应、氢解反应和重合反应等。整个过程催化剂不外排，装置所产汽柴油，仍需经加氢处理后方可合格。加氢裂化操作条件因原料、催化剂性能、产品方案及收率不同可能有很大差别；大多数加氢裂化装置设计操作压力在 10.5 ~ 19.5MPa 之间，原料越重，压力越高；一般重质油加氢裂化反应温度在 370 ~ 440℃ 之间；空速：0.5 ~ 2.0h^{-1}，氢油比 1000：1 ~ 2000：1。煤焦油固定床加氢裂化技术的思路是采用固定床加氢裂化方法把煤焦油中的重油（>350℃）转化成轻油产品，从而提高轻油产品收率。

由于煤焦油中含有较多的硫、氮、氧等杂原子，以及胶质、沥青质、金属等催化剂污染物，一方面，原料油中的污染物很容易使加氢精制段的催化剂失活并且堵塞催化剂床层，另一方面，加氢精制段生成的氨会影响加氢裂化催化剂的活性，生成的水会造成加氢裂化段催化剂永久性失活，因此，保护催化剂活性和催化剂床层长周期运转是这类技术的关键。在保护加氢精制段催化剂活性的方法上，各种技术都采用了相似的方法——多种催化剂级配，可以有效地防止原料中污染物的影响；在保护加氢裂化段催化剂活性的方法上，开发了两段串联和两段并联等不同的加氢裂化工艺技术，避免了加氢精制段生成的氨和水进入加氢裂化段反应器。如果需要进一步提高柴油产品的十六烷值，可以将上述加氢裂化生成的柴油馏分进一步进行加氢改质。另外，为了降低加氢过程中的氢耗量，也可以在煤焦油进行加氢之前，先把其中的含酚馏分油进行脱酚，这样既能降低加氢过程的氢耗量，也能得到部分分类产品。

固定床加氢裂化技术的优点是把大部分煤焦油的重油都转化成了轻油馏分，提高了轻油产品的收率和煤焦油资源的利用率，也最大限度地提高了柴油产品的十六烷值，基本上能达到 40 以上；它的缺点是工艺流程相对比较复杂，并且对原料油有一定的限制，为了能维持较长周期的生产，要求原料油的干点<600℃，最好<580℃。

4. 沸腾床加氢技术

沸腾床加氢工艺，是指煤焦油进料与氢气混合后，从反应器底部进入，在反应器中的催化剂颗粒借助于内外循环而处于沸腾状态。沸腾床反应器催化剂存在于反应器内，通常情况下在反应器上部设有催化剂补给管，下部设有催化剂卸出口（以便从底部卸出活性降低的旧催化剂，顶部补充新鲜催化剂）。氢气和原料油从反应器下部进入反应器，经过栅板分配器通过装填催化剂的床层时，使催化剂粒间空隙率随流速渐增而逐渐拉开，催化剂床层体积膨胀。催化剂床层高度由循环液体流速控制（反应器内设循环线，反应器顶部抽出反应产物，经过循环泵输送至反应器底部与原料一起再进入反应器以达到控制原料流速的目的）。

沸腾床原料适应性强，操作周期长，可以加工金属、残炭较高的重质油，反应器内发生的是热裂化反应，轻油收率高，可达 80% 以上，但初级产品品质较差，仍需配套后续加氢装置，装置投资较大，设备内部较为复杂，对原料质量仍有一定的要求。

5. 悬浮床/浆态床煤焦油加氢裂化技术

悬浮床加氢裂化是指待裂化的渣油与细粉状添加物或催化剂形成悬浮液,在高温、高压和高空速下进行的重油加氢裂化技术。其典型的悬浮床加氢裂化有 VCC、Canmet、HDH、SOC、Aurabon、MRH 和 Microcat 等过程。悬浮床、浆态床、反应器通常使用一次性催化剂。悬浮床加氢催化剂按催化剂的溶解性和状态划分,可以分为固体粉末催化剂和均相催化剂(水溶性催化剂和油溶性催化剂)。该催化剂通常没有载体,而是催化剂或含有活性金属组分的催化剂前体均匀稳定的分布在渣油原料中,由于催化剂加入量很少,所以可以依靠原料自身含有的硫或外加硫进行在线硫化,生成金属硫化态参与反应。按化学组成可以分为以下几种类型:①无机金属化合物,如金属氧化物、金属合金、杂多酸或杂多酸盐、金属无机酸盐等;②有机金属化合物,如酞菁染料、二硫代氨基甲酸盐、二硫代磷酸盐、金属有机酸盐(如环烷酸盐和树脂酸盐)、甲基钼酸盐和多羰基化合物等。其中,这里所说的金属指的是过渡金属(如 Mo、Co、Ni、Fe、Cr 等)。上述金属化合物可以直接作为催化剂使用,或制成溶液以催化剂前体的形式加入。也有将含有上述物质的废加氢催化剂或矿物作为催化剂前体使用。悬浮床催化剂的加氢性能除了与金属活性组分有关外,催化剂在原料油中的分散情况也是影响其活性的主要因素。通常讲均相催化剂的活性高于固体粉末催化剂,因为均相催化剂可以通过常规方法均匀稳定分布在重质油原料中,使得与原料油接触的催化剂表面积增大,有利于进行加氢反应。

与固定床加氢装置相比,悬浮床加氢可以解决固定床加氢脱硫装置随着重金属、含氮化合物、胶质、沥青质含量的增加,双功能催化剂不能按正碳例子反应历程进行,生焦速度快,生焦量大,必须连续地或者定期地将含有大量焦炭的催化剂从反应器中排出,同时可以提高轻油收率,降低装置投资。因此,这类反应器是加工像煤焦油这样的污染物含量较高的原料油的理想反应器,实现了煤焦油最大量生产轻质油和催化剂循环利用的目的,提高了原料和催化剂的利用效率,轻质油收率高,最高油收率在 90% 以上。其主要缺点是:残渣含金属、挥发分组分高的在工业领域未得到推广利用;含固原料易使管道设备堵塞、结焦、磨损;设备压力等级高,投资较高。

3.4.4 煤焦油加氢工业化装置介绍

1. 神木天元焦油加氢装置简介

天元化工有限公司的 50 万 t/a 中温煤焦油轻质化项目,分两期建设,分别于 2008 年和 2010 年建成投产,年生产燃料油 40 万 t,液化气 0.8 万 t,石油焦 8 万 t,硫黄 0.2 万 t。天元采用的工艺是延迟焦化-加氢联合工艺技术,工艺流程见图 3-37。煤焦油先经离心分离和过滤脱除水分和杂质,然后与氢气混合经加热炉加热后进 1~2 台串联预加氢反应器脱除含硫化合物、含氮化合物和重金属,再送入 2~3 台串联加氢反应器,由此制得的生成油,经分离器将分离出的氢气返回循环利用,分离出的生成油进入分馏塔得到产品油,分馏塔塔底的重质油送入 1~2 台串联加氢裂化反应器,得到的生成油经过分离器和分馏塔得到产品油,塔底尾油部分返回裂化反应器,多余尾油可以进行延迟焦化,经加热炉加热至 450~550℃后进入焦炭塔,在 0.1~3MPa 的压力下进行焦化反应,获得石油焦作为产品。

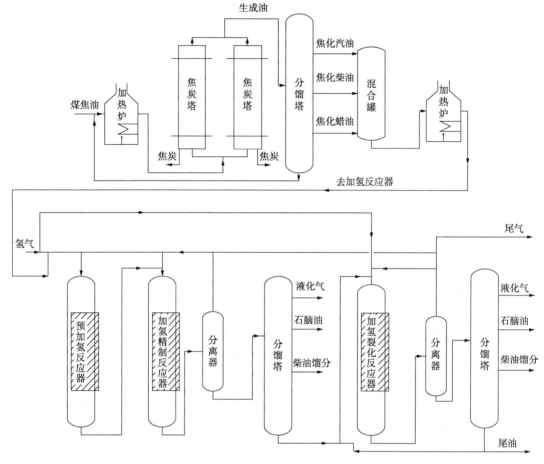

图 3-37　焦油延迟焦化加氢组合工艺流程图

2. 宝泰隆高温煤焦油加氢装置

宝泰隆 10 万 t/a 煤焦油加氢装置，采用传统固定床加氢工艺，原料采用煤炭焦化的副产品——煤焦油，七台河市及周边地区煤焦油产量 20 万 t/a，该项目使用原料煤焦油 13 万 t/a，氢气源为甲醇公司的过剩弛放气（氢气含量 82%），经变压吸附装置制成 99.99% 纯氢。项目配套装置有提酚油、萘油、洗油、蒽油装置，采用传统煤焦油处理工艺与煤焦油加氢技术相结合，根据市场的需求调整生产方案。煤焦油加工技术分类见表 3-22。

装置（煤焦油宽馏分加氢技术）由制氢系统、原料预处理系统、加氢反应系统、高低压分离系统、压缩机系统、分馏系统和辅助系统组成。主要产品石脑油 1.3 万 t，燃料油 8.3 万 t，沥青 3 万 t。

表 3-22　煤焦油加工技术分类

技术分类	技术特点	优缺点
煤焦油加氢精制/加氢处理技术	轻馏分油或全馏分油为原料，通过固定床加氢精制处理，硫、氮、氧、金属等杂原子和杂质，饱和烯烃和芳烃，生产石脑油、柴油等目标产品	优点：加氢阶段流程简单 缺点：原料预处理复杂，原料利用率低，轻油收率低

技术分类	技术特点	优缺点
煤焦油固定床加氢裂化技术	煤焦油轻油馏分加氢的同时，采用固定床加氢裂化方法把煤焦油中的重油（>350℃）转化成轻油产品，从而提高轻油产品收率	优点：大部分重油馏分都转化成了轻油馏分，提高了轻油产品的收率、柴油产品的十六烷值。 缺点：工艺流程相对比较复杂，要求原料油的干点<600℃，最好<580℃，运转周期短
延迟焦化-加氢联合工艺技术	煤焦油中的重油部分通过延迟焦化生成轻馏分油和焦炭，然后把煤焦油的轻馏分油和延迟焦化生成的轻馏分油进行固定床加氢精制或加氢精制/加氢改质，用来生产石脑油和柴油产品	优点：把一部分重质煤焦油转化成了轻油产品，副产焦炭，原料利用率高 缺点：一部分煤焦油转化成了焦炭（在10%~20%范围内），降低了轻油收率；不符合能源利用规则
沸腾床加氢工艺	沸腾床加氢工艺，是指煤焦油进料与氢气混合后，从反应器底部进入，在反应器中的催化剂颗粒借助于内外循环而处于沸腾状态	优点：沸腾床原料适应性强，操作周期长，可以加工金属、残炭较高的重质油，反应器内发生的是热裂化反应，轻油收率高，可达80%以上 缺点：初级产品品质较差，需配套后续加氢装置，装置投资较大，设备内部较为复杂，对原料质量仍有一定的要求
悬浮床/浆态床煤焦油加氢裂化技术	煤焦油全馏分/重质油在悬浮床反应器内进行加氢和裂化反应，少量催化剂与原料油和氢气在反应器中充分接触，呈全返混状态，生产石脑油和柴油	优点：原料适应性强、轻油收率高、适合加工重油，可长周期运转 缺点：催化剂利用回收困难

3.5 煤基甲醇制汽油(MTG)和芳烃(MTA)技术

3.5.1 甲醇制汽油(MTG)和芳烃(MTA)基本原理

甲醇制汽油(Methanol To Gasoline，简称 MTG)是以煤为原料，经合成气制得甲醇，再将粗甲醇转化为高辛烷值高品质汽油。甲醇转化制汽油的基本化学反应可以简化成甲醇脱水，按照化学反应方程式计算可生成 44% 的烃类和 56% 的水，该反应为放热的可逆反应。

甲醇制芳烃(Methanol To Aromatics，简称 MTA)指以甲醇为原料制备以苯、甲苯和二甲苯为主的芳烃。该反应需要使用能使催化甲醇脱水、催化烯烃环化和孔道能容纳芳烃的改性 ZSM-5 催化剂。MTA 工艺和反应器需要具备能够及时移除反应热和催化剂再生容易两个特征。

甲醇制汽油/芳烃的历程中，甲醇首先脱水生成二甲醚，对该反应机理主要有两种观点。第一种是酸-碱中心协同催化机理，该机理吸附于催化剂酸中心的甲醇质子化生成 $[CH_3(OH)_2]^+$，脱水后生成 $[CH_3]^+$。吸附在催化剂碱中心的甲醇产生 $[CH_3O]^-$ 和 $[OH]^-$，相近处的 $[CH_3]^+$ 和 $[CH_3O]^-$ 结合生成二甲醚。第二种是单纯酸催化机理，与酸-碱协同催化机理相似，位于催化剂酸中心的甲醇生成 $[CH_3(OH)_2]^+$，但该理论认为甲醇直接与 $[CH_3(OH)_2]^+$ 反应生成二甲醚。Blaszkowsk 经过量子化计算认为，以上两种机理都是可能存在的。在甲醇/二甲醚生成汽油/芳烃的反应过程中，C—C 键的生成速率是控制步骤。至今相关研究人员提出了 20 多种关于 C—C 键的形成机理，具有代表性的有卡宾机理、氧鎓叶立德机理、碳正离子机理和烃池机理。

1. 卡宾机理

卡宾机理认为，甲醇首先与催化剂酸性位反应生成甲氧基，然后通过 α 消去反应生成 $[:CH_2]$，生成的卡宾可以通过聚合反应生成低碳烯烃，也可以通过 sp^3 方式插入甲醇或二甲醚脱水生成乙烯，乙烯可以与甲氧基反应生成高碳烯烃，具体反应历程如下：

$$2[:CH_2] \longrightarrow C_2H_4$$
$$[:CH_2] + CH_3OR \longrightarrow CH_3CH_2OR \longrightarrow C_2H_4 + HOR$$

其中，R 为 H 或 CH_3。

关于过渡态卡宾的实验证据都是间接的，卡宾机理存在一定的科学性，但学者们仍未对卡宾离子的生成途径达成共识。卡宾机理的能垒高，会使反应速度很低，而实际反应速度却较高，说明卡宾机理存在不合理性。

2. 氧鎓叶立德机理

氧鎓叶立德机理认为二甲醚与催化剂表面酸性中心位点作用生成二甲基氧鎓离子，继续与二甲醚反应生成三甲基氧鎓离子，接着在碱性中心的作用下将质子脱除，生成活性较高的二甲醚氧鎓甲基内鎓盐（图 3-38）。二甲醚氧鎓甲基内鎓盐可以通过 Stevens 分子内重排或甲基化反应生成乙基二甲基氧鎓离子或甲乙醚。以上两种情况都可以经过 β 消除反应后生成乙烯。

氧鎓叶立德机理对碱性要求非常高，过高碱性会导致甲氧基无法生成，而酸性会使反应能垒非常高，通过密度泛函理论计算可以证明氧鎓叶立德机理反应中的中间体是非常不稳定的。

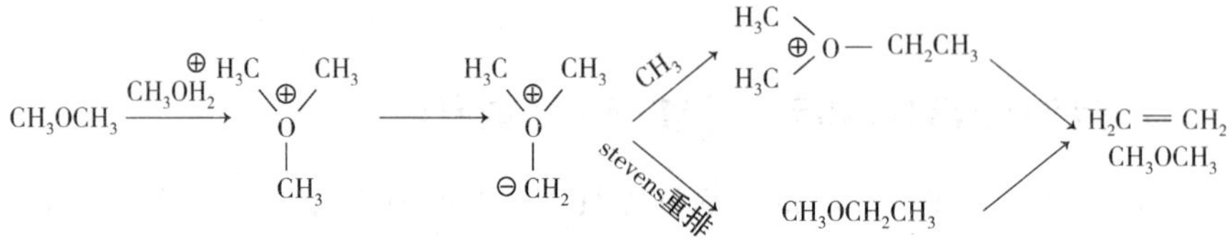

图 3-38　氧鎓叶立德机理示意图

3. 甲基碳正离子机理

甲基碳正离子机理认为甲醇在催化剂的作用下首先脱水生成 CH_3^+，然后插入甲醇或二甲醚分子 C—H 键中形成碳正离子过渡态，也就是三甲氧基阳离子。三甲氧基阳离子不稳定，脱去 H^+ 后，再经 β 消除转化为烃类。相关学者对上述亲核取代过程提出了质疑，Smithzai 在串联回旋共振质谱上研究表明反应产物可能是通过含有质子的醚类结构中间物种转化的，并没有在反应过程中检测到 C_2 物种。

4. 烃池机理

烃池机理认为甲醇在催化剂上首先生成一些较大分子的烃类物质并吸附在催化剂孔道中。这些大分子烃类物质作为活性中心与甲醇反应进入甲基基团的同时，不断进行脱烷基化反应生成乙烯和丙烯等低碳烃类物种。早期的烃池机理更像一个黑匣子，并没有明确烃池物种的具体属性。相比于直接反应机理，烃池机理也被称为间接反应机理。后经人们发现，低温有利于产生烯烃池，而高温有利于产生芳烃池，酸度较强时有利于产生芳烃池，而酸度较弱时有利于产生烯烃池。由于烃池机理操作程序简单，避免了复杂的中间产物，被较多地应用于反应动力学和失活动力学的研究中(图 3-39)。

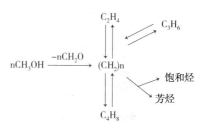

图 3-39　烃池机理示意图

目前人们普遍认为的 MTG/MTA 反应历程有三个步骤，在具有酸活性中心的分子筛上，甲醇脱水生成中间产物二甲醚，二甲醚、甲醇和水的平衡混合物进一步脱水转化为低碳烯烃，低碳烯烃通过低聚、异构化、烷基化、芳构化等反应生成相对分子质量更高的芳香烃、高碳烯烃、异构烷烃及环烷烃等产物。在该反应中，由于少量烯烃发生缩聚，导致催化剂有积炭现象出现，需要定期再生。

3.5.2　甲醇制汽油(MTG)和芳烃(MTA)工艺

1976 年，美国 Mobil 公司开发 MTG 工艺，并于 1986 年在新西兰建成 57 万 t/a 汽油生产装置，该生产工艺是使用固定床两步法和 ZSM-5 催化剂，在 3MPa、350~400℃条件下得到产品。该工艺的循环气与原料气之比为(7~9)∶1，混合气压力为 1.7~2.3MPa，甲醇的转化率可以达到 100%。MTA/MTG 工艺属于甲醇制烃工艺的一种，对相关工艺条件进行调整时，产物就可以选择富产汽油或者芳烃(图 3-40)。

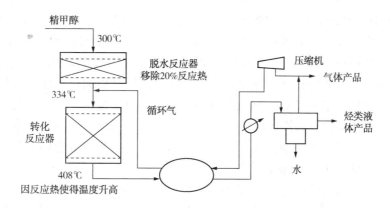

图 3-40　固定床两步法的原则流程图

1. 固定床 MTG/MTA 工艺

在固定床工艺中，第一反应器脱水反应温度约 280℃，甲醇被 Cu-Al$_2$O$_3$ 催化生成二甲醚。甲醇、二甲醚和水的混合物在第一反应器内达到平衡，在第二反应器内经过 ZSM-5 催化剂催化后生成烃类，产物进冷却后进入高压分离器进行闪蒸，塔顶气体返回第二反应器，从而控制反应温度。产物经分馏塔分离后得到液态烃、气态烃和水。通过控制循环气与脱水反应器的气体之比控制温度，从而提高汽油产率。当催化剂发生积炭、失活时，可以在产物中发现甲醇，此时需要对催化剂进行氧化再生。为了解决积炭问题，工业化流程中一般并联 4 台反应器，3 台正常运转，1 台反应器用于催化剂的再生。固定床工艺比较成熟，甲醇转化率高，但工艺过程相对复杂、能耗大、投资较高(图 3-41)。

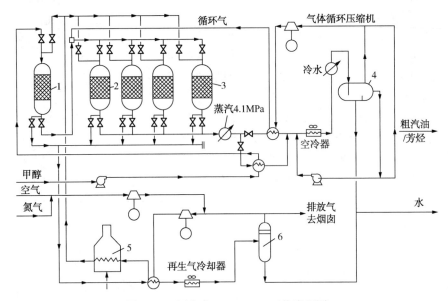

图 3-41　固定床 MTG/MTA 工艺流程图

1—二甲醚反应器；2—转化反应器；3—再生反应器；4—产品分离器；5—开工和再生加热炉；6—气液分离器

2. 流化床 MTG/MTA 工艺

Mobil 公司、前联邦德国 URBK 公司与伍德公司共同研发了 MTG/MTA 流化床工艺。流化床 MTG 工艺中压力为 0.2~0.3MPa，在 410℃ 左右的均匀温度下进行。该工艺采用了流化床反应器和再生塔，原料甲醇和水经过原料调配器进行混合后，经过预热器的加热汽化进入流化床反应器，在原料气的吹扫下粉末状 ZSM-5 分子筛催化剂在反应器内呈现上下翻腾且循环流动的状态，与反应物得到了充分接触。生成的反应产物通过过滤器与催化剂形成分离，通过外冷却器的热量交换后，汽油组分冷凝存留到收油罐中，C_5 以下的气体组分则可以返回到流化床反应器内，这样可以提高汽油组分的收率。在反应过程中，催化剂可以连续再生，再生催化剂可以循环流动，同时不断使用水蒸气与空气的混合燃烧催化剂表面的积炭，使得积炭失活的 ZSM-5 催化剂能够再生，保证催化剂反应活性的恒定。甲醇转化反应是剧烈的放热反应，采用外部冷凝器制冷和内部物质热交换实现温度的稳定。该工艺中循环的目的是提高转化率，而不是移走热量，因此可以使循环量比固定床操作大大减少。该工艺与经典固定床相比，具有汽油品质好、移热快、循环气量低的优点（图 3-42）。

3. 多管式 MTG/MTA 工艺

Lurgi 公司与 Mobil 公司研发的列管式反应器工艺中，原料甲醇和循环气与反应器出来的气体进行热交换，将温度调整到所需要的反应温度。气体与甲醇的混合物从上部进入多管式反应器，通过管内装填的催化剂催化转化为烃。一方面，反应热量由反应器壳程循环的熔融盐间接加热，将水加热至蒸汽发生器中产生高压蒸汽，使能量得到了充分利用；另一方面，反应器的气相产物与甲醇进行换热，很好地控制了反应温度。通过空气和氮气混合气消除催化剂表面的积炭，使催化剂再生。采用该工艺产生的各种烃类的质量分数分别为芳香烃 32%、烷烃 58%、烯烃 10%，研究法辛烷值为 93。与经典固定床相比，该工艺具有设备简单的优点（图 3-43）。

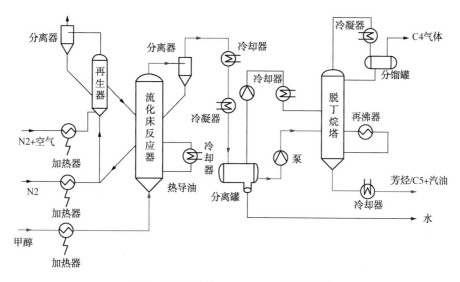

图 3-42 流化床 MTG/MTA 工艺流程图

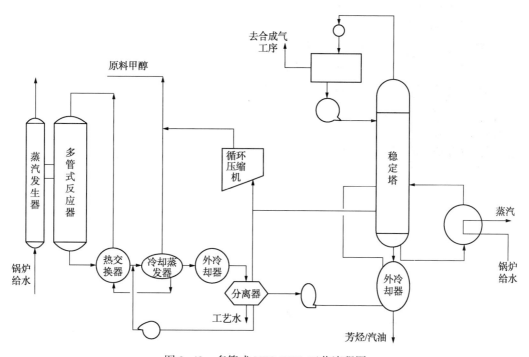

图 3-43 多管式 MTG/MTA 工艺流程图

4. 一步法 MTG/MTA 工艺

针对两步法 MTG 工艺存在流程长、两段催化剂寿命不匹配以及操作过程复杂等问题，中科院山西煤化所在 2006 年研发了一步法 MTG/MTA 工艺，甲醇脱水和甲醇/二甲醚脱水制汽油两步反应在同一反应器和同一催化剂下完成。该工艺省去了两步法中甲醇制二甲醚的过程，甲醇直接在酸性硅铝沸石分子筛催化剂上转化为汽油和少量的液化石油气。从反应器出来的混合产物与冷却的循环气换热后，经冷却器冷却到常温，被分离器分离后得到液态烃类、气体产物

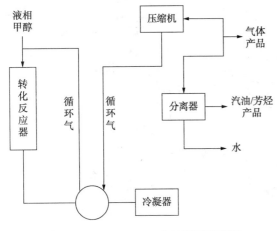

图 3-44　MTG/MTA 一步法流程示意图

和水。换热后的循环气与甲醇一起进入转化器进行反应。该工艺催化剂的单炉寿命为22 天，具有流程短、选择性高、催化剂稳定性好和单程寿命长的特点。催化剂的筛选和反应器的放大影响了 MTG/MTA 一步法工艺的工业化进程(图 3-44)。

以上典型 MTA/MTG 工艺的起源均为美国 Mobil 公司的经典固定床工艺，此外，中国也开发了循环流化床煤制芳烃工艺、固定流化床甲醇制芳烃技术。到目前为止，国内大部分投产项目采用的是中科院山西煤化所的一步法 MTG 工艺，少部分采用的是 Mobil 公司的两段式固定床 MTA/MTG 工艺。

5. 清华大学 FMTA 工艺

清华大学研发的流化床甲醇制芳烃技术(FMTA)是以甲醇或二甲醚为原料，使用酸性分子筛催化剂，采用流化床反应器，在低压下反应(0.1~0.4MPa)，产品转化率可以达到99.9%。先使甲醇在温度为 450℃，空速为 $3000h^{-1}$ 的工艺条件下进行芳构化反应，然后分离反应产物，氢气、甲烷、混合 C_8 芳烃和部分 $C_{\geqslant 9}$ 烃类作为产品输出系统，将 $C_{\geqslant 2}$ 非芳烃和除混合 C_8 芳烃及部分 $C_{\geqslant 9}$ 烃类之外的芳烃作为循环物流返回相应反应器进一步进行芳构化反应，工艺流程如图 3-45 所示。该工艺产品组成单一，油相中的芳烃含量高于 90%，FMTA 全流程的甲醇到芳烃的烃基收率为 74.47%。该技术的核心流化床装置操作平稳、弹性大，催化剂可连续反应-再生循环使用。

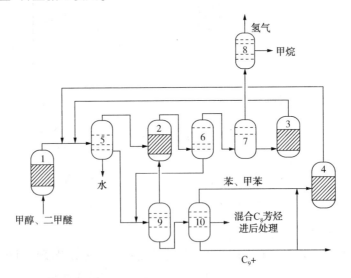

图 3-45　清华大学 MTA 装置工艺流程

1—芳构化反应器；2—低碳烯烃芳构化反应器；3—低碳烃芳构化反应器；4—芳烃歧化反应器；
5—气-液-液分离器；6—气-液分离器；7—气相分离器；8—吸收器；9—芳烃-非芳烃分离器；10—芳烃分离器

3.5.3 国内外 MTG 和芳烃(MTA)技术发展历程

3.5.3.1 国外技术发展历程

随着社会的发展，人类对能源的需求越来越大，全球原油的储量仅能维持人类几十年的需求，而煤的储量最大，能够维持一百多年。因此，研究将煤转化为液态油的技术成为了热点。在 20 世纪 80 年代 HaldorTopsøe 就研发出了托普索一体化汽油合成技术，该工艺直接在单条回路中将合成气在 Cu 催化剂上转化为乙醇或二甲醚，然后在 GSM 催化剂上转化成汽油，不需要对甲醇冷凝和后续再沸。美国 Green Gasoline From Wood 公司于 2013 年采用 TIGAS 工艺建成木屑制汽油装置。1976 年，美国 Mobil 公司研发了 MTG/MTA 固定床两步法工艺，并于 1986 年在新西兰建成 57 万 t/a 的大型固定床工业装置，但在 10 年后由于油价走低被迫停产。在固定床 MTG/MTA 工艺的基础上，Mobil 公司、前联邦德国 URBK 公司与伍德公司共同研发了 MTG/MTA 流化床工艺，1982 年 Wesseli 的 UK 公司利用该技术建成了 20t/a 的中试示范厂。此外，Lurgi 公司联合 Mobil 公司研发了列管式反应器工艺，该工艺很好地控制了温度、充分利用了能量，但成本较高。2008 年 Mobil 公司在美国建成了第一套 MTG 型煤制油项目。2015 年，EMRE 与 SEG 达成了共同开发流化床 MTG 技术的合同，目前已在位于洛阳的研发中心建设了实验装置，并开展了实验研究，以反应效率高、汽油收率>87%，且可得到高辛烷值的流化床 MTG 装置为商业化目标。

3.5.3.2 国内技术发展历程

由于中国富煤少油，石油的对外依存度达到了 65%，且甲醇价格曾一度低迷，MTG 相关技术的研发受到了关注。2006 年，中国科学院山西煤炭化学研究所研发了一步法 MTG 工艺，在其能源化工基地完成中试，云南煤化集团解化公司采用该工艺建成的 3500t/a 汽油示范厂于 2007 年中旬实现生产。一步法 MTG 工艺的 ZSM-5 分子筛催化剂由山西煤化所独立研发，工艺过程由山西煤化所和化工第二设计院合作开发，工艺和催化剂都具有自主知识产权。2007 年 4 月，全国煤化工设计中心和山西天和煤气化科技有限公司联合开发的 MTG 技术万吨级试验装置建成投产，解决了 MTG 技术温度控制的问题，实现了降耗节能。中国石油昆仑工程和中海油天津院合作开发的"两步法甲醇制稳定轻烃第一代技术"、洛阳科创开发的"一步法甲醇裂解制丙烯和高清洁汽油技术"及麦森河北能源开发的具有自主知识产权的"FCP 甲醇制国 V 标准汽油技术(两步法)"于 2009 年后相继实现了工业化应用。2014 年，云南先锋化工公司 20 万 t/a 的一步法 MTG 工业示范装置投试车成功。河北玺尧新能源科技有限公司采用自主研发的 10 万 t/a"两步法"MTG 新工艺于 2014 年投产。2016 年，河北丰汇投资公司在内蒙古建成了 30 万 t/a 的 MTG 装置。中国庆华能源集团公司计划 2020 年在内蒙古呼和浩特市建成 1000 万 t/a 的 MTG 装置。

2011 年 3 月，陕西华电榆横煤制芳烃示范项目开工建设，这是世界上首个煤制芳烃项目，采用了清华大学自主研发的循环流化床甲醇制芳烃工艺(FMTA)。该项目的建设规模为 300 万 t/a 煤制甲醇和 100 万 t/a 煤制芳烃，促进了我国的可持续发展。此外，山西晋煤集团研发了固定流化床甲醇制芳烃技术，但规模较小，处于实验室研究阶段。中国五环工程有限公司也开展了甲醇催化转化制芳烃中试设计并获得了国家财政研发资金补贴。大连化学物理研究所与陕西煤化工技术工程有限公司正研发甲苯甲醇烷基化制 PX 技术，在 2012 年完成百万吨级中试研究，与 MTA 技术相整合后，可以进一步提升我国的甲醇制芳烃技术。

2012 年，内蒙古庆华集团 10 万 t/a 甲醇制芳烃装置一次试产成功，采用的是中科院山西煤化所与赛鼎工程有限公司联合开发的两段固定床 MTA 技术。2012 年 12 月，中国石化上海石油化工研究院和扬子石化、洛阳工程公司共同完成的首套 20 万 t/a 甲苯甲醇甲基化工业装置在扬子石化完成工业试验。2013 年 11 月，陕西煤化工技术工程中心、中国海油惠州炼化与中国石化洛阳工程公司签订 20 万 t/a 甲醇制芳烃工业示范项目技术开发合作协议。2013 年，内蒙古庆华甲醇制芳烃二期项目建成，该工艺采用了一步法 MTA 技术，两期项目的产能均为 100 万 t/a。2014 年 5 月，中国石油乌石化苯甲醇烷基化项目研究进入工业放大试验阶段，该公司研究院研发了苯甲醇烷基化技术，通过苯与廉价的化工原料甲醇烷基化后生产的混合芳烃作为高辛烷值汽油的调和组分，不仅苯得到充分利用，也提高了汽油辛烷值。2016 年，采用山西煤化所、赛鼎工程公司的固定床甲醇制芳烃技术，陕西宝氮 10 万 t/a 甲醇制芳烃项目投产。2018 年 1 月，山西省孝义市 30 万 t/a 甲醇制芳烃项目环境影响评价文件获批复，该项目采用山西煤炭化学研究所与赛鼎工程有限公司共同开发的具有自主知识产权的两段反应工艺。2018 年 10 月，北京石油化工工程有限公司设计的甲醇甲苯制芳烃联产低碳烯烃移动床中试项目开车成功，该项目是延长石油集团、北京石油化工工程有限公司及中国科学院大连化物所共同合作开发的万吨级工业试验项目。

3.5.4 工业化现状

由甲醇或二甲醚制取芳烃最初见于 Mobil 公司于 20 世纪 70 年代开发的 MTG（Methanol To Gasoline）技术，即甲醇转化为汽油的路线是世界上甲醇制烃领域最早实现工业化的路线。之后几十年，Mobil 公司对该技术进行了不断地创新改进。Chin 等进行了"磷氧化物修饰的分子筛催化剂上的芳构化反应"研究，该研究采用含磷质量分数为 2.7% 的 ZSM-5 择形分子筛为催化剂，反应温度为 $400 \sim 450$℃，甲醇、二甲醚空速为 $1.3h^{-1}$。反应主要产物以 $C_4 \sim C_9$ 为主，对高辛烷值汽油具有优良的选择性，但产物中总的芳烃（BTX）质量分数不高，约为 37.1%。

1999 年 Mobil 公司的约翰森等进行了芳烃烷基化的流化床生产方法研究。该技术将流化床沿轴向位置分为几个反应区，在某一位置将芳烃反应物引入流化床内，在该引入位置的下游的 1 个位置或多个位置将烷基化试剂引入流化床反应区，进而在不同温度、压力、空速、甲醇分压等条件下进行甲醇烷基化甲苯生产对二甲苯。分段进料的设置相当于将反应器分为了多层，有利于控制反应放热。反应器顶压 1.41MPa，温度 $500 \sim 600$℃，空速 $1.5h^{-1}$，甲醇转化率 99.3%，甲苯转化率 33.2%，对二甲苯选择性 88.7%。

2009 年，晋煤集团引进 Mobil 的第二代 MTG 技术建成了 10 万 t/a 煤基甲醇合成油工厂，是世界第一座煤基甲醇合成油（MTG）示范工厂，以改性 ZSM-5 分子筛为催化剂，所产汽油辛烷值约 92。2012 年 7 月 6 日，晋煤集团 100 万 t/a 甲醇制清洁燃料项目在山西晋城市开工建设。该项目总投资 30 亿元，采用埃克森美孚公司 MTG 技术，以甲醇为原料，形成 100 万 t/a 高标准车用清洁燃料和高品质汽油调和剂的生产能力，同时副产可用于生产高级医用、航天材料的均四甲苯混合液。

中科院山西煤化所李文怀等研究了甲醇转化制芳烃的 ZSM-5 分子筛催化剂的制备方法，并比较了负载不同种类金属氧化物对甲醇催化性能的高低。采用固定床生产装置，以甲醇为原料，改性 ZS-5 分子筛为催化剂，在操作压力 $0.1 \sim 5.0$MPa，操作温度为 $300 \sim 460$℃，原

料液体空速为 $0.1\sim6.0h^{-1}$ 条件下，将甲醇催化转化为以芳烃为主的产物；经冷却分离将气相产物低碳烃与液相产物 C_5 烃分离；液相产物 C_5 烃经萃取分离，得到芳烃和非芳烃。该工艺获得的产品总芳烃质量分数 99% 以上；产物中 BTX 平均质量分数达到 51.94%，其中苯的质量分数很低，只有不到 1%，二甲苯最多，接近 40%；C_9 芳烃主要是各种三甲苯的异构体，达到 36%；C_9 芳烃可以通过异构歧化等反应进一步转化为二甲苯；BTX+C_9 芳烃质量分数达到 88.5%，具有较高价值。中科院山西煤化所与赛鼎工程公司联合开发了固定床甲醇转化制芳烃(MTA)技术，于 2006 年前后完成实验室催化剂筛选评价和反复再生试验，催化剂单程寿命大于 20 天，总寿命预计大于 8000h。2012 年 2 月由赛鼎公司设计的内蒙古庆华集团 10 万 t/a 甲醇制芳烃装置一次试车成功，项目顺利投产。这是赛鼎运用与中科院山西煤化所合作开发的"一种甲醇一步法制取烃类产品的工艺"专利技术设计的我国第一套甲醇制芳烃装置。该技术省略了甲醇转化制二甲醚的步骤，催化剂为负载脱氢功能的金属组分的 ZSM-5 分子筛催化剂，其优点是工艺流程短，汽油选择性高，催化剂稳定性和单程寿命等指标均较好。

甲醇芳构化是我国"十三五"阶段新型煤化工行业重点开发和应用的核心技术之一，是一条有效地利用煤炭资源制备传统石油类化学品的技术路线。在我国煤炭资源丰富、石脑油供给受到约束的大环境下，煤基甲醇制芳烃相对于传统石油路线具有资源优势与成本竞争力。既能够解决国内 MTG 供应短缺的问题，又能为过剩的甲醇产能找到新出路，开发"煤甲醇芳烃 MTAPTA 聚酯"等新的产业链，因此市场前景广阔，有很重要的战略意义。

第4章 煤基制油中期拓展技术体系

4.1 煤温和加氢液化制油新技术

煤的液化是把固体煤炭在特定的条件下，利用不同的工艺路线，使其转化成为液体燃料、化工原料和产品的先进洁净煤技术。煤液化技术最早在1913年由德国人发现，并在二战时期实现了工业化生产。第二次世界大战后，中东地区世界级大油田的开发使石油价格变低，继而导致了煤液化工厂的相继倒闭。20世纪70年代世界出现了石油危机，煤液化技术又重新得到了重视和大力发展，德国、日本和美国等发达国家在原有技术的基础上相继开发了新的煤液化工艺流程，并开始大规模开厂量产。世界上具有代表性的煤液化工艺主要有德国的IGOR工艺、美国的HTI氢煤法工艺、日本的NEDOL供氢液化工艺、及中国神华煤液化项目工艺。这些工艺的共同特点是反应温度高达400~470℃，压力高达17~30MPa，且液化产物组成复杂，分离相对困难，氢耗量大等。如此苛刻的条件需要消耗大量的能源，同时也对设备的安全提出了极为严格的要求，这些最终导致了煤液化制油的高成本和高能耗。因此探索煤在温和加氢液化条件下制油新技术是摆在科研工作者面前的一个亟待解决的问题。国内外的学者也都在探究温和条件下煤液化新技术，东南大学教授研究了DBD介质阻挡放电煤液化技术，实现了煤常压加氢液化反应。此反应条件温和、操作工艺简单。在无催化剂实验条件下，即可实现煤的液态转化。Simsek等则研究了利用供氢溶剂四氢奈与煤混合在微波作用下煤的液化反应，并分别考察了不同的溶剂/煤样比和不同的加热时段下，THF可溶产物的变化。王桃霞等考察了在微波辐射下神府煤的加氢反应，该研究以甲醇作为溶剂和萃取剂，考察了在温和条件下的活性炭、Ni和Pd/C催化剂对神府煤加氢反应的影响。Ross等用CO-H$_2$O在400℃探索了煤的液化，他们发现煤的转化率和水溶液的pH值之间有很强的依赖关系，当pH值>12时，煤的转化率由15%猛增到50%以上。这些研究开拓了煤温和液化的方向，但是由于技术等原因，目前并没有进行工业化的实验。

目前国内开发出了一种温和的煤液化加氢制油新工艺——煤热溶催化法。该工艺采用了品质较低的褐煤为原料，在煤液化反应阶段不需直接加气态氢，液化温度在400~430℃、反应时间30~60min、合成气压力6~8MPa的工艺条件下将高灰低热值的褐煤提质加工成低水分高热值的固体燃料、液体油以及气体燃料(收率分别约为37%、33%和22%)，此外只生产约5%~8%左右的水。该工艺压力相对传统直接液化方法反应压力显著降低，这一创新避开了苛刻的反应条件，设备的耐压等级降低，制造难度减小，投资和运营成本相对较低，操作和安全容易得到控制。

4.1.1 煤温和加氢液化基本原理

煤的液化过程是将煤预先粉碎到一定的粒度，再与溶剂配成煤浆，并在一定的温度和氢压下，使大分子变成小分子的过程。这个过程可分为煤的热溶解、氢转移和加氢、缩合反应四个步骤。

1. 煤热溶解反应

煤在加热到大约250℃附近时，煤中就有一些弱建发生断裂，产生可萃取的物质。当加热温度超过250℃进入到液化温度范围时，发生多种形式的热裂解反应。表4-1为煤中一些弱建的键能数据。

表4-1 煤中一些弱键(模型化合物)的键能数据

键 型	模型化合物结构式	键能/(kJ/mol)
羰基键	$C_6H_5CH_2—COCH_2C_6H_5$	273.6±8
羰基键	$C_6H_5CH_2—COOH$	280
羰基键	$(C_6H_5)_2CH—COOH$	248.5±13
醚键	$CH_3—OC_6H_5$	238±8
醚键	$CH_3—OCH_2C_6H_5$	280.3
硫醚键	$CH_3—SC_6H_5$	290.4±8
硫醚键	$CH_3—SCH_2C_6H_5$	256.9±8
亚甲基键	$CHCCH_2—CH_2C_6H_5$	256.9±8
氢碳键	H-蒽(9,10-二氢蒽)	315.1±16.3

烃类热稳定性的一般规律是：缩合芳烃>芳香烃>环烷烃>烯烃>烷烃；芳环上侧链越长，侧链越不稳定；芳环数越多，侧链越不稳定；缩合多环芳烃的环数越多，其热稳定性越大。

2. 氢转移

弱键断裂后产生的自由基碎片从煤的基质中或溶剂中获得氢原子生成中间产物分子。自由基稳定后的中间产物为馏分油、沥青烯、前沥青，当自由基得不到氢而它的浓度很大时，这些自由基碎片就会相互结合而生成半焦。

3. 加氢

粗油提质一方面使芳烃催化加氢，主要是芳环加氢饱和和侧链断裂反应。另一方面的作用是加氢脱除杂原子。杂原子氧、硫、氮显著存在于煤分子中，通过加氢使其生成水、硫化氢和氨气等，可以提高油品质量，还可以保护环境。

脱氧反应：煤中含氧官能团的热稳定性顺序为—OH>—C≡O>—COOH>—OCH_3。羧基—COOH在200℃可以分解，产生水和二氧化碳；而羟基—OH在400℃左右开始裂解成一氧化碳，羟基不易脱除。

脱硫反应：加氢脱硫比加氢脱氧比较容易进行，有机硫中硫醇、硫醚类容易脱除，而噻吩类最难脱除。

脱氮反应：脱氮反应需要更高的反应条件和更高活性的催化剂。

加氢反应可分为以下几种：

加氢饱和:

加氢脱硫:

+ H_2S

+ H_2S

加氢脱氮:

+ NH_3

4. 缩合反应

缩合反应加氢液化过程中，由于温度过高或供氢不足，煤热解生成的自由基碎片彼此缩合，生成半焦和焦炭。所以缩合反应将降低液化产率。因此。煤加氢液化过程可表示为：

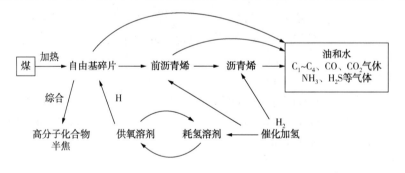

4.1.2 煤温和加氢液化工艺

传统的煤液化工艺通常在高温、高压(温度450℃以上，压力10MPa以上)下进行的，这么严苛的操作条件直接导致了设备投资和操作费用高，也使得煤液化燃料在价格上无法与原油相竞争，因此探究煤温和条件(温度低于450℃，压力小于10MPa)下进行液化，就可以带来很多好处，如低的氢耗量和高的氢利用率，低的投资成本和操作费用等。

1. DBD介质阻挡放电煤液化

东南大学的顾璠教授提出DBD煤液化技术，是指煤在介质阻挡放电条件下实现的加氢液化。反应装置如图4-1主要包括调压器、高频高压脉冲电源、DBD介质阻挡放电反应器。高频高压脉冲电源能够有效促进气体分子的激发，产生大量高能电子、离子和自由基等活性粒子。图 4-2 为 DBD 反应器示意图，线-筒式反应器可以保证在电极线附近形成很强的局部电场，使等离子体遍布整个反应器。反应器外壳为玻璃圆筒，内电极与外界高频高压脉冲电源系统相连，外电极为包覆在圆筒外壁的一层铝箔。

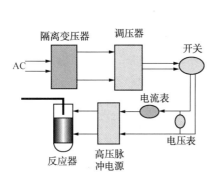

图 4-1　DBD 煤液化反应装置原理示意图

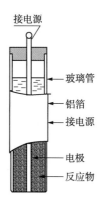

图 4-2　DBD 等离子体反应器

不同于一般的气体放电，DBD 介质阻挡放电液化反应可以看成是多介质混合阻挡放电。在气、液、固三相共存条件下的反应体系中，电子碰撞引发的化学反应是整个系统反应的基础。在外电场的作用下，自由电子受电场加速而获得动能，随之不可避免地要同其他分子碰撞并在碰撞中产生能量转移。如果发生的是弹性碰撞，只增加分子动能；如果发生非弹性碰撞，分子内能便会增高。部分分子在碰撞中获得能量电离，产生大量活性粒子。另一方面，高速电子会使分子中的化学键折断，从而产生低分子产物。

这种方法打破了传统的煤液化思路，采用 DBD 介质阻挡放电技术实现了煤常压加氢液化反应。此反应条件温和、操作工艺简单。在无催化剂实验条件下，即可实现煤的液态转化。

Kamei 等将褐煤置入甲烷微波等离子体中，用 2.45GHz 的微波辐照 1~10min，装置如图 4-3。实验发现，通过的甲烷气体中 C 和 H 主要转化为乙炔和氢气，煤中的碳在 2min 内主要转化为液态产物，其组成主要是 $C_{13} \sim C_{34}$ 的脂肪烃，H/C 在 1.5~1.6 之间。

2. 微波辐射下煤液化

Simsek 等则研究了利用供氢溶剂四氢萘与煤混合在微波作用下煤的液化反应，并分别考察了不同的溶剂/煤样比和不同的加热时段下，THF 可溶产物的变化。王桃霞等

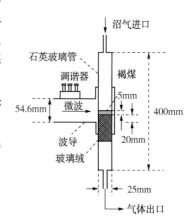

图 4-3　甲烷微波等离子体
煤液化反应器

考察了在微波辐射下神府煤的加氢反应，该研究以甲醇作为溶剂和萃取剂，考察了在温和条件下的活性炭、Ni 和 Pd/C 催化剂对神府煤加氢反应的影响。

尽管微波辐射下煤的液化反应研究还不成熟，但为开发温和条件下煤液化提供了可靠的理论和实验依据，为探索煤液化新工艺开拓了新思路。

采用超临界流体进行煤的液化和萃取生产轻质清洁液体燃料的研究是目前备受关注的课题，甲苯和水为常用的溶剂。因为这两种物质的临界点均在 300~400℃ 范围内，与煤液化的

条件相当，且在该条件下它们比较稳定，该方法可以提高煤的液化收率。Amestica 和 Wolf 在 $CO-H_2O$ 体系中研究了催化剂和有机溶剂对煤液化效果的影响，发现无论有无催化剂，在该体系中都能得到高的液化转化率。

3. 超临界流体煤液化

Ross 等用 $CO-H_2O$ 在 400℃探索了煤的液化，他们发现煤的转化率和水溶液的 pH 值之间有很强的依赖关系，当 pH 值>12 时，煤的转化率由 15%猛增到 50%以上。

用超临界流体进行重质矿物质转换，可以不使用价格昂贵的氢气和有机溶剂就能对重质矿物燃料进行轻质化，有望降低成本，同时抑制了缩和反应的发生，使焦炭等副产品减少，转化过程中不使用有污染同时还可以脱除硫等杂原子的有机溶剂。为解决能源危机，用超界流体进行煤的液化及重质油的轻质化，是今后重点研究开发的方向之一。在日本和美国，都有用超临界流体进行煤转化的研究，我国在这方面的研究刚刚起步。

4. 煤分级高效利用——热溶催化

以煤制油的热溶催化工艺方法为基础，我国研究人员提出了煤在温和条件下液化与液化残渣气化结合的煤的分级高效集成利用体系。褐煤的分级高效集成利用体系总工艺流程如图 4-4。

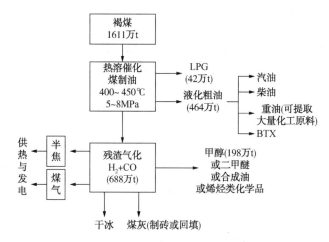

图 4-4　褐煤分级高效集成利用体系总工艺流程框图

该工艺是在温和的条件下(温度<450℃、压力<10MPa)，把煤中容易液化的富氢部分制成油，提取后留下的富碳残渣气化用来发热、发电、供氢或制造甲醇。煤的热溶催化制油是目前国内技术相对成熟的一种温和液化制油方法，该方法所消耗能源较少，且对设备的安全等级要求低，可以极大地减少初期的投入，且运行安全，维护费用也较低。其工艺流程主要包括以下四个步骤(图 4-5):

(1)煤浆制备。将原煤粉碎至 80~100 目，干燥水分 2%~3%，并按照煤粉 30%~40%，循环溶剂 60%~70%的配比将煤粉和蒽油加入煤浆制备罐中，另加入 0.5%~1%(相对于煤粉质量)的催化剂，三种组分经充分混合搅拌制成煤浆。

(2)液化催化反应。煤浆液化反应器中，在温度 390~450℃、压力 5.0~8.0MPa 下反应 30~60min，得到热溶液化产物，其中液化油的收率约为 33%，气体产率约为 22%，固体改质褐煤(半焦)收率约为 37%，还有约 8%左右的水产生。

（3）液化产物的分离。通过过滤、溶剂萃取、减压蒸馏等操作工艺分离出固、液、气体等产物，以便后续的深加工操作。气体产物主要用作供热系统、液体产物用于制油和循环溶剂、固体产物用作气化制燃气等。

（4）液化油的加氢精制与蒸馏。对上一步骤分离出的液体产物一部分进行分馏、加氢精制以及催化重整等得到液体燃料，另一部分进入循环溶剂制备装置生产所需的循环溶剂。

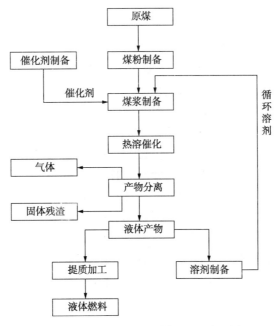

图 4-5　煤的热溶催化制油工艺流程图

褐煤经粉碎过筛，送入加料器，并进入干燥器设备进行干燥，使煤中的水分<3%（质量）烘干后粉煤经输送器送入煤制浆罐内与一定比例的溶剂（循环溶剂）和催化剂一起，在控制搅拌速度条件下制成煤浆后，用高压泵送去换热和加热，使煤浆加热到规定温度后进入全浆态反应器，进行热溶催化反应；同时维持一定压力和反应时间后的气、液、固产物进入闪蒸罐进行闪蒸，闪蒸后的反应产物进行过滤，除去未反应的煤固体经溶剂抽提和水清洗后排出过滤器，作为自用燃料，除去未反应煤固体后的液体产物——中、重粗油、送去加氢处理单元进行加氢改质，得到产品粗油。

残渣的多元浆气化工艺流程如图4-6：

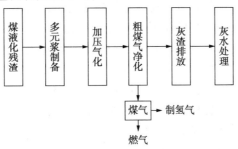

图 4-6　残渣多元浆气化工艺流程图

本工艺所使用的是一种国内开发的催化剂，该催化剂由质量百分比为 1%~2% 的二聚酸尿素络合镧、0.5%~5% 的乙二胺四乙酸络合铁、1%~2% 的戊二酸尿素络合钴、0.5%~1.5% 的异辛酸钼、1.5%~6.0% 的环烷酸硼和余量为炼油厂催化裂化澄清油[度为 927.0~968.0kg/m³、残碳为 2%~3%（质量分数）闪点为 160~190℃；族组成为：饱和烃 35%~59%（质量分数）、芳香烃 35%~57%（质量分数）、胶质 5%~7%（质量分数）、沥青质 0.5%~2.0%（质量分数）]组成。

4.1.3 煤温和加氢液化催化剂

在煤直接加氢液化过程中，催化剂的主要功能包括催化加氢、裂解和脱除杂原子等。其中催化剂的活性主要取决于金属催化剂的种类、载体特性及其比表面。在目前的液化工艺过程中，煤产生自由基的方式主要是通过热裂解，然后再通过活性氢原子加氢而达到稳定。

煤加氢液化催化剂种类很多，有工业价值的催化剂主要是：①金属催化剂主要是钴、钼、镍、钨等，这类催化剂多用于对重油进行加氢液化；此类催化剂的催化活性虽然较高，但其价格比较昂贵，且使用以后直接丢弃对环境的污染也将非常严重。②铁系催化剂，包括含铁的工业残渣和含铁的天然矿石、各种纯态铁的化合物，比如铁的硫化物、氧化物及其氢氧化物，虽说这类催化剂的催化活性比不上纯金属的催化活性，但其价格低，来源也广泛。多年以来，在很多国内外的煤液化工艺中，Fe 系催化剂的使用是最广泛的，如 Fe_2O_3 和 FeS_2 等，所以这些催化剂是目前煤炭直接液化催化剂研究的方向和重点；③金属卤化物催化剂，如 $ZnCl_2$、$SnCl_2$ 等催化剂，这类催化剂能很有效地使沥青烯转化成油类，裂解能力非常强，故转化成汽油的选择性也高。

1. 金属氧化物催化剂

很多金属氧化物对煤加氢液化有催化作用，各种金属氧化物催化活性大小顺序为 $SnO_2>ZnO_2>GeO_2>MoO_3>PbO>Fe_2O_3>TiO_2>Bi_2O_3>V_2O_5$。CaO 或 V_2O_5（少量）对煤加氢液化有害，产品大部分为半焦；Sn 无论是氧化物，还是盐类或其他形式，其活性都很高，煤的转化率均在 90% 以上。

2. 铁系催化剂

在液化反应过程中铁化合物呈高分散状态并与煤紧密结合，加氢反应时能形成多个活性中心，这就成为液化加氢的反应中心。其活性中心的形成过程为：首先 FeS 与加氢溶剂、氢气在液化温度下分解为 $Fe_{1-x}S$，$Fe_{1-x}S$ 中有很多金属空位，氢分子在 $Fe_{1-x}S$ 金属空位上与之形成化学吸附键，使氢分子分解成带游离基的活性氢原子，然后活性氢原子使溶剂氢化，最后氢化溶剂直接参与煤液化中的各种反应。活性原子还可以稳定煤中已经键断裂生成相对分子质量较小的游离基，使之进行裂解生成相对分子质量更小的化合物。煤中吸附的 H_2 和硫可以生成 H_2S，而 $Fe_{1-x}S$ 的金属空位也是 H_2S 分解的脱附中心，并能弱化 H—S 键，使之生成活性氢原子。

与传统的黄铁矿催化剂相比，γ-FeOOH 催化剂在 250℃温度附近可以转化成小粒径的雌黄铁矿，使得液化反应加热过程气态氢的活性得到显著提高，从而提高了油产率。催化剂和煤种存在着一定的匹配关系，对某一个特定的液化煤种，进行广泛的催化剂筛选、评价及其研制工作，从而发现最适合该煤种液化的催化剂对于使煤液化反应条件温和化是很有必要的。

3. 金属卤化物催化剂

使用金属卤化物作催化剂有两种方式：一种是使用很少量催化剂，将催化剂浸渍到煤上，如美国犹太大学化工系 Wiser W H 等在研究煤液化时，曾加入 5%ZnCl$_2$，在 500℃ 或更高温度下进行非常短时间的煤加氢液化反应。另一种是大量使用金属卤化物催化剂，熔融金属卤化物，催化剂与煤的质量比可高达 1。

Kawa W 等比较仔细地对比研究了多种金属卤化物催化剂对煤炭加氢液化的作用。他们用高挥发性烟煤进行试验，煤样 50g，反应温度 420℃，反应压力 27.6MPa，反应时间为 1h，其结果列于表 4-2。试验结果显示，ZnI$_2$、ZnBr$_2$ 及 ZnCl$_2$ 的效果最好，其产物中苯不溶物很少，分别为 10%、10% 和 12%；同时轻油产率最大，分别为 55%、56% 和 45%；重质油也少，分别为 5%、8% 和 16%；而没有催化剂时，沥青烯产率为 28%，加入大量催化剂后，沥青烯产率都大为减少，即使效率最差的 SnI$_2$，沥青烯也减少了一半，降低至 14%。然而，使用少量金属卤化物催化剂(添加量为 1%)时，则 SnCl$_2$ 的效果较好。

表 4-2　金属卤化物催化剂对煤加氢液化的结果

催化剂	催化剂：煤（质量比）	产率/%（质量）(daf)						
		苯不溶物	沥青稀	重质油	轻质油	气态烃	酸性气	净水
无	—	37	28	13	6	6	3	7
NiI$_2$·6H$_2$O	1.0	18	2	21	38	10	4	12
NiBr$_2$	1.0	20	4	29	33	10	6	5
ZnI$_2$	1.0	10	1	5	55	17	7	10
I$_2$	1.0	23	1	8	48	15	3	11
ZnBr$_2$	1.0	10	2	8	56	14	3	13
ZnCl$_2$	1.0	12	2	16	45	14	4	11
SnCl$_2$·2H$_2$O	1.0	18	7	40	29	6	4	1
CdI$_2$	1.0	17	3	24	37	13	1	12
FeI$_2$·4H$_2$O	1.0	20	9	13	41	10	2	5
SnI$_2$	1.0	8	14	42	20	6	5	5
ZnCl$_2$	0.01	33	26	18	8	8	4	7
SnCl$_2$·2H$_2$O	0.01	12	38	34	7	4	5	7

表 4-3 是用 ZnCl$_2$ 作催化剂对次烟煤和烟煤，在比较缓和的条件(358℃ 和 10.44MPa 氢压)下，小型高压釜中试验结果。因为产物黏度过大，只好加入四氢萘作溶剂；而当提高温度和压力时，如 385℃ 及 20.78MPa 时，不用溶剂，次烟煤也可催化液化，其结果接近于以烟煤为原料所得的结果。此时次烟煤和烟煤的转化率分别为 94.8% 和 94.0%；C$_4$ 至 400℃ 馏分分别为 58.7% 和 68.6%；400℃ 以上甲乙酮(MEK)可溶部分分别为 17.1% 和 13.9%。使人感兴趣的是 C$_4$ 至 400℃ 馏分中主要是 C$_4$ 至 200℃ 馏分，200~400℃ 馏分只有 1%~3%，即汽油馏分占绝对主导。在煤炭加氢液化过程中，ZnCl$_2$ 与煤热解放出的 H$_2$S 和 NH$_3$ 发生下列化学反应，变成含有 ZnS、ZnCl$_2$、NH$_3$ 和 ZnCl$_2$、NH$_4$Cl 等复杂化合物，并夹带煤中残炭和矿物质，给催化剂回收带来困难。

表 4-3　用 $ZnCl_2$ 作催化剂的液化结果

项　　目	次烟煤	次烟煤	次烟煤	烟煤	烟煤
温度/℃	358	385	413	358	385
压力/MPa	1044	20.78	20.78	10.44	20.78
$ZnCl_2$/maf 煤(质量比)	205	2.5	2.5	2.0	2.5
四氢萘/maf 煤(质量比)	0.5	0	0	0	0
转化率/%(质量)(maf 煤)	89.5	94.8	91.3	87.2	94.0
产率/%(质量)(maf 煤)					
$C_1 \sim C_3$	1.7	5.6	9.9	5.2	8.7
$C_4 \sim 400℃$ 馏分	27.5	58.7	60.2	56.4	68.6
>400℃ MEK 可溶物	46.9	17.1	9.2	20.3	13.9
>400℃ MEK 不溶物	10.5	6.2	8.7	12.8	6.0
$CO+CO_2+H_2O$	17.8	19.9	19.3	8.8	8.6
>400℃ MEK 可溶物中 S/%	0.17	0.04	—	0.17	0.18
原煤中 S/%	0.74	0.74	0.74	2.8	4.08
H_2 耗/%(质量)(maf 煤)	5.9	8.7	9.5	6.5	9.1

$$ZnCl_2 + H_2S \longrightarrow ZnS + 2HCl$$
$$ZnCl_2 + xNH_3 \longrightarrow ZnCl_2 \cdot xNH_3$$
$$ZnCl_2 \cdot yNH_3 + yHCl \longrightarrow ZnCl_2 \cdot yNH_4Cl$$

在温和条件下以 $ZnCl_2$ 为催化剂进行催化液化，这是因为 $ZnCl_2$ 具有下列优点：①价格比较低，比较容易得到；②$ZnCl_2$ 活性适中，产物中汽油馏分较多，重质油也在燃料油范围内；③$ZnCl_2$ 对于煤炭加氢液化过程中产生的水解反应，与其他金属卤化物相比，比较稳定。

4.1.4　工业化应用现状

随着我国经济向工业化迈进和人民生活水平的提高，对能源的需求特别是对石油、电力的需求已进入高速增长期，我国能源建设面临着结构的优化与调整。面对以煤为主的能源结构现实，石油及相关产品的供应已经成为影响我国经济发展的瓶颈。充分利用国内丰富的煤炭资源，优化终端能源结构，缓解我国石油紧缺，实现能源、经济、环境协调发展，将是21 世纪我国能源建设的战略重点。可以预见，煤炭液化技术将是未来能源结构调整和满足中国经济保持高速增长对能源需求的重要途径。

目前，世界各国使用的能源主要还是化石能源(煤炭、石油和天然气)，其消耗比例占到 90% 以上。石油和天然气储量比煤炭要少得多，随着石油供需矛盾的日益加剧，未来石油和天然气的最佳替代品还是煤炭。在中国，快速增长的能源和原材料需求，多煤少油的能源结构，经济与环境可持续发展的要求，需要国家大力培植新一代煤液化和煤化工产业，发展煤的洁净利用。煤液化技术就是面向国家能源发展重大需求、实现煤炭资源高效洁净利用的有效途径之一，其产业化发展必将极大地带动我国洁净煤及相关技术、产业的发展和促进国民经济的发展。

4.2　煤直接液化与间接液化耦合制油分级转化新技术

我国是煤炭资源和生产消费大国，煤炭资源探明贮量 15663.1 亿 t，仅次于美国和俄罗斯。2015 年，我国煤炭产量占世界煤炭总产量的 47%，煤炭消费量为 39.65 亿 t，占世界煤炭总消费量的 50%，煤炭消费占我国一次能源消费比例为 64%，远高于 30% 的世界平均水平。煤炭用量和使用中的氮硫等污染物及 CO_2 排放量均远大于其他化石能源，高效、洁净与低碳化利用是我国化石能源利用科学和技术研发的主导方向。我国石油对外依存度已逼近 70%。近年来，我国煤制油技术得到快速发展，产业化步伐逐渐加快，成为保障国家能源安全的长远发展战略，因为在多种代替石油技术中煤液化的量级最大、补充作用最大，且煤的供应最稳定，由此促进了我国煤液化技术的跨越式发展。

4.2.1　煤直接液化与间接液化技术的比较

液化是以煤炭为原料生产液体燃料和化工原料的现代煤化工技术的简称。主要有两条技术路线，直接液化和间接液化，均起源于德国，无论哪一类液化技术，都有工业化应用的范例。直接液化领域，经历了二战时期极度苛刻的德国首次工业应用、石油危机引发的世界各国二次创新开发，中国当前首套百万吨级煤直接液化商业运营三阶段，我国煤直接液化技术代表了世界煤液化技术的领先水平。间接液化领域，20 世纪 50 年代的南非已成为世界上首个实现煤间接液化技术工业化的国家，已形成世界上最大的以煤基合成油品为主导的大型综合性煤化工产业基地，从现代煤化工角度看，中国煤炭间接液化技术的研究自 1997 年才开始真正起步，2009 年内蒙古伊泰和山西潞安两个 16 万 t/a 合成油示范厂投产出油，随后实现了"安稳长满优"的工业生产，标志着我国已掌握了先进可靠的煤炭间接液化工业技术。

煤直接液化适合生产燃料油为主化学品为副的生产模式，间接液化更适合生产化学品（直链烃）为主燃料油为副的生产模式，二者各有适用范围，各有目标定位，下面从工艺特点、原料煤质特性需求、技术特征、产品市场适应性及对集成多联产系统的影响多方面分析，两种煤液化工艺不存在彼此之间的排他性，两者对比如表 4-4 所示。

表 4-4　直接液化与间接液化对比

项　目	直接液化	间接液化
吨油煤耗/t	3~4	5~7
水耗/t	5.5~6	9~10
煤种要求	煤质要求较高，一般是褐煤、长焰煤等低变质煤	煤质适应性广
反应条件	相对苛刻	比较缓和
选择性	目标产品选择性较高，以汽柴油为主	目标产品选择性相对较低，合成副产物多
油收率	液化油收率高	合成气转化率高，油收率低
气化装置	氢耗大，需补充大量新氢	配备大规模的煤气化装置
装置运行	存在腐蚀、磨蚀、结焦等较多制约长周期稳定运行的因素	运行稳定

1. 工艺特点的比较

兖矿榆林 100 万 t/a 间接液化项目投资 164.06 亿元，设计规模年产 115 万 t 油品，采用多喷嘴对置式水煤浆气化、低温甲醇洗气体净化、低温费托合成(由上海能源科技开发有限公司开发)、油品加氢提质等技术，合成的柴油、石脑油和液化石油气依次为 79 万 t/a、26 万 t/a、10 万 t/a，生产 1t 油的耗水量为 9.52t，耗煤量为 4.37t，能源利用率为 45.9%，二氧化碳排放量为 4.93t。

神华鄂尔多斯煤制油项目于 2002 年 9 月得到国家计委正式批准，总建设规模为年产油品 500 万 t，总投资为 400 亿元，先期工程投资 150 亿元人民币，设计规模年产油品 108 万 t，柴油、石脑油和液化石油气依次为 72 万 t/a、25 万 t/a、10.2 万 t/a，生产 1t 油的耗水量为 5.82t，耗煤量为 3.23t，能源利用率为 58%。采用废水多级处理工艺，实现了污水零排放。

煤间接液化工艺的煤耗量和水量以及二氧化碳的排放量相对较高，直接液化的反应条件比间接液化严苛，间接液化产品在品质上较为优质。我国于 2017 年 2 月份中国能源局发布有关文件，提出了直接液化与间接液化单位产品能耗、煤消耗、水资源消耗等关于煤制油资源利用率的指标，有效推动了我国煤制油行业的发展(表 4-5)。

表 4-5　煤制油资源利用效率主要指标

项　目	直接液化		间接液化	
	基准值	先进值	基准值	先进值
综合能耗/(t/t)	≤1.9	≤1.6	≤2.2	≤1.8
原料煤耗/(t/t)	≤3.5	≤3	≤3.3	≤2.8
新鲜水耗/(t/t)	≤7.5	≤6	≤7.5	≤6
能源转化率/%	≥55	≥57	≥42	≥44

2. 原料煤质特性需求的比较

一般来说，除了无烟煤外，其他煤均能不同程度地进行直接液化(表 4-6)。煤直接液化对煤质的基本要求如下：

表 4-6　直接液化用煤的煤质质量要求

煤的类别	褐煤、长焰煤、气煤、气肥煤	煤的类别	褐煤、长焰煤、气煤、气肥煤
挥发分/%	>35	氢含量/%	>5
灰分/%	<10	活性组分/%	>80
含碳量/%	>72~85	镜质组平均最大反射率(R_{max})	0.3~0.7

直接液化需将煤磨成 200 目左右的细粉，干燥至水分<2%。煤含水越低，能耗和投资越低，液化过程越经济。易磨或中等难磨的煤作为原料用煤，煤样的哈氏可磨性系数>50，否则机械磨损严重，维修频繁，消耗大、能耗高。

氢含量越高、氧含量越低的煤，外供氢量越少，废水生成量越少；氮等杂原子含量低，可以降低油品加工提质费用。

煤的岩相组成是一项重要的指标，镜质组越高，煤的液化性能就会越好，一般要求镜质组达 90%以上；丝质组含量高的煤，液化活性差。

原料煤中灰分<5%，一般原料煤中灰分难达此指标，因此，要求直接液化用煤的洗选性能好。灰的成分会对液化过程产生较大的影响，灰分中的部分元素，比如 Fe、Mo、Co 等对直接液化有催化作用，可以产生好的影响，但灰分中 Si、Mg、Ca、Al 等元素易结垢、沉积，影响传热和正常操作，且造成管道系统磨损堵塞和设备磨损。

因此，直接液化原料煤的选取受煤质特性极大的限制，而间接液化对于原料煤质特性要求不高，理论上无论什么煤种均能满足要求。

3. 技术特征的比较

煤直接液化和间接液化在技术层面都比较成熟，均实现了工业化生产，然而，从工业化生产角度来看，间接液化已进行了半个多世纪的工业化运行，具备了大量生产的规模，在生产方面各个环节均有着极为丰富的经验；直接液化在二战期间虽实现了工业化，但那是一种不计成本狂野式的生产，真正稳定运行不足十年。

直接液化的反应条件极为严苛，加工工艺较为复杂，操作要求较高，间接液化的反应条件较为稳定温和，设备设计与制造较为容易，便于量产，操作上也较为简单，但生产效率相对较低，设备投资大。直接液化工艺要求严苛，设备要求高，单位设备的生产效率高，一定程度减少了设备的资源消耗。

4. 小结

从直接液化来看，该技术主要优势有三个方面：其一是合成油的收率较高，可达到60%以上；其二是物耗较低，平均 3~4t 煤能产出 1t 油，电力消耗也较间接液化少 30% 左右；其三是流程相对较短，投资相对较少。直接液化需进一步大规模长周期稳定性验证，另外，直接液化对煤种的要求较高，石脑油芳潜含量高，柴油十六烷值低。

间接液化的技术成熟可靠，具备产业化经验；运行稳定，设备维修难度小；对原煤品质要求较低。但是，该技术的物耗、能耗明显比直接液化高，平均 5~6t 煤产出 1t 油，柴油十六烷值高达 70 以上。

4.2.2　煤分级转化新技术

煤是由桥键相连的结构相似的基本结构单元和外围各种官能团及烷基侧链相互环绕组成，并分散嵌有一定量的低分子化合物，是一种复杂立体结构的聚合体。煤虽然总体富碳，但组成不均一，含有富氢的低碳组分，尤其是以褐煤和高挥发分烟煤为代表的中低阶煤，低碳挥发分可达 40% 以上。我国中低阶煤占 50%，储量丰富、使用量大，合理利用其中的低碳组分提高煤利用效率、降低污染物和 CO_2 的排放量。与以煤气化为源头的路线相比，温和液化条件下分级转化联产低碳燃料和化学品的路线充分利用了中低阶煤的结构特征，能够实现低投入，低能耗，高效率和效益，意义重大。

1. 煤分级转化技术理念的发展

传统的煤直接液化主要目的是提高油收率，因此，必须保持高温高压(约 450℃、14MPa 以上)的反应条件，苛刻的反应条件对直接液化的设备制造、安全稳定运行以及经济性都提出了很大的挑战。如果在温和条件下液化，则可以考虑降低设备投资、减少操作费用等。这种直接液化温和化理念带来的工艺问题是在温和条件下，煤的液化反应性降低，油产率不足 30%，是传统液化油收率的一半，重质产物增至 40%。

前人通过对煤预处理(溶胀处理、水热处理和烷基化等)以及使用高活性溶剂和催化剂等方法来提高煤在温和条件下的液化反应性，通过预处理的方法破坏或者改变煤分子中的非共价键的形式以及分布，在一定程度上提高了煤的反应性，促进煤液化反应的进行，由于成本高，设备腐蚀严重，产物质量差等问题，使得传统的煤温和液化研究停留在实验室阶段，难以工业化。

中科合成油研究了温和条件下的煤液化特性及产物性质，依据煤的结构和反应性的特点，结合直接液化与间接液化的优势提出了煤的分级液化。煤分级转化技术理念的发展经历了三阶段，①温和液化的提出；②提升温和液化性能的研究；③直接液化与间接液化耦合的分级液化研究；最终形成了以温和液化适宜的加氢反应为核心，以直接液化与间接液化耦合技术为关键的煤分级转化技术理念，有望提高煤制油工业的资源和能源利用率。

2. 直接与间接液化耦合的分级转化技术的发展

我国煤直接液化和间接液化均实现了工业化生产，因此，国内外许多科研工作者提出了煤直接液化和间接液化耦合的煤分级转化新技术，这种分级转化技术与传统煤液化研究将煤视为"单一"物质，并试图在"单一"过程中最大限度地转化不同，它是基于煤的结构和反应性特点，将直接液化和间接液化进行耦合，有望成为一种先进的煤液化工艺技术。煤分级液化的技术路线为，先在温和的条件下将煤加氢液化，以直接液化的方式对煤"拔头"，提取出煤中易液化的富氢部分作为粗油，将富碳的直接液化残渣气化生产合成气，经费托合成生产液体燃料和化学品。煤的分级液化工艺基于煤的结构特征，结合了直接液化和间接液化的优势，可提高现有煤液化过程的能源和资源的利用率。煤的温和液化和间接液化耦合梯级利用新技术尚未实现工业化，问题的关键是没有解决温和条件下的煤液化技术。

珠海市三金煤制油技术有限公司以煤制油的热溶催化工艺方法为基础，为内蒙古某地700万t(500万t煤液化粗油及200万t甲醇)褐煤集成厂提出了煤温和条件下液化与液化残渣气化结合的煤的分级高效集成利用方案，如图4-7所示。热溶催化利用温和的条件(400~450℃、5~8MPa)把煤中容易液化的富氢部分制成油，工艺简单、操作安全稳定，设备都可以国产化，投资也大大降低。热溶催化法把富氢的部分提取后留下富碳残渣气化用来发热、发电、供氢或制造甲醇，或二甲醚、合成油、进一步制烯烃等化工原料。这比"煤为原料发展燃料甲醇"方案更节省资源、更经济。煤炭在这里被完全充分利用，因此具有很好的能量转换效率和经济效益。

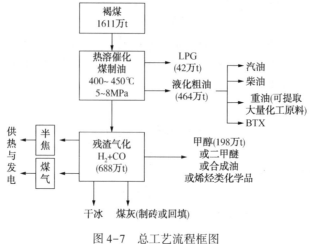

图4-7 总工艺流程框图

　　中科合成油研究了煤温和液化富碳产物的性质，为分级转化新技术的工艺条件提供理论指导，并获得了直接液化与间接液化耦合的分级转化基础研究数据。开发了浆态床反应器，开发了高性能供氢溶剂和高分散催化剂，形成了汽油、煤油、柴油、溶剂油及化学品等一系列产品的煤直接液化与间接液化耦合的分级转化技术，完成了 1 万 t/a 放大试验的验证，72h 标定结果：澳大利亚褐煤转化率达到 88%，蒸馏油收率 44.5%。

　　直接液化与间接液化耦合的分级转化新工艺目前尚未实现工业化。

第5章 深部煤炭原位化学转化流态化开采制油技术体系

5.1 深部原位化学转化流态化开采制油技术构想

地球资源开采已有逾百年的历史，地球浅部煤炭资源已逐渐趋向枯竭，煤炭资源开发不断走向地球深部，千米级深部开采已是常态。但是，结合岩石力学实验与力学理论分析，6000m以深的岩体处于三向等压状态，深部岩体进入全范围塑性流变状态。当深度超过6000m时，目前所有的矿物资源开采方式将失效，岩层运动、围岩支护、灾害预警与防治将难以控制，6000m以深的固体矿物资源开发及利用已成为现有深地煤炭资源开采及利用技术可望而不可即的奢望。

基于此，研究者们提出深部煤炭原位化学转化流态化开采制油技术，有传统的只"地下挖煤"转变为对深地煤炭资源的采、选、充、电、气、热的深部原位化学转化流态化开采制油，进而实现"井上无煤、井下无人"的绿色环保开采。

深部煤炭资源的原位流态化转化制油是指在深地煤层中直接将固态煤在一定条件下，以快速液化加氢反应或超临界萃取等方式转化为液态，从而直接以流态化形式输出地面或直接管道输送以便后续加工利用。在井下实现无人智能化的采选充制油转化。原位开采转化构想包括以下主要技术流程：①无人采掘。以深地无人智能盾构作业（TBM）破割煤岩体，通过传送设施将矿物块粒传送至分选模块；②智能分选。通过重力分选，将煤炭与矸石进行分离，并将矸石回填至采空区；③原位转化。在深部原位实现煤炭资源液化制油的转化；④充填调控。转化后的矿渣进行混合加工，形成充填材料回填采空区，用以控制岩层运动与地表沉陷，实现安全、绿色开采；⑤高效传输与智能调蓄。深部煤炭资源通过原位转化，以流态化形式高效智能传输至地表，并结合深地热能利用，使传统概念的煤炭企业成为电力传输和清洁能源的调蓄基地。

5.2 深部原位化学转化——容器式（流态化转化舱）快速液化技术

容器式深部原位流态化地下液化是结合目前研究较为成熟的地上液化和地下气化技术，实现深部煤炭资源的原位转化输出利用的技术设想，这个设想的本质是通过盾构机建立地下煤层空间并设置小型反应器，将溶剂与高效催化剂注入其中，与开采细破出的煤粉混合，在高温高氢压的条件下进行快速直接液化反应，反应产物以流态化形式输出进行后续加工从而制得相应汽柴油馏分。反应的基本原理是通过加氢方式提高煤中的 H/C 原子比（0.2~1.0），以达到油的 H/C 原子比（1.6~2.0）水平。具体通过以下关键步骤实现：煤分子结构中结构单元间的桥键受热断裂，生成自由基碎片；生成的自由基碎片与活性氢结合，生成较轻的液态产物；自由基碎片的生成速率与活性氢结合速率相匹配。具体实现过程如图5-1所示。

表5-1 地上液化技术容器式快速深地液化技术的反应指标对比情况

液化方式	最佳反应温度/℃	最佳反应压力/MPa	最佳反应时间/min	催化剂
地上普通液化	430~450	19~21	60~100	纳米铁系催化剂
容器式深地液化	480~520	25~30	5~15	高活性金属催化剂

由表5-1可见，与地上普通液化技术相比，容器式深地快速液化技术具有以下优点：

（1）反应速率更高：提高反应苛刻度，足够高的反应温度，可以快速断裂煤大分子结构中的桥键，大量快速生成自由基碎片。

（2）催化剂得到改进：提高催化剂的供氢性能，足够高的氢分压，提供足够高的活性氢浓度，使得大量生成的自由基碎片进行加氢反应。

（3）反应时间减少：及时终止反应，阻止深度加氢的进行，限制了气体产物的生成。

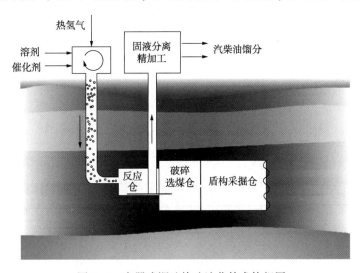

图5-1 容器式深地快速液化技术构想图

5.3 深部原位化学转化——地穴式深地超临界液化制油技术

地穴式深地超临界液化技术的原理是将溶剂直接注入地下煤层（3km以下）中，利用干热岩提供的高温环境（350℃）实现煤的温和热解，形成小分子结构，同时在高温高压条件下，利用溶剂的超临界性质如强溶解力和强扩散性能，进行煤的长时间密闭溶解，待溶解饱和后以流态化形式利用超临界流体的低黏度、高流动性用管道输出至地面，再改变流体所处状态，降低溶剂的溶解力，从而实现分离以及溶剂的回收。其技术原理如图5-2所示。

地穴式深地原位超临界转化系统构想采用以下方式实现：该系统主要包括注入井、采出井、作业区和辅助井利用勘探技术确定煤炭转化作业区的位置及深度，作业区的一端钻设与地面连通的物料注入井，另一端钻设与地面连通的产品采出井，在注入井和采出井之间钻设连接通道。同时，作业区的上方钻设若干个辅助井，辅助井的深度要达到作业区底部且与连接通道相连通，以便反应产物流出。在辅助井内，利用煤层压裂装置对作业区的煤层进行压裂改造，使煤层形成裂隙；压裂改造的注入压力需大于地层的破裂压力。注入井、采出井、辅助井和煤层裂隙共同构成煤炭转化作业区的通道体系。压裂改造注入的流体介质中需加入催化剂和支撑剂，在煤层压裂改造的同时将催化剂和支撑剂一同注入裂隙内。主要构想如图5-3所示。

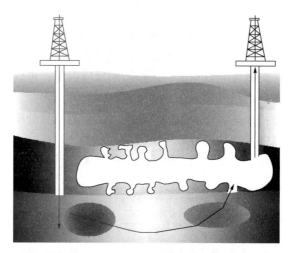

图 5-2　地穴式深地原位超临界液化技术原理图

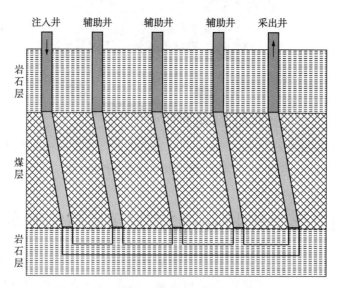

图 5-3　地穴式深地原位超临界液化技术构想图

地穴式深地煤炭原位超临界流态化转化技术具有以下优点：

（1）选择性质稳定、经济适用、不易热解而且临界温度与煤热解温度相近的溶剂，既有利于煤的热解又保证溶剂在临界状态下的较强萃取能力。

（2）探索溶剂与干热岩的换热方式，充分利用原位深层高温干热岩（350~400℃）。

（3）地穴方式将煤炭转化作业区和煤炭转化通道体系作为一个整体反应容器，无需在深地搭建反应器，回避了深地搭建反应器实现困难的技术难题。

（4）开采利用过程利用现有钻井工程技术、新型定向钻井技术、压裂改造技术等工程技术构建煤层注采配套系统，由于现有钻井工程技术已成功应用于深地煤炭气化工艺中，技术成熟，可最大限度降低投资风险。

5.4　微生物降解制油技术

利用微生物对煤炭基质进行降解液化的原理实现深部煤炭资源的原位转化制油技术，该技术利用微生物降解的机制对煤炭资源进行井下液化制油。如图5-4所示，一定压力的微生物培养液和营养液注入深地煤层，使其扩散循环，实现煤炭基质和这些微生物的持续反应，通过各种细菌的联合作用，实现煤炭资源的转化，转化后的液体和气体产物由抽采钻井传输采出。

图 5-4　深部原位微生物液化技术构想图

第6章 煤基制油产业发展存在的机遇与挑战

6.1 煤基制油产业发展中存在的问题

在我国相关企业、科研院所、高校的多年努力攻关下，改革开放 40 年来，也是我国煤基制油技术及产业飞速发展的 40 年。经过科技攻关，我国煤基制油产业规模、技术、装备都取得了长足进展，涌现出了许多煤基制油新技术、新工艺，建成了多套煤基制油百万吨级示范工程，取得了一系列令世界为之瞩目的成就，使我国的煤基制油技术实现了从跟跑到领跑的突破性跨越。

然而，我们必须清醒地认识到，煤基制油技术及产业对煤炭资源、水资源、生态、环境、技术、资金和社会配套条件要求较高。煤基制油技术在快速发展的同时，也面临许多问题，需要认真对待和解决，才能促进我们煤基制油技术的健康长远发展。

6.1.1 煤炭资源制约

煤基制油产业对原料煤炭的需求量非常大，将面临煤炭资源供给不足的风险。据国家发改委《煤化工产业中长期发展规划》(征求意见稿)，到 2020 年我国煤基制油规模将发展到 3000 万 t/a；掺烧于汽油的二甲醚 2000 万 t/a，煤制烯烃 800 万 t/a，煤制甲醇 6600 万 t/a。二甲醚和煤制烯烃由甲醇转化而来，前者转化比例为 1.5∶1，后者转化比例为 2.92∶1(质量比)，到 2020 年两者合计共用甲醇将达到 5400 万 t/a。按吨油品及产品消耗煤炭的比率计算，届时约需煤炭 4 亿 t/a 左右，占我国煤炭年总产和消耗比重较大。

据统计，2011 年我国原煤生产总量 35.2 亿 t，同比增加 8.7%。煤炭探明储量、产量和消费量分别占全球总量的 12.6%、48.3%、48.2%，煤炭产量、消费量占全球将近 50%。我国人均煤炭、石油、天然气资源量仅为世界平均水平的 60%、10% 和 5%。每吨标准煤的产出效率仅相当于日本的 10.30%、欧洲的 16.8%。因此，我国煤炭总储量相对较大，但人均可开采储量并不大，产量和消费量又非常巨大，煤基制油产业将存在原料煤炭的有效供给不足的风险。

6.1.2 水资源的制约

据国家发改委《煤化工产业中长期发展规划》(征求意见稿)显示，我国规划煤基制油产业园区多数分布在煤炭资源相对集中的中西部地区，将面临水资源严重短缺的风险。中西部煤炭产地人均水资源占有量和单位国土面积水资源保有量仅为全国水平的 1/10。煤化工(煤制油)吨产品耗水量通常都在 15~20t，一个年产 300 万 t 的煤制油项目年用水量将达到 6000 万 t 左右，相当于十几万人口的水资源占有量或超过 100km² 国土面积的水资源保有量。因此，在我国中西部地区规划建设大型现代煤化工(煤制油)产业园区，将面临水资源供给瓶颈制约，对本地区水资源平衡和生态环保造成非常大的影响。

6.1.3　环境保护制约

煤基制油产业对环境的威胁主要来自产生的废气、粉尘及有毒气体，排出的有高浓度污水、硫酸铵污水、含油污水、含盐污水以及废渣等。高浓度煤气洗涤废水含有大量酚、氰化物、油、氨氮等有毒、有害物质。废水中 COD 一般在 5000mg/L 左右，氨氮在 200~500mg/L，是一种典型的含有难降解的有机化合物的工业废水。若控制不好，排放后将对环境造成严重的危害。另外，目前我国煤化工（煤基制油）产业园区、项目大都规划建在煤炭主产区，这些地方的环境容量非常有限，大部分地区排污总量已经用完。

6.1.4　CO_2 排放制约

煤化工（煤基制油）关键工艺过程是 H/C 原子比的调整，必将伴随排放大量的 CO_2。如生产 1t 甲醇排放 CO_2 约 2t，生产 1t 烯烃排放 CO_2 约 6t，生产 1t 油品排放 CO_2 约 8.8t。根据国家发改委的初步规划，到 2020 年煤化工（煤基制油）产能规模计算，届时所排放的 CO_2 将超过 2 亿 t/a。长期来看，煤化工（煤基制油）产业将成为我国 CO_2 排放大户。随着全球气候变暖，环境恶化，我国的 CO_2 排放问题已经引起国际社会的高度关注，我国成为除美国外全球 CO_2 排放量第一的国家。

6.2　煤基制油产业发展中面临的环境分析

6.2.1　政策环境

国内煤炭深加工产业近年来迅速发展，由于产业的发展对资源、技术、投资等方面的要求较高，对经济、社会、环境等领域的影响较大，因此，国家始终对煤炭深加工产业的发展保持高度关注，陆续颁布了一系列产业政策，对其发展进行调整和引导。2006 年以来，国家相继出台了《国家中长期科学和技术发展规划纲要（2006~2020 年）》、《产业结构调整指导目录（2014 年本）》、《石化产业调整和振兴规划》、《煤炭深加工产业发展规划》（征求意见稿）、《关于规范煤制燃料产业发展的通知》、《煤化工产业创新发展布局方案》（征求意见稿）和《环境保护法》（2015 年）等相关法规与政策，作为煤炭深加工产业发展的政策框架，指导产业发展。

中国共产党第十八次全国代表大会以来，中央明确提出推动能源生产和消费革命，其中，煤炭清洁高效利用是能源供给革命的核心内容，煤基制油是煤炭清洁高效利用的途径之一。2016 年 12 月 28 日，习总书记为神华宁煤 400 万 t/a 煤制油示范项目投产批示："这一重大项目建成投产，对我国增强能源自主保障能力、推动煤炭清洁高效利用、促进民族地区发展具有重大意义，是对能源安全高效低碳发展方式的有益探索，是实施创新驱动发展战略的重要成果。"在中美贸易战持续发酵、不断反复的背景下，发展煤制油是保障国家能源安全的重要途径。

6.2.2　经济环境

全球经济增长乏力，石油消费需求放缓，国际油价长期低位徘徊。我国经济去产能、调结构等影响进入中高速增长阶段，经济增速调整放缓、经济发展进入新常态，2018 年我国 GDP 增速为 6.6%，2019 年上半年 GDP 增长 6.3%。据相关部门预测，未来 10 年中国 GDP 增长将维持在 6% 左右。国内经济增长的新动能不断替代旧动能，传统产业加快向中高端迈进，战略性新兴产业、高新技术产业迅猛成长，5G、人工智能、互联网+等不断催生新业态。传统的高耗能、高污染产业占比逐步下降，使得能源消费增速有所放缓。

从结构看，我国油品市场表现为原油紧缺且供需缺口日益增大，成品油市场供需平衡，汽油仍有较大的增长空间；由于煤基制油原料和工艺的特殊性，其产品能够在油品质量升级和特种燃料方面提供重要支持。

6.2.3 行业环境

由于经济增长放缓，全球石油市场供需宽松，在 2014 年下半年，国际油价进入下跌轨道，短短半年时间，布伦特原油现货价格从 2014 年 6 月的 110 美元/bbl 左右跌至 2014 年 12 月底的 60 美元/bbl 左右，2015 年价格跌至 40 美元/bbl 以下。近期油价围绕 60 美元/bbl 上下波动，OPEC 通过减产支撑油价。较低的油价将限制煤化工产业的发展，由于投资及成本构成的差异，低油价对煤基制油的影响大于对石油化工的影响。

交通运输是石油行业的第一大用途，未来随着新能源交通的发展，运输工具(包括 CNG 汽车、电动汽车、氢能汽车等)技术的成熟和不断应用，会对石油消费产生一定的替代。但由于煤基制油在成品油市场上的比重小且以生产清洁油品和特种油品为主，在未来相当长一段时期内，新能源对石油的替代对煤基制油产业影响较小。

6.3 煤基制油产业发展建议

近年来颁布的煤基制油相关产业政策对煤基制油产业的发展总体上是支持的，将煤炭清洁高效开发利用作为重要的发展方向。特别是《煤炭深加工产业示范"十三五"规划》的出台，明确了煤基制油产业的战略定位、发展思路等，为国家相关部门制定具体产业政策提供重要依据。但是，发展煤基制油产业也面临着资源承载力、环境承载力、政策、技术和投资风险等因素，为此提出以下产业发展建议。

6.3.1 发展煤基油品需要持续稳定的产业政策环境

近十年来，国家出台了一系列煤炭深加工产业政策，这些政策推动了产业发展，但其政策本身也呈现出时松时紧、前后矛盾等情况。煤炭深加工政策经历了 2005—2008 年的初期政策宽松并鼓励产业发展，2008—2013 年的中期明显收紧和限制产业发展，以及 2013—2018 年当前释放、放松和趋紧复杂信号三个阶段。煤基油品产业意义重大，既关系国家原油进口补充替代、地区经济社会发展，也关系企业投资收益。该产业投资规模大、建设周期和投资回收期较长，产业政策的忽冷忽热不利于产业健康发展、不利于地区战略规划和发展布局、不利于市场科学传导信息、不利于企业投资和决策。

6.3.2 做好示范总结，加大研发投入，促进技术和产品升级

国家相关部门应着重研究我国煤基制油产业发展中存在的问题，总结示范项目经验，制

定相关配套政策，积极推进产业发展。为了应对低油价环境，现有建成投产煤基制油项目需要进一步做好升级示范工作，在技术改进、节能降耗、安全环保、装置稳定运行等方面深度优化，不断降低生产成本，提升装置总体运营水平。应集中力量攻关煤基油品领域关键技术，如开发新一代高活性催化剂，开发新型降耗节水煤基制油新技术，提高产品附加值。加快解决煤基制油工艺技术的节水环保问题，努力打造升级版的煤基制油。国家应加大煤基制油研发投入，完善技术战略储备，制定产业发展规划，促进我国能源调整，保障国家能源安全。

我国煤基制油企业以生产柴油为主，间接液化工艺在生产清洁油品方面具有技术优势，加快产品结构调整与油品质量升级步伐，为市场提供低硫、低烯烃、低芳烃的超清洁油品责无旁贷。

6.3.3 建议研究煤基油品的财税政策

充分考虑煤基制油与炼油过程增值幅度的差异，同时参考国内其他新兴产业在成长阶段的增值税优惠政策，按照税收公平和适度原则，研究适于煤基油品的增值税率，减少煤炭产地发展高附加值产业的负担。

实行差异化消费税政策。对于煤基油品项目，考虑煤基油品与石油基成品油在特种功能和清洁程度上的不同，充分发挥煤基油品在油品升级、环境保护等方面的优势，建议国家对煤基制油企业制定单独的、差别化的税收政策。

6.3.4 给予西部大开发税收优惠政策

煤基油品项目一般布局在我国中西部地区，对于拉动地区经济发展、带动地方就业和完善人才队伍发挥了重要作用。根据《国家税务总局关于深入实施西部大开发有关企业所得税问题的公告》（2012年第12号），依据《产业结构调整指导目录（2005版）》，煤基制油属于煤炭气化、液化技术开发及应用，并享受相关税收优惠。《西部地区鼓励类产业目录（2014版）》中公布的内蒙古地区鼓励类产业目录中取消煤炭气化、液化技术开发及应用，煤基油品项目将无法再享受到西部大开发税收优惠政策，在一定程度上也影响了产业持续发展，建议将煤基油品项目继续纳入《西部地区鼓励类产业目录》的内蒙古地区鼓励类产业目录中。

6.3.5 科学布局，推行园区化、大型化、一体化、多联产发展模式

在产业布局上，优先选择在煤炭资源地或煤炭集散地布局，统筹考虑资源条件、环境容量、生态安全、交通运输、产品市场等因素。产业向基地集中，项目向园区集中，与炼油、热力、电力等行业耦合发展，充分利用不同资源之间的元素互补，实现能源和资源梯级利用，减少废弃物排放，构建一批具有环保优势和国际水平的循环经济产业园区。以鄂尔多斯、新疆、宁夏等煤炭产地为主，同时可考虑在水资源相对丰富、环境容量许可、煤炭运输便利、具有良好纳污水体的东部地区试点与石油炼化的融合发展。通过科学合理的规模化、集约化发展，形成节能低耗、上下游一体化的现代煤炭深加工产业发展方式。

6.3.6 从金融政策方面提供支持

当前，煤基油品投融资特点是资金需求量大、周期长、回报不足，建议国家从金融政策上提供支持。设立一定规模的煤基油品示范项目专项基金，利用中央预算内投资、先进制造产业发展基金、首台(套)应用示范保险基金等，支持现代煤制油化工产业化和重大技术装备的研发，支持方式可包括资本金注入、专项资金、投资补助等。同时，国家在金融政策方面给予一定的支持，包括政策性贷款、贷款贴息等，建议对于列入国家示范的项目，给予优先贷款；支持企业发行企业债券和项目债券等；支持符合条件的企业上市融资。

参 考 文 献

[1] 舒歌平，史士东，李克健．煤炭液化技术[M]．北京：煤炭工业出版社，2003.

[2] 李克健，吴秀章，舒歌平．煤直接液化技术在中国的发展[J]．洁净煤技术，2014，20(2)：39-42.

[3] 史士东等．煤加氢液化工程学基础[M]．北京：化学工业出版社，2012.

[4] 刘振宇．煤直接液化技术发展的化学脉络及化学工程挑战[J]．化工进展，2010，29(2)：193-197.

[5] 唐宏青．现代煤化工新技术[M]．北京：化学工业出版社，2016.

[6] 刘华．提高煤直接液化催化剂活性的研究进展及展望[J]．洁净煤技术，2016，22(4)：105-109.

[7] 张德祥．煤制油技术基础与应用研究[M]．上海：上海科学技术出版社，2013.

[8] 王秀辉．神华煤直接液化反应动力学模型及工艺流程模拟研究[D]．上海：华东理工大学，2016.

[9] 王勇．煤炭直接液化反应动力学研究进展[J]．煤炭转化，2006，29(4)：84-88.

[10] 杨春雪．高温高压下煤液化油气液平衡体系的研究[D]．太原：太原理工大学，2008.

[11] 李强．高温高压分离器在操作中的优化[J]．辽宁化工，2014，43(10)：1323-1327.

[12] 朱秀丽，陈明．神华煤直接液化项目进口设备备件国产化之路[J]．神华科技，2014，12(4)：74-78.

[13] 李伟正．煤液化减压阀空蚀机理及数值预测方法研究[D]．杭州：浙江理工大学，2015.

[14] 黄传峰，韩磊，王孟艳，等．煤加氢液化残渣的性质及应用研究进展[J]．现代化工，2016，36(6)：19-24.

[15] 苗强．煤直接液化残渣萃取技术现状及发展趋势[J]．洁净煤技术，2015，21(1)：56-59.

[16] 谷小会．煤直接液化残渣的性质及利用现状[J]．洁净煤技术，2012，18(3)：63-65.

[17] 韩来喜．煤直接液化工业示范装置运行情况及前景分析[J]．石油炼制与化工，2011，42(8)：47-50.

[18] 李克健，程时富，蔺华林，等．神华煤直接液化技术研发进展[J]．洁净煤技术，2015，21(1)：50-54.

[19] 张继明，舒歌平．神华煤直接液化示范工程最新进展[J]．中国煤炭，2010，36(8)：11-14.

[20] 张传江．提高煤直接液化油品收率研究[J]．内蒙古石油化工，2017，6(6)：4-7.

[21] 谷小会．直接液化重质产物中油含量分析的影响因素[J]．煤质技术，2018，2(2)：55-58.

[22] 赵鹏，张晓静，李军芳，等．新疆淖毛湖煤加氢液化特性及液化产物中氢的分布规律[J]．煤炭转化，2018，16(4)：42-47.

[23] 吴艳，赵鹏，毛学锋．煤液化条件下铁系催化剂的相变[J]．煤炭学报，2018，26(5)：1448-1454.

[24] 王薇，舒格平，章序文，等．煤直接液化过程中供氢溶剂的组成分析[J]．煤炭转化，2018，16(4)：48-55.

[25] 武立俊，皮中原，王烨敏．煤直接液化产物中含氧组分试验研究[J]．中国煤炭，2018，25(1)：4-7.

[26] 唐宏青．现代煤化工新技术[M]．北京：化学工业出版社，2016.

[27] 刘春萌，安广萍，余中云．我国煤制油产业发展前景展望[J]．辽宁化工，2018，6(1)：523-526.

[28] 温晓东，杨勇，相宏伟，等．费托合成铁基催化剂的设计基础：从理论走向实践[J]．中国科学：化学，2017，47(11)：1298-1311.

[29] 舒歌平，史士东，李克健．煤炭液化技术[M]．北京：煤炭工业出版社，2003.

[30] 袁华，袁炜，罗春桃．费托合成重质油加工利用[J]．合成材料老化与应用，2018，1(1)：124-129.

[31] 刘润雪，刘任杰，徐艳，等．铁基费托合成催化剂研究进展[J]．化工进展，2016，35(10)：3169-3179.

[32] 张德祥．煤制油技术基础与应用研究[M]．上海：上海科学技术出版社，2013.

[33] 高智德，黄超鹏，赵永恒，等．400万t/a煤炭间接液化项目加氢反应器内衬开裂分析[J]．石油化工

设备，2018，4（2）：81-86.

［34］高晋生，张德祥．煤液化技术［M］．北京：化学工业出版社，2005.

［35］相宏伟，唐宏青，李永旺．煤化工工艺述评与展望Ⅳ．煤间接液化技术［J］．燃料化学学报，2001，29（4）：289-297.

［36］胡瑞生，李玉林，白雅琴．现代煤化工基础［M］．北京：化学工业出版社，2012.

［37］李俊璞，郭钢阳．煤炭液化技术现状及前景研究［J］．煤炭与化工，2016，39（10）：57-59.

［38］汪建新，陈晓娟，王昌．煤化工技术及装备［M］．北京：化学工业出版社，2015.

［39］李凯，孟迎，袁秋华．煤间接液化技术的发展现状及工程化转化［J］．煤炭与化工，2017，40（8）：34-36.

［40］相宏伟，杨勇，李永旺．煤间接液化：从基础到工业化［J］．中国科学：化学，2014，44（12）：1876-1892.

［41］高晋生，张德祥．煤液化技术［M］．北京：化学工业出版社，2005.

［42］吴彦丽．高温与低温费托合成联产系统过程分析及产品设计［D］．太原：太原理工大学，2017.

［43］李江江．论煤制油产业技术的应用与研究［J］．化工管理，2018，17（1）：94-95.

［44］马文平，刘全生，赵玉龙，等．费托合成反应机理的研究进展［J］．内蒙古工业大学学报，1999，18（2）：121-127.

［45］石勇．费托合成反应器的进展［J］．化工技术与开发，2008，37（5）：31-38.

［46］钱炜鑫．钴基催化剂费托合成反应动力学及浆态床反应器数学模拟［D］．上海：华东理工大学，2011.

［47］吴建民．固定床传热研究及费托合成固定床反应器的数学模拟［D］．上海：华东理工大学，2010.

［48］卢佳．浆态床费托合成反应器二维分布模型［D］．杭州：浙江大学，2010.

［49］王恩泽，夏皖东，范肖南．浅谈煤炭液化技术研究现状及发展前景［J］．煤质技术，2015，11（6）：5-9.

［50］KNÖZINGER H，KOCHLOEFL K，MEYE W. Kinetics of the bimolecular ether formation from alcohols over alumina［J］. Journal of Catalysis，1973，28（1）：69-75.

［51］KUBELKOVÁ L，NOVÁKOVÁ J，NEDOMOVÁ K. Reactivity of surface species on zeolites in methanol conversion［J］. Journal of Catalysis，1990，124（2）：441-450.

［52］AND S R B，SANTEN R A V. The Mechanism of Dimethyl Ether Formation from Methanol Catalyzed by ZeoliticProtons［53］. Journal of the American Chemical Society，1996，118（21）：5152-5153.

［54］钱震，赵文平，耿玉侠，等．甲醇制烃反应机理研究进展［J］．分子催化，2015，29（06）：593-600.

［55］Haw J F，Song W，And D M M，et al. The Mechanism of Methanol to Hydrocarbon Catalysis［J］. Accounts of Chemical Research，2003，36（5）：317.

［56］And P E S，Catlow C R A. Generation of Carbenes during Methanol Conversion over Brönsted Acidic Aluminosilicates. A Computational Study［J］. Journal of Physical Chemistry B，1997，101（3）.

［57］谢子军，张同旺，侯拴弟．甲醇制烯烃反应机理研究进展［J］．化学工业与工程，2010，27（5）：443-449.

［58］Wang Y，Wang C，Liu H，et al. A First-Principle Study of OxoniumYlide Mechanism over HSAPO-34 Zeolite［J］. Chinese Journal of Catalysis，2010，31（1）：33-37.

［59］邢爱华，林泉，朱伟平，等．甲醇制烯烃反应机理研究进展［J］．天然气化工（C1化学与化工），2011，36（01）：59-65.

［60］ONO Y，MORI T. Mechanism of methanol conversion into hydrocarbons over ZSM-5 zeolite［J］. Journal of the Chemical Society Faraday Transactions Physical Chemistry in Condensed Phases，1981，77（9）：2209-2221.

［61］Smith R D, Futrell J H. Evidence for complex formation in the reactions of CH_3^+, and CD_3^+, with CH_3OH, CD_3OD, and C_2H_5OH［J］. Chemical Physics Letters, 2016, 41（1）：64-67.

［62］曹占欣, 赵风云, 张向京, 等. 甲醇制汽油工艺分析与改进［J］. 现代化工, 2017（2）：147-150.

［63］庞小文, 孟凡会, 卢建军, 等. 甲醇制汽油工艺及催化剂制备的研究进展［J］. 化工进展, 2013, 32（05）：1014-1019.

［64］胡浩, 叶丽萍, 应卫勇, 等. 国外甲醇制烯烃生产工艺与反应器开发现状［J］. 现代化工, 2008, 28（1）：82-86.

［65］王毅. 甲醇制汽油发展现状及前景分析［J］. 洁净煤技术, 2011, 17（06）：39-42.

［66］王钰. 我国甲醇制汽油的产业前景分析［J］. 煤炭加工与综合利用, 2014（10）：11-15.

［67］赖先熔, 黎园, 陈仕萍, 等. 甲醇制芳烃技术的发展现状［J］. 石化技术与应用, 2014, 32（01）：80-85.

［68］J. TOPP-JØRGENSEN. Topsøe Integrated Gasoline Synthesis – The TigasProcess［J］. Studies in Surface Science \ s& \ scatalysis, 1988, 36：293-305.

［69］宋锦玉, 宋官龙, 闫玉玲, 等. 我国以煤炭为原料的MTG生产现状［J］. 现代化工, 2017, 37（12）：5-8.

［70］朱伟平, 李飞, 薛云鹏, 等. 甲醇制芳烃技术研究进展［J］. 现代化工, 2014, 34（07）：36-40+42.

［71］齐云飞, 张国良, 乔庆东, 等. 流化床甲醇制汽油的研究进展［J］. 当代化工, 2014（9）：1798-1801.

［72］刘晓霞, 屈睿. 浅谈甲醇制汽油技术［J］. 应用化工, 2013, 42（6）：1148-1150.

［73］陈学伟, 李忠. 甲醇制芳烃技术及产业发展现状［J］. 化学工程师, 2016, 30（5）：53-55.

［74］薛金召, 杨荣, 肖雪洋, 等. 中国甲醇产业链现状分析及发展趋势［J］. 现代化工, 2016, 36（09）：1-7.

［75］黄格省, 包力庆, 丁文娟, 等. 我国煤制芳烃技术发展现状及产业前景分析［J］. 煤炭加工与综合利用, 2018（2）.

［76］James C W Kuo, Cherry Hill N J. Conversion of methanol to gasoline components：US, 3931349［P］1976-06-06.

［77］Joe E, Penick, Chappaqua, Sergei N Y Yurchak, et al. Conversion of methanol to gasoline：US, 4404414［P］1983-09-13.

［78］Paul K Chao, Philadelphia, Pa, et al. Control of temperature exotherxns in the conversion of methanol to gasoline hvdmearhens：US, 4544781［P］. 1985-10-01.

［79］Chin C C. Aromatization reactions with zeolites containing phosphorous oxide：US, 4590321［P］. 1986-05-20.

［80］约翰森 D L, 廷格 R G, 韦尔 R A, 等. 流化床芳烃烷基化：CN, 1326430A［P］. 2011-12-12.

［81］李文怀, 张庆庚, 胡津仙, 等. 一种甲醇一步法制取烃类产品的工艺：CN, 1923770A［P］. 2007-03-07.

［82］李文怀, 张庆庚, 胡津仙, 等. 甲醇转化制芳烃工艺基催化剂和催化剂制备方法：CN, 100548945 C［P］. 2009-10-14.

［83］王晓龙. 煤基甲醇制汽油反应动力学特征［A］. 全国工业催化信息站、工业催化杂志社. 第十四届全国工业催化技术及应用年会论文集［C］. 全国工业催化信息站、工业催化杂志社：工业催化杂志社, 2017：5.

［84］李青松主编. 褐煤化工技术［M］. 北京：化学工业出版社, 2014.

［85］肇庆市顺鑫煤化工科技有限公司. 一种用褐煤制取液体燃料的热溶催化方法及其使用的催化剂和溶

剂：中国，200710032428.4[P].2007-05-21.

[86] 珠海三金煤制油技术有限公司.温和条件下褐煤直接液化的集成工厂及其经济效益分析[J].应用化工，2006(10)：392~398.

[87] 亢万忠主编.煤化工技术[M].北京：中国石化出版社，2017.

[88] 张德祥主编.煤制油技术基础与应用研究[M].上海：上海科学技术出版社，2013.

[89] 贺永德.现代煤化工技术手册[M].北京：化学工业出版社，2004.

[90] 王东方，王秋颖，闫菲，等.液固DBD等离子体煤液化研究[A].中国工程热物理学会燃烧学学术会议论文集[C].天津：中国工程热物理学会，2007：75-79.

[91] Kamei O，Once K，Marushima W，et al.Brown Coal Conversion by Microwave Plasma Reactions nuder Successive Supply of Methane[J].Fuel，1998，77(13)：1503-1506.

[92] Simsek E H，Karaduman A，Olcay A.Liquefaction of Turkish Coals in Tetralin with Microwaves[J].Fuel Processing Technology，2001，73(2)：111-125.

[93] 王桃霞，丁明洁，张佳伟，等.微波辐射下神府煤的催化加氢[J].化工进展，2006，25(10)：1204-1207.

[94] Amestica L A，Wolf E E.Catalytic liquefaction of Coal With Supercritical Water/Co/solvent media[J].Fuel，1986，65(9)：1226-1232.

[95] Ross D S，Hum G P，Miin T，et al.Supercritical Water/Co liquefaction and A model for Coal Conversion[J].Fuel Processing Technology，1986，(12)：277-285.

[96] 郝玉良，杨建丽，李允梅，等.低阶煤温和液化特征分析[J].燃料化学学报，2012，40(10)：1153-1160.

[97] 岑建孟，方梦祥，王勤辉，等.煤分级利用多联产技术及其发展前景[J].化工进展，2011，30(1)：88-94.

[98] 吴春来，吴克，方铿，等.煤分级高效集成利用体系简介[J].能源新技术，2007，29(1)：33-34，46.

[99] 舒歌平，史士东，李克健.煤炭液化技术[M].北京：煤炭工业出版社，2003.

[100] 周旭辉，吴诗勇，尤全，等.炭化温度对红柳林煤温和液化-炭化耦合转化产物的影响[J].燃料化学学报，2017，45(11)：1289-1295.

[101] 庄德旺，吴诗勇，尤全，等.低阶煤温和液化-炭化耦合转化过程及产物性质[J].燃料化学学报，2016，44(05)：528-533.

[102] 梁江朋，李文博，张晓静，等.艾丁褐煤$SO_4^{~(2-)}$/Fe_2O_3温和催化液化动力学研究[J].洁净煤技术，2015，21(03)：69-74.

[103] 朱泽楷，黄胜，吴诗勇，等.铁基复配催化剂对红柳林煤液化性能的影响[J].煤炭转化，2016，39(03)：62-66.

[104] 马博文.褐煤温和加氢液化过程中酚羟基反应行为研究[D].煤炭科学研究总院，2014.

[105] 李克健，史士东，李文博.德国IGOR煤液化工艺及云南先锋褐煤液化[J].煤炭转化，2001(02)：13-16.

[106] 乔爱军.沸腾床加氢工艺在神华煤直接液化项目中的应用[J].石油化工设计，2016，33(02)：12-14+17+4

[107] 张玉卓.中国煤炭液化技术发展前景[J].煤炭科学技术，2006(01)：19-22.

[108] 严陆光，陈俊武.中国能源可持续发展若干重大问题研究.北京：科学出版社，2007

[109] 自然资源部网站数据[EB/OL].[2017-04-15].http://datta.mlr.gov.cn/.

[110] 林卫斌. 能源数据简明手册[M]. 北京：经济管理出版社，2016：136.

[111] Li YW，Xu J，Yang Y. Diesel from Syngas. New York：Wiley，2009

[112] Li YW，de Klerk A. Industrial Case Studies. New York：Wiley，2013

[113] Liu ZY，Shi SD，Li YW. Coal liquefaction technologies-development in China and challenges in chemical re-action engineering. Chem Eng Sci，2010，65：12-17.

[114] 张玉卓. 煤洁净转化工程：神华煤制燃料和合成材料技术探索与工程实践[M]. 北京：煤炭工业出版，2011.

[115] 国家能源局. 煤炭深加工产业示范"十三五"规划[EB /OL]. [2017 - 02 - 08]. http：／／www. cctd. com. cn /show-26-160059-1. html.

[116] 谢克昌. 煤炭直接液化[M]. 北京：化学工业出版社，2010. 17-19.

[117] 杨秀敏. 浅谈液化煤的要求[J]. 煤炭技术，2004，23(6)：58.

[118] 王力，陈鹏. 煤的温和液化及共处理技术的研究和开发[J]. 洁净煤技术，1998，4(3)：38-41.

[119] 胡浩权. 煤温和液化及共处理技术的研究和开发[J]. 国际学术动态，1998，1：37-38.

[120] 珠海三金煤制油技术有限公司. 温和条件下褐煤直接液化的集成工厂及其经济效益分析[J]. 应用化工，2006(10)：392~398.

[121] 吴春来，吴克，方铿，等. 煤分级高效集成利用体系简介[J]. 应用化工，2007，29(1)：33-35.

[122] 郝玉良. 中低阶煤的温和液化特征与产物结构分析[D]. 太原：中国科学院山西煤化所，2011.

[123] 谢和平，高峰，鞠杨. 深地岩体力学研究与探索[J]. 岩石力学与工程学报，2015，34(11)：2161-2177.

[124] 邬纫云. 煤炭气化[M]. 徐州：中国矿业大学出版社，1989.

[125] Younger P，Gluyas J，Roddy D，et al. Underground coal gasification[J]. Science，1977，183(4129)：600-610.

[126] 鞠杨，谢和平，郑泽民，等. 基于3D打印技术的岩体复杂结构与应力场的可视化方法[J]. 科学通报，2014，59(32)：3019-3119.

[127] 朱万成，魏晨慧，田军，等. 岩石损伤过程中的热-流-力耦合模型及其应用初探[J]. 岩土力学，2009，30(12)：3851-3857.

[128] 谢和平，彭苏萍，何满潮. 深部开采基础理论与工程实践[M]. 北京：科学出版社，2005.

[129] 习近平. 为建设世界科技强国而奋斗——在全国科技创新大会、两院院士大会、中国科协第九次全国代表大会上的讲话[N]. 人民日报，2016-06＝01.

[130] 谢和平. 煤炭科学开采与技术变革[Z]. 中国工程院国际工程科技大会报告，2014.

[131] 谢和平. 煤炭科技之探索和展望[Z]. 煤炭工业十三五科技发展规划编制会议报告，2015.

[132] 谢和平. 深地资源开采的颠覆性理论与技术[Z]. 中国地质科学院：深地颠覆性技术研讨会报告，2016.

[133] 周宏伟，谢和平，左建平. 深部高地应力下岩石力学行为研究进展[J]. 力学进展，2005，35(1)：91-99.

[134] 朱万成，魏晨慧，田军，等. 岩石损伤过程中的热-流-力耦合模型及其应用初探[J]. 岩土力学，2009，30(12)：3851-3857.

[135] 张晓静，李文博. 一种复合型煤焦油加氢催化剂及制备方法[P]. 中国专：201010217361.3，2004-10-29.

[136] 张晓静. 中低温煤焦油加氢技术[J]. 煤炭学报，2011，36(5)：840-844.

[137] 孟兆会，陈新，杨涛，等. 一种煤焦油加氢处理方法[P]. 中国专利：201410732099.4，2014-

12-06.

[138] 王晓龙，吴成成，王有和，等．煤基甲醇制汽油反应动力学特征[C]．第十四届全国工业催化技术及应用年会论文，安阳，2017：83-87.

[139] 唐宏青．现代煤化工新技术[M]．北京：化学工业出版社，2009，339-341.

[140] 张德祥．煤制油技术基础与应用研究[M]．上海：上海科学技术出版社，2013，440-441.

[141] 陈玉民，温高峰．MTG 工艺路线的选择方案[J]．中氮肥，2012，6：1-5.

[142] 陈伟，王朔，马廷灿．甲醇制汽油关键技术专利分析[J]．世界科技研究与发展，2017，39(6)：475-482.

[143] Gieg L M, Kolhatkar R V, Mc Inerney M J, et al. Intrinsic bioremediation of petroleum hydrocarbons in a gas condensate-contaminated aquifer[J]. Environmental science & technology, 1999, 33(15)：2550-2560.

[144] Essaid H I, Bekins B A, Herkelrath W N, et al. Crude oil at the Bemidji site：25 years of monitoring, modeling, and understanding[J]. Ground Water, 2011, 49(5)：706-726.